走进生态文明

——生态文明十讲

曹顺仙◎主　编

中国林业出版社
China Forestry Publishing House

图书在版编目（CIP）数据

走进生态文明：生态文明十讲/曹顺仙等主编. --
北京：中国林业出版社，2023.12
国家林业和草原局重点规划教材
ISBN 978-7-5219-2470-1

Ⅰ.①走… Ⅱ.①曹… Ⅲ.①生态环境建设-中国
Ⅳ.①X321.2

中国国家版本馆CIP数据核字（2023）第236834号

策划编辑：高红岩　曹鑫茹
责任编辑：高红岩　曹鑫茹
封面设计：睿思视界视觉设计

出版发行：中国林业出版社
（100009，北京市西城区刘海胡同7号，电话 010-83223120）
电子邮箱：cfphzbs@163.com
网　　址：www.forestry.gov.cn/lycb.html
印　　刷：北京中科印刷有限公司
版　　次：2023年12月第1版
印　　次：2023年12月第1次印刷
开　　本：787mm×1092mm 1/16
印　　张：14.25
字　　数：340千字　　数字资源：50千字
定　　价：43.00元

《走进生态文明——生态文明十讲》
编 委 会

咨询委员会委员、审议专家（按姓氏笔画排序）

王立彬　王国聘　方世南　张晓琴　赵剑峰

勇　强　郇庆治　徐信武　高晓琴　蒋　玲

曹孟勤

主　　编　曹顺仙

编委会委员（按姓氏笔画排序）

牛庆燕　乔永平　刘　魁　林　震

黄爱宝　薛桂波　陆沉谙

序 一

刚刚过去的7月，热浪席卷全球，全球气温创下历史新高，欧洲特别是南欧国家连续多日出现高达40℃以上的气温，给人们的生活带来严重影响。世界气象组织发布的《2022年亚洲气候状况》报告警告，亚洲升温速度高于全球平均水平，1991年至2022年亚洲变暖趋势几乎是1961年至1990年的两倍。对此，7月27日联合国秘书长古特雷斯在纽约联合国总部发表声明，用“沸腾时代”这个新名词对全球气候变暖发出了新的警告，呼吁各国立即采取行动，避免灾难性的后果。

以气候变暖为代表的全球环境问题的加剧，一方面，深刻印证着“生态兴则文明兴，生态衰则文明衰”的科学论断，印证着把生态文明建设作为关系中华民族永续发展的根本大计的政治正确性。2012年党的十八大以来，中国共产党围绕着“为什么建设生态文明、建设什么样的生态文明、怎样建设生态文明”的重大理论和实践问题，提出了一系列新理念新思想新战略，开展了一系列开创性工作，决心之大、力度之大、成效之大前所未有，生态文明建设从理论到实践都发生了历史性、转折性、全局性变化，美丽中国建设迈出重大步伐。中国从解决突出生态环境问题入手，注重点面结合、标本兼治，实现由重点整治到系统治理的重大转变；坚持转变观念、压实责任，不断增强全党全国推进生态文明建设的自觉性、主动性，实现由被动应对到主动作为的重大转变；紧跟时代、放眼世界，承担大国责任、展现大国担当，实现由全球环境治理参与者到引领者的重大转变；不断深化对生态文明建设规律的认识，形成新时代中国特色社会主义生态文明思想，实现由实践探索到科学理论指导的重大转变。经过不懈努力，中国天更蓝、地更绿、水更清，万里河山更加多姿多彩。新时代生态文明建设的成就举世瞩目，成为党和国家事业取得历史性成就、发生历史性变革的显著标志。另一方面，它也印证着中国共产党自党的十八大以来把加强生态文明宣传教育，增强全民节约意识、环保意识、生态意识，形成合理消费的社会风尚，营造爱护生态环境的良好风气作为战略选择，对促进人与自然和谐共生、凝聚全球环境治理共识的广泛而深远的意义。党的十七大报告明确要求，让生态文明观念在全社会牢固树立，党的十八大报告则明确指出，“建设生态文明的时代责任已经落在了我们这代人的肩上”；党的十九大报告强调，“生态文明建设功在当代、利在千秋。我们要牢固树立社会主义生态文明观，推动形成人与自然和谐发展现代化建设新格局，为保护生态环境作出我们这代人的努力”，党的二十大报告则指出，“大自然是人类赖以生存发展的基本条件。尊重自然、顺应自然、保护自然，是全面建设社会主义现代化国家的内在要求。必须牢固树立和践行绿水青山就是金山银山的理念，站在人与自然和谐共生的高度谋划发展”。这些阐述都清楚地表明，生态环境问题治理离不开人们思想观念的转变，离不开跨世代的生态文明理论与行为选择的宣传教育。

《走进生态文明：生态文明十讲》，以国家林业和草原局尽快将新思想、新理念、新政策融入林草人才培养体系，加快建设具有林草特色的教材体系，引导林草专业院校学生知林爱林，推进林草教育提高行业人才培养质量，强化林草教育对接行业、服务行业发展能力为主旨；以当代中国生态文明建设特别是以当代中国林草行业生态文明建设为立足点，以习近平生态文明思想为指导，以推进人与自然和谐共生的中国式现代化为目标，依据理论与实践相结合、问题意识和对策意识相结合、历史与现实相结合、国内与国外相结合的编写原则，采用整体与专题相结合的形式编写的高质量教材，对于推进具有林草特色的教材体系建设以及促进读者生态文明意识提升和生态文明素质提高具有重要价值。

统观这部教材，一是注重将理论逻辑、历史逻辑和实践逻辑相结合，突出对于生态文明建设的学理性分析、历史性回顾和经验总结以及在实践中如何推进等重大问题的阐述，体现了教材将政治性、学理性、实践性紧密结合的鲜明特征。从理论逻辑来说，既展现了习近平生态文明思想的主要内容，又概括了中国生态文明建设的系列政策话语；从历史逻辑来说，既以全球性视野分析了生态文明建设的历史进程，又以具体的专题阐述了新时代中国特色社会主义生态文明建设的思想引领、历史进程和巨大成就；从实践逻辑来说，将生态文明建设既与全社会的绿色低碳发展紧密联系起来，又与公民生活方式和消费方式的绿色变革紧密结合起来，有助于促进读者的生态文明素质提升，发挥教材对于素质教育的促进作用。二是主题突出，体系较为严密完整。全书共十讲，其中，第一讲紧密围绕何谓生态文明、何以产生生态文明、如何理解和把握生态文明，从总体上阐明了生态文明的由来、实质、内涵、特征、科学基础、理论基础；第二至八讲围绕社会主义中国为什么建设生态文明、建设什么样的生态文明、怎样建设生态文明等重大理论和实践问题，专题阐述了中国特色社会主义生态文明建设的思想引领、历史进程和非凡成就，新时代中国特色社会主义生态文明的战略决策、目标、任务、战略举措、国土绿化、自然地保护、绿色富民、绿色生活以及生态文明建设的示范引领等，体现了由整体到具体的叙述方法，翔实展现了新时代中国特色社会主义生态文明建设的历史性、转折性、全局性成就，以及林草行业生态文明建设的特色内容与显著成效，有助于提升读者对新时代中国特色社会主义生态文明建设的理论自信和实践自觉；第九讲和第十讲以全球视野透视国际生态化发展的理论与实践，在阐明和揭示生态环境问题的政治分歧和斗争实质的同时，实例展示了世界上的代表性国家和地区在生态环境保护方面的实践选择与经验启示，以及共谋全球生态文明建设的中国倡议和中国方案，从而阐明了中国紧跟时代、放眼世界，承担大国责任、展现大国担当，实现了由全球环境治理参与者到引领者的重大转变。这十讲的内容既单独成篇，又构成了一个环环紧扣的有机整体，体现了教材的整体性原则。三是在体例方面有所创新和突破，以兼收并蓄的方式综合了不同教材的编写体例和风格，形成了具有自身特色的体例安排和教材风格。它不仅注重每讲正文的详细阐述，提供精炼的小结，推荐了相关阅读材料，还插入了图表、专栏，增设了原声再现、知识链接、微信关注、小贴士、典型案例、讨论案例、讨论问题等，大大增强了教材的可读性、可视性和交互拓展性，这将有助于教、学、研之间的互动、深化和知行转化。

该教材的编者及所依托的南京林业大学，长期秉承“诚朴雄伟、树木树人”校训精神，服务国家绿色发展战略需求，依托林业、生态、资源、环境等优势学科，为生态文明教育、生态文化传播、生态文明学科建设、生态文明研究等方面作出了持续而富有成效的努力，取得了一系列值得称赞的重要科研教学成果。在生态文明教育方面，牢牢抓住课堂教育主阵地，构建了“顶层设计、教学改革、平台搭建、队伍建设、环境营造”五个维度为一体的生态素养培育体系，将绿色理念渗透到教育教学和人才培养的全过程，实现了生态课程全覆盖；在生态文化浸润方面，广泛开展生态文化活动，积极提升第二课堂活动层次，拓展生态文明教育途径，努力营造生态文明教育的浓厚氛围。持续开展“水杉”学术讲堂、生态文化节、生态文化高层论坛、大学生绿色科技展、市民课堂等丰富多彩的活动，传播生态知识和理念，增强学生的绿色担当。在生态文明学科体系构建方面，秉承“固本强基、交叉融合、拓展延伸”的学科建设思路，紧密围绕国家生态文明战略需求，对学校学科建设体系进行了整体设计、战略规划，着力建设以林业学科为基础、以林业为重要研究内容、由自然科学、社会科学、人文科学交叉融合形成的“林基生态文明学科体系”，推动学校学科建设整体水平的持续大幅度提高。在生态文明研究方面，根据国家生态文明建设需要，加强生态文明理论与实践研究，先后成立了中国特色生态文明智库、碳中和研究院、新兴交叉技术相关研究院、数字林业与绿色发展研究院等新型研究机构；连续出版《生态林业蓝皮书：中国特色生态文明建设与林业发展报告》；2022 年 5 月正式出版我国首部《生态文明绿皮书：中国特色生态文明建设报告（2022）》。因而可以说，在学校领导高度重视与大力支持下，由跨校专家团队集体撰写的这部《走进生态文明：生态文明十讲》，不仅紧扣国家重大战略、立足我国国情、顺应世界潮流，也充分结合展示了林草行业和南京林业大学的行业特色、学科优势。签署人相信，该教材的问世和传播，必将为培养全面推进美丽中国建设、加快推进人与自然和谐共生现代化的时代新人作出重要贡献。

郇庆治

北京大学教授

2023 年 8 月 2 日

序　二

我们正在进入人类世，这是一个人类已成为塑造地球未来主导力量的时代。尽管全球应对生态环境危机的努力不断增强，但气候变化、生物多样性丧失、荒漠化、环境污染和转移、极端气候事件仍在继续。全球气温屡创新高等系列气候危机表明，人类对地球施加的压力已史无前例。如何与自然和谐相处，这是世界各国实现可持续发展必须回答好的重大时代命题，而建设生态文明已成为解决这一时代命题的中国方案。

伴随改革开放的现代化实践，中国作出了走向生态文明的关键抉择。生态文明的理念从“学术话语”“伦理话语”，逐渐转变为“政治话语”，再到发展成为“中国话语”，上升到一种文明建设的新高度。中国共产党把“建设社会主义生态文明”作为行动纲领，写进了党章，提出并采取了一系列治国理政的新思想、新战略、新行动。

在理念上，生态文明坚持国际社会的生态环境保护共识。1972年，世界首次环境会议提出了可持续发展理念。我国从这个理念最初的追随者、响应者转变为主动创新者，从提出人与自然是生命共同体，到建立人类命运共同体，现在，中国正在成为促进人与自然和谐共生的积极倡导者。

在道路选择上，走的是中国特色的生态文明道路。这条道路，既不是延续传统的先污染后治理的工业文明道路，也不是后工业化国家现在走的对已有的现代化成果进行生态化改造的道路，而是按照生态文明的原则，去实现发达国家实现过的现代化的中国道路。中国式现代化道路的提出与实践标志着对西方单一现代化模式的突破，特别是人与自然和谐共生作为中国式现代化道路的内在要求，在本质上开辟了有别于资本主义的现代化类型。

在价值取向上，生态文明坚持的是以人民为中心的价值准则和评价标准。它追求的是人与自然和谐共生的现代化，不是“物本”的目标取向；而是“民本”的价值纬度，是为了让人民群众过得更加美好。

走向社会主义生态文明新时代，中国已经出发，而且每一步都迈得如此坚定和自信。2020年9月，习近平主席在联合国大会上宣布：中国将在2030年前实现碳达峰，2060年前实现碳中和。“双碳”目标的提出，必将带来社会生产方式和生活方式的新的重大的变革。这为深化生态文明研究、推进生态文明进程带来了新的契机。

生态文明建设是一项长期、复杂和艰巨的系统工程，其根本在教育。高校是教育、科技、人才最集中的交汇点，在以中国式现代化实现中华民族伟大复兴的新征途中，为中国式现代化建设培养具有生态文明素养的创新型人才是高校的使命担当。尤其是涉林高校和国家的绿色事业、生态文明建设直接相关，不仅要为生态文明建设提供人才保障和技术支撑，还要研究生态文明、传播生态文明。在涉林高校中开设生态文明通识教育课，将生态文明理念传播给大学生群体，将他们培养成为生态文明理念的积极传播者和模范践行者，对建设美丽中国、实现“双碳”目标无疑具有重要意义。

教材编写是深化生态文明教育的重要基础，教材好，教育才好。我国高校生态文明教育课程建设的探索虽早已起步，但总体上看，现有的支撑生态文明教育的教材建设还处于校本化开发阶段，教材的理论体系构建还比较薄弱，将生态文明作为一种教学话语的学理性表达尚有一定的提升空间。

《走进生态文明：生态文明十讲》的编写，既是南京林业大学教育教学改革上的一次重要探索，也是学校基于长期生态文明研究优势的一次课程创新。本教材按一般到特殊，世界与中国相结合的原则，从生态文明的基本内涵、由来、实质、科学基础、理论基础写起，重点介绍新时代中国特色社会主义生态文明建设的历史进程和辉煌成就、新时代中国特色社会主义生态文明的使命任务、建设方略、制度保障、国土绿化、自然地保护、绿色富民产业发展、绿色生活创建以及生态文明建设的示范引领等，并以全球视野，展望全球生态文明建设的未来。教材展现了新时代中国特色社会主义生态文明的历史性、转折性、全局性成就，以及林草行业生态文明建设的特色内容。教材用十讲的形式编排，增加了原声再现、插图、微信关注、讨论案例、讨论问题等，增强了可读性、可视性和交互拓展性，便于教、学、研的互动、深化和知行转化。

把生态文明作为一门课程开设，是高校教育的一个新开拓、新实践。本教材的主编和编委都是我国从事生态文明研究的同仁和朋友，他们在各自的研究方向都有丰厚的学术积淀和重要学术贡献。希望本教材的出版既能满足学校的教学和学习需要，又能够为全社会生态文明的普及作出新的贡献。

王国聘

2023年8月1日

前　言

生态文明是人类不断深化对20世纪五六十年代以来日益加剧的全球生态环境问题的认识而提出的概念和范畴。其含义界定目前虽无定论，但主要有广义和狭义两种。广义的生态文明是指在反思传统工业文明的基础上作为替代工业文明的人类新文明而提出的人与人、人与自然和谐相处的人类文明新形态。狭义的生态文明是人与自然和谐相处的物质文明、制度文明和精神文明成果的总和，是相对于物质文明、政治文明、精神文明、社会文明的要素文明。

生态文明作为一个概念，最早由德国法兰克福大学政治系教授伊林·费切尔（Iring Fetscher）于1978年提出。1978年伊林·费切尔在英文期刊《宇宙》上发表了文章《人类生存的条件：论进步的辩证法》。该文分析了工业文明的种种危机，批判了源自基督教的进步主义，指出了工业文明发展方向的错误，阐述了走向生态文明的必要性。1983年国内学者赵鑫珊、1984年苏联学者B.C.利皮茨基，也各自提出了生态文明；1987年中国农学家叶谦吉首次阐述了生态文明。

生态文明作为一种治国理政的思想理念，目前主要以中国为代表。2012年以来的中国，以习近平同志为核心的党中央带领全党从关系人民福祉、关乎民族未来的高度谋划美丽中国建设和实现中华民族的永续发展，深刻把握生态文明建设在习近平新时代中国特色社会主义事业中的重要地位和战略意义，大力推进生态文明理论创新、实践创新、制度创新，创造性提出一系列新理念新思想新战略，形成了习近平生态文明思想，构建起了生态文明制度体系，使生态环境保护发生历史性、转折性、全局性变化。如今，人与自然和谐共生已成为中国式现代化的本质要求，中国在全球环境治理中的角色也由参与者转变为引领者，美丽中国步入全面建设的重要时期。

本教材顺应生态文明作为时代潮流的趋势，试图通过教材编写能够为立德树人的生态文明教育特别是新时代中国特色社会主义生态文明思想和实践的体系化教育提供教材支撑；希冀有助于师生和对生态文明感兴趣的读者能从人类文明演进的趋势和经济社会发展的规律出发，理解和把握生态文明的实质，在厘清生态文明作为时代潮流和要素文明的关系的基础上，自觉且积极参与和贡献生态文明建设，为实现人与自然和谐共生的中国式现代化，共谋全球生态文明建设和人类可持续发展的生态福祉作出应有的努力。

本教材以专题形式突出新时代中国特色社会主义生态文明建设的思想理论和实践成就，并将内容延展到了今年习近平在全国生态环境保护大会上的讲话，以紧扣美丽中国建设的时代脉搏、增强教材内容的特色和时效。不过，质效如何有待读者批评。

编　者

2023年7月27日

前 言

[illegible]

编 者

2023年7月27日

目录

第一讲

生态文明的内涵特征、科学基础和人文思想

生态文明是人类不断深化对 20 世纪五六十年代以来日益加剧的全球生态环境问题的认识而提出的概念和范畴。其含义界定目前虽无定论但主要有广义和狭义两种。广义的生态文明是指在反思传统工业文明的基础上作为替代工业文明的人类新文明而提出的人与人、人与自然和谐相处的人类文明新形态。狭义的生态文明是人与自然和谐相处的物质文明、制度文明和精神文明成果的总和，是相对于物质文明、政治文明、精神文明、社会文明的要素文明。

第一节 生态文明的概念内涵和特征

20世纪六七十年代以来，随着第二次世界大战后西方国家经济社会的恢复和高速发展黄金期的到来，大气污染和水污染日益严重、生物多样性下降、森林锐减，环境公害事件频发。人类生命健康遭遇生态危机的威胁，经济社会发展与环境保护的关系逐渐成为人们关注的焦点。人们在反思近现代工业化的生态后果、反思近代以来人与自然及人与人之间关系恶化的进程中提出了“生态文明”，期待以新的文明替代原有的工业文明而实现经济社会的可持续和人类文明的新进步。

一、生态文明的由来和实质

生态文明作为一个概念在20世纪七八十年代提出，与传统工业化所造成的严重生态环境问题密切相关。

（1）严重的环境污染。例如，大气污染、水污染、土壤污染、噪声污染、“固废”污染等。世界八大公害事件见表1–1。

表1–1 世界八大公害事件

名称	时间	地点	污染物	原因	影响
马斯河谷烟雾事件	1930.12	比利时	烟尘、二氧化硫	河谷中工厂污染	几千人发病，60人死亡
多诺拉烟雾事件	1948.10	美国多诺拉	烟尘、二氧化硫	工厂多雾天；逆温	4天40%居民生病，14人死亡
伦敦烟雾事件	1952.12	英国伦敦	烟尘、二氧化硫	居民煤烟尘；逆温	3天4000人死亡
洛杉矶光化学烟雾事件	1943.5~10	美国洛杉矶	光化学烟雾	汽车污染	患病，65岁以上约400人
水俣事件	1953	日本九州南	甲基汞	氮肥排入水体	患者180人，死亡50人
富山骨骼痛病事件	1931—1972	日本富山县	镉	炼锌厂废水排入河流	患者280人，死亡50人
四日市哮喘病事件	1955	日本四日市	二氧化硫、烟尘、粉尘	工厂排放	患者280人，死亡36人
米糠油事件	1968	日本九州	多氯联苯	管理不善进了毒物	患者5000人，实际受害13000人

（2）生态环境问题呈现全球化和复合化。20世纪后半期，经济全球化的发展和核技术的进步在推动工业文明迈入后工业时代的同时也使世界遭遇的生态环境问题累积叠加、蔓

延扩大。世界环境问题出现了范围扩大、难以防范、危害加重、不确定性增强等特点。例如，塞维索化学污染、阿摩科·卡迪兹号油轮泄油、三哩岛核事故、威尔士饮用水污染、墨西哥气体爆炸、博帕尔农药泄漏、切尔诺贝利核电站泄漏、莱茵河污染、莫农格希拉河污染、埃克森·瓦尔迪兹号油轮漏油等重大公害事件。

（3）生物多样性减少，部分动植物濒危。在工业革命以来的200多年里，人口数量膨胀，经济社会快速发展，同时野生动植物的种类和数量也以惊人的速度减少。根据联合国有关报告显示，在1970—2000年期间，约40%的物种平均数量和丰富度持续降低，其中内陆水域物种下降了约50%，而海洋和陆地物种均下降了约30%。对全球两栖动物、非洲哺乳动物、农田鸟类、英国蝴蝶、加勒比海和印度太平洋珊瑚及常见捕捞鱼类物种的研究表明，多数物种出现数量减少，有12%~52%的物种面临灭绝的危险。在此后二三十年内，地球上将有1/4的生物物种陷入绝境；到2050年，约有半数动植物将从地球上消失。每天有50~150种、每小时有2~6种生物灭绝。

（4）自然资源过度消耗，能源危机加剧。例如，森林资源。联合国粮食及农业组织发布的2020年《全球森林资源评估》报告指出，1990—2020年的30年间，全球森林面积持续缩小，净损失达1.78亿公顷。有研究结果表明，1960—2019年全球人均森林面积减少了60%，这种丧失威胁着生物多样性的未来，并影响全球16亿人的生活。森林破坏带来了二氧化碳排放增加、物种减少、水土流失、气候失调、旱涝成灾等严重的后果。再如，草地资源。我国自20世纪后半期以来，已经或正在退化的草地资源达到90%，其中有1.3亿公顷的草地（包括沙化、碱化）退化程度达到了中度以上，并且每年以200万公顷的速度递增。在北方和西部牧区，退化草地的面积已达7000多万公顷，约占牧区草地总面积的30%。据调查表明，内蒙古草原面积为7491.85万公顷，与20世纪60年代相比较，减少了1003.43万公顷。草地退化不但使牲畜失去“粮食”，更严重的是导致水土严重流失、江河湖泊断流干涸、虫鼠灾害频繁、沙尘暴愈演愈烈，大气中的煤烟型悬浮颗粒物、酸雨、水源污染、臭氧层破坏、温室效应等都直接或间接地危害草原生态。

知识链接

2022年8月1日，《环境研究快报》（*Environmental Research Letters*）发表题为《近60年来全球森林变化的时空格局和森林转型理论》（*Spatiotemporal Pattern of Global Forest Change over the Past 60 Years and the Forest Transition Theory*）的文章指出，在过去的60年（1960—2019年）中，全球森林面积减少了8170万公顷，这一损失导致全球人均森林面积下降了60%以上。

就能源危机而言，一方面，能源消费有增无减，供需矛盾进一步恶化；另一方面，石化能源的消费加剧着大气污染、水污染等环境问题，也深刻影响着气候变化和各国经济社会可持续发展。如20世纪70年代的两次石油危机、1990年海湾战争引发的石油价格暴涨、21世纪因俄乌冲突引发的能源危机等。同时，传统石化能源引发的大气污染如伦敦烟

雾，能源战争引发的各种污染和生物伤害如海湾战争，核能发展中核事故引发的辐射和污染如切尔诺贝利核事故、福岛核事故等。

正是由于工业革命以来诸多生态环境问题给人类生存和发展带来的威胁，人们先后提出了“增长的极限”“可持续发展”“生态文明”等概念和主张。

工业文明的发展，一方面带来了巨大的物质财富，另一方面也造成了一系列的生态环境问题。这种以对自然资源掠夺为主要特征的“高投入——高消耗——高污染”的文明发展方式不仅破坏生态，而且日渐威胁全球各国人民的生存和发展。正如美国著名社会学家、未来学家阿尔温·托夫勒所认为的：“可以毫不夸张地说，从来没有任何一个文明，能够创造出这种手段，能够不仅摧毁一个城市，而且可以毁灭整个地球。从来没有整个海洋面临中毒的问题。由于人类贪婪或疏忽，整个空间可能突然一夜之间从地球上消失。从未有开采矿山如此凶猛，挖得大地满目疮痍。从未有过让头发喷雾剂使臭氧层消耗殆尽，还有热污染造成对全球气候的威胁。”因此，人类必须打破工业文明时代既有的经济社会结构，建设一种新的可持续发展的经济、政治、文化、社会、生态协调发展的物质文明、政治文明、精神文明、社会文明和生态文明。

由此可知，虽然目前学术界关于生态文明的概念内涵和本质存在分歧，有的认为“生态文明是由纯真的生态道德观、崇高的生态理想、科学的生态文化和良好的生态行为构成的”，有的认为“生态文明是文明的一种形态，是一种高级形态的文明；生态文明不仅追求经济、社会的进步，而且追求生态进步，它是一种人类与自然协同进化，经济、社会与生物圈协同进化的文明”。但是，生态文明的由来表明，生态文明的实质是要正确处理人与自然的关系，在遵循自然规律的前提下，建设人与自然和谐的新文明形态；实现以资源环境承载力为基础的可持续发展。

二、生态文明概念的提出

最早提出“生态文明”概念的文献是1978年发表在英文期刊《宇宙》上的伊林·费切尔的文章《人类生存的条件：论进步的辩证法》。该文分析了工业文明的种种危机，批判了源自基督教的进步主义，指出了工业文明发展方向的错误，阐述了走向生态文明的必要性。1983年中国学者赵鑫珊在论及文学艺术与生态学的关系时也提出了生态文明概念。他提出：“没有生态文明，物质文明和精神文明就不会是完善的。”1984年，苏联学者B.C.利皮茨基独立地提出了生态文明概念。他们一致认为，必须谋求人类与自然之间的和谐。但费切尔认为生态文明将是一种超越工业文明的新文明，而赵鑫珊、利皮茨基和叶谦吉认为生态文明是文明整体的一个维度。1985年2月18日，张捷在《光明日报》的国外研究动态栏目中对国外生态文明的学术动态进行了译介，指出：“培养生态文明是共产主义教育的内容和结果之一。生态文明是社会对个人进行一定影响的结果，是从现代生态要求角度看社会与自然相互作用的特性。它不仅包括自然资源的利用方法及其物质基础、工艺以及社会同自然相互作用的思想，而且包括这些问题与一般生态学、社会生态学、社会与自然相互作用的马列主义理论的科学规范和要求的一致程度。”1995年，美国罗伊·莫里森在《生态民主》（*Ecological Democracy*）一书中率先将“生态文明”阐释为替代“工业文明”的一种文明形态。在国内学术界，刘思华教授在1986年全国第二次生态经济学研讨会上，首次把生态文明纳入社会主义文明的框架，率先提出“社会主义物质文明、精神文明、生态文明的协调发展”的论点。他在参会论文《生态经济协调发展论》中提出了“社会主义物质文明建设、精神文明建设、生态文明建设的同步协调发展”的思想。1987年，叶谦吉教授在我国学术界首次明确阐述了生态文明概念，并在全国生态农业研讨会上提出了“大力提倡生态文明建设”的主张。此后，关于生态文明的研究逐渐增强，并在21世纪成为学术热点。

生态文明作为一种狭义的要素文明并付诸实践，目前主要以中国为代表。

2003年6月25日，中共中央、国务院发布的《关于加快林业发展的决定》正式提出要“建设山川秀美的生态文明社会”。这是“生态文明”第一次进入国家政治文件。2007年10月，中国共产党在第十七次全国代表大会的工作报告中首次使用“生态文明”的概念，并把“建设生态文明”列入全面建设小康社会奋斗目标，作出了生态文明建设的战略部署，强调“要建设生态文明，基本形成节约能源资源和保护生态环境的产业结构、增长方式、消费模式。循环经济形成较大规模，可再生能源比重显著上升。主要污染物排放得到有效控制，生态环境质量明显改善”。该报告从“建设生态文明”和“生态文明观念”两个层面阐述了生态文明及其建设对实现社会主义现代化目标与战略的重要性。2012年11月，中国共产党第十八次全国代表大会的报告独辟专章，集中论述了生态文明建设问题，进一步提升了生态文明在中国社会主义现代化事业及其总体布局中的地位。此后，中国大力推进生态文明建设，同时在积极参与全球生态治理中，推动共谋全球生态文明建设。2013年2月，联合国环境规划署第27次理事会通过了推广中国生态文明理念的决定草案；2015年12月，在中国的参与和推动下，《联合国气候变化框架公约》196个缔约方通过《巴黎协定》；2016年5月，联合国环境规划署发布《绿水青山就是金山银山：中国生态文明战略与行动》报告；2017年1月，国家主席习近平在瑞士日内瓦万国宫出席“共商共筑人类命运共同体”高级别会议，并发表题为《共同构建人类命运共同体》的主题演讲。生态文明逐渐成为世界潮流，中国日益成为生态文明建设的参与者、贡献者和引领者。美国国家人文与科学院院士小约翰·柯布认为绿色发展是指人类朝着生态文明的方向前行，生态文明的希望在中国。

三、生态文明的内涵

深入理解和准确把握生态文明的内涵，是推进生态文明建设的重要前提。生态文明的核心问题是正确处理人与自然的关系。大自然本身是极其富有和慷慨的，但同时又是脆弱和需要平衡的。人口数量的增长和人类生活质量的提高难以阻挡，但人类归根结底也是自然的一部分，人类活动不能超过自然界容许的限度。生态文明所强调的就是要处理好人与自然的关系，做到获取有度。既要利用又要保护，促进经济发展、人口、资源、环境的动态平衡，不断提升人与自然和谐相处的文明程度。在这个意义上，生态文明是指人与自然和谐相处所取得的物质文明、制度文明和精神文明成果，是人类在认识、利用、保护自然的过程中所取得的文明成就。生态文明建设致力于促进人类社会的可持续发展，大力发展绿色经济，培养人们的生态环境保护意识，致力于以经济发展促进生态环境改善，实现经济、社会、生态的良性发展。生态文明的主要含义如下。

（1）人与自然的关系是最基本的关系。人生于自然，发展于自然。人通过与自然的物质变换而维持生命，并满足衣食住行等物质需求和认识天地万物的精神需求。承认自然的先在性和基础性，以及人与自然休戚与共的生命联系。

（2）认识、利用和保护自然。这突出了人的主体地位及其思想观念的变化，包含了对生态环境资源进行合理的开发与科学利用，对相关科学、技术、产业、法律制度等方面进行发展与创新，以及改善建设自然生态环境与修复被破坏的生态系统等具体实践活动。

（3）生态文明的核心在于人与自然关系的和谐。自然作为自组织的生态系统具有不以人的意志为转移的规律性和系统演化的不可逆性，人类不能主宰自然、控制自然，人类对自然的破坏将反噬自身，甚至使人类面临不可逆转的生态危机。因此，生态文明强调人与自然关系的和谐美丽与协同进化。

（4）生态文明的动力在于人与自然关系的矛盾运动。生态文明的提出是人与自然的矛盾演化为社会主要矛盾的重要方面的结果，而人与自然之间的矛盾贯穿于人类社会发展的始终，因此，人与自然之间的矛盾是推动生态文明的内在动力。

（5）生态文明是历史范畴和政治范畴的统一体。主要包括三个方面：生态文明观念、生态文明制度、生态文明实践。生态文明观念包括生态文明的心理、思维、意识、道德、文化等。生态文明的权力、权利、主体、客体、行为、形式等则属于生态文明制度。生态文明实践可分为主体角度、空间角度和过程角度。主体角度可分为生态文明的个人（社会团体）、企业、国家及地方政府、国际社会等，空间角度可分为局部角度和整体角度，过程角度可分为决策、执行、反馈、评价等。

生态文明的本质要求是人与自然关系的和谐共生，是尊重自然、顺应自然和保护自然；既不能有凌驾于自然之上，又不能任由自然驱使、停止发展甚至重返原始状态。要在承认人是自然之子而非自然主宰的前提下，以自然规律为准则，发挥人的主观能动性和创造性，科学合理地开发利用自然、保护自然，将开发利用与呵护回报相结合，把人类活动控制在自然能够承载的限度之内，实现人类对自然获取和给予的平衡，防止出现生态赤字和人为造成的不可逆的生态灾难。

四、生态文明的主要特征

生态文明的主要特征就时空维度而言，一是在时间维度上，生态文明是一个动态的历史过程。人类发展的各个阶段始终面临人与自然关系的问题，生态文明建设永无止境。人类处理人与自然的关系就是一个不断实践、不断认识和解决矛盾的过程；旧的矛盾解决了，新的矛盾又会产生，循环往复促进生态文明不断从低级阶段向高级阶段进步，从而推动人类社会持续向前发展。建设生态文明，就是要求人们要自觉地与自然界和谐相处，形成人类社会可持续的生存和发展方式。二是在空间维度上，建设生态文明是全人类的共同课题。人类只有一个地球，生态危机是全人类的威胁和挑战，生态问题具有世界性，任何国家都不可能独善其身，必须从全球范围考虑人与自然的平衡。

就文明发展的内在逻辑而言，一是平等性。从生态整体自然观来看，人类与自然处于一个生态复杂巨系统中。这个巨系统中人与其他物种都在维持整个生态系统的稳定，不存在高低之分。之所以要发展生态文明就是为了改变以往工业文明的不平等发展模式：①改变横亘在人与自然之间的不平等。在工业文明时代，人类为了自身的发展，对大自然进行掠夺。生态文明主张人类的发展建立在人与自然万物平等相处的基础上，旨在实现人类与自然的和谐发展。②努力消除国家间的不平等地位。传统工业文明建立在一小部分国家奴役、剥削大多数国家的基础之上。他们为了维护本民族的发展，玩起了弱肉强食的游戏规则，奉行霸权主义，坚持不合理的国际政治经济格局。生态文明主张为了全人类的平等发展，民族与民族、国家与国家之间必须保持平等。③在国家内部，强调全体社会成员享有公正平等的地位。因为在生态文明的视域下，每个人都在为人类社会生态系统作出应有的贡献，因此每个人应该公平地享受这个系统所带来的利益。也就是说，人人都应能过上高质量的生活，都有受教育的机会，都能得到卫生医疗保健，都有丰富健康的文化娱乐生活，都能享受到社会发展的成果。

二是多元性。生态系统中存在着各种不同的生物种类、自然资源和生态环境，它们之间相互依存、相互影响，形成了一个复杂而精妙的生态网络。多元化并存意味着生态系统中的各种元素在不同程度上存在着差异和多样性。这种多样性包括物种的多样性、生态位的多样性、生态功能的多样性等。物种的多样性是生态系统的基础，不同的物种在生态系统中扮演着各自独特的角色，在相互作用中形成复杂的生态过程。生态位的多样性意味着不同物种可以在不同的环境条件下生存和繁衍，从而提高整个生态系统的适应性和稳定性。生态功能的多样性则体现了不同生物种类在维持生态平衡和生态服务方面的独特作用，如种群调控、养分循环和生态修复等。多元化并存也是保护生物多样性和生态系统健康的基本原则。当一个生态系统中存在着多样的物种和生态位时，它们之间的相互作用可以提供更多的生态资源和生态服务，使整个生态系统更加稳定和富饶。相反，如果生态系统中某些物种消失或生态位过于单一，将导致生态平衡被打破，生态系统功能受损。

三是循环再生。在传统的发展模式中，资源的消耗和环境的破坏常常被忽视，导致了严重的生态危机。然而，生态文明的理念强调了资源的可持续利用和循环利用，以实现生态系统的平衡和可持续发展。循环再生的思想贯穿于各个方面，从能源的利用到废物的处理，都强调将资源重新回收和再利用，最大限度地减少浪费和污染。通过推动循环经济模式，我们可以将废物转化为资源，实现资源的有效利用和循环利用，降低对自然环境的侵害。同时，循环再生也促进了绿色产业的发展，推动技术创新和环保产业的兴起。生态文明的循环再生特征不仅改变了我们对发展的认知，也为构建可持续发展的未来提供了重要指导。只有在循环再生的道路上不断前行，我们才能真正实现人与自然和谐共生的目标。

总之，生态文明表明了人类保护环境、优化生态、全面发展经济社会的高度统一，体现着自然规律与社会规律的辩证统一。中国共产党领导中国人民所追求的生态文明，是要按照新发展理念的要求，遵循自然规律和社会规律的辩证统一，走出一条绿色、低碳、循环的现代化道路，形成节约资源和保护环境的空间格局、产业结构、生产方式和生活方式；是人与自然和谐共处、良性互动、持续发展的一种文明形态，其实质是要建设以资源环境承载力为基础、坚持生态优先、绿色发展的人与自然和谐共生的社会。

第二节　生态文明的科学基础

生态文明的科学基础是广泛而丰富的，涉及近现代以来博物学、生物学、生态学、生命科学、人类生态学、生态哲学、生态政治学、生态经济学、系统科学等众多学科的交互发展。其中，系统科学和生态科学的发展和交叉，不仅为生态文明奠定了重要的科学基础，也为生态文明提供了生态系统思维的观念和方法。

一、系统科学的发展及应用

系统科学兴起于20世纪20年代，随着系统科学的发展，系统方法逐渐成为具有一般意义的方法。

1. 系统科学的发展

系统科学的兴起以一般系统理论、控制论、信息论等现代系统理论的创立为标志，其形成和发展可以分为三个阶段：

第一阶段，20世纪20年代到60年代前后，一系列现代系统理论开始出现。俄国哲学家波格丹诺夫作为系统科学的奠基者，于1925年出版了《组织形态学》。这部著作被认为是系统科学的开山之作。作为系统科学的代表人物，美籍奥地利生物学家贝塔朗菲于20世纪30年代开始从“机体论”生物学的研究转向建立一般系统理论，于1945年发表的《关于一般系统论》和1968年出版的《一般系统论》，全面总结了一般系统论的思想及相关的概念框架，首次提出“系统科学”一词，奠定了系统科学的理论基础。罗马尼亚的奥多布莱扎超越了经典物理学的原子模型，采用了一些系统论的思维方法，把研究对象视为有组织的整体和系统，并于1938年出版了体现这种观点的《协调心理学》。这部著作一经出版就成为研究普通控制论的一部基础著作。美国数学家维纳开创性地将通信原理与控制原理结合在一起，为系统科学的进一步研究提供了新的理论方法，也使维纳在系统科学的研究中占据了不可动摇的地位。

第二阶段，20世纪70年代，以耗散结构理论、协同学、超循环理论等自组织理论相继出现为标志的系统科学发展阶段。在这一阶段中，比利时布鲁塞尔学派的普利高津于1969年提出了耗散结构理论。这个理论所蕴含的“非平衡是有序之源”的结论从本质上冲击了经典热力学理论，进一步巩固了系统科学中自组织理论的地位。德国物理学家哈肯在激光研究中发现了自组织系统间的协同作用，于1977年出版了《协同学导论》，详细地阐释了多组分系统是如何通过子系统的协同行动而形成从无序到有序的演化过程。诺贝尔奖获得者艾根在研究生命起源问题（即无生命向有生命的进化阶段）时，意识到这实际上是生物大分子的自组织过程，而支持这一过程的机理是“所谓的超循环的组织形式”。基于生命系统演化的超循环理论从另一个角度促进了自组织理论的发展，成为“现代系统科学中的一个重要的流派”。

第三阶段，20 世纪 80 年代以来，是系统科学得到进一步充实和继续发展的阶段。在这一阶段，以混沌、分形为核心的非线性科学以及计算机智能、人工生命等理论逐渐融合并趋向于“复杂系统”的研究，同时促进了具有高度综合性和交叉性的“复杂性科学”的诞生。英国学者切克兰德认为，系统思想的发展应该是对社会科学和“现实世界中的问题”这类复杂性问题所作出的反应，他将系统思想积极地应用于实践，在 20 世纪 80 年代创建了著名的切克兰德软系统方法论。软系统方法论是在霍尔的系统工程（后人与软系统方法论对比，称为硬系统方法论）基础上提出的。霍尔的硬系统方法论以大型工程技术问题的组织管理为基础，在扩展其应用领域后，特别是在处理存在利益、价值观等方面差异的社会问题时，遇到了难以克服的障碍：人们对问题解决的目标和决策标准（决策选择的指标）这些重要问题，甚至对要解决的问题本身是什么都有不同的理解，即问题是非结构化的。对这类问题，或更确切地称为议题（issue），首先需要的是不同观点的人们通过相互交流，对问题本身达成共识。因此，与硬系统方法论的核心是优化过程（解决问题方案的优化）不同，切克兰德称软系统方法论的核心是一个学习过程。由此，切克兰德得出了一个从事研究软系统思想必然得出的崭新范式：学习范式，即人类的一切行为（包括科学活动）都是一个永无终日的学习过程。这种软系统方法论改变了硬系统方法论停滞不前的状况，得到系统学界的广泛认可，其影响力也扩展到了社会科学界，在系统思想研究上真正起到了承前启后的作用。现在整个英国的系统管理学派就是在这个基础上蓬勃发展起来的。

2. 系统科学的应用

系统科学在许多领域都有广泛的应用，以下是一些常见的应用领域：

（1）管理和决策科学。系统科学提供了一种综合分析和决策支持的方法，用于解决复杂管理和决策问题，如项目管理、风险评估和策略规划等。

（2）环境科学和可持续发展。系统科学在环境保护、自然资源管理和可持续发展方面用于评估生态系统的健康状况、气候变化的影响以及环境政策的制定等。

（3）社会科学和组织研究。系统科学应用于社会网络分析、组织行为和社会动态建模，帮助理解社会系统的结构和演化，以及组织内部和跨组织之间的相互作用。

（4）经济学和金融学。系统科学在经济和金融领域中用于建立宏观经济模型、风险管理和市场预测等，以帮助理解经济系统的复杂性和动态性。

（5）生物学和医学。系统科学在生物学和医学研究中有着重要应用，如生物系统建模、疾病传播模拟和基因组学分析等。

（6）工程和技术领域。系统科学在工程和技术领域中用于系统设计和优化、控制系统和自动化、复杂工程系统的建模和仿真等。

（7）教育和学习科学。系统科学在教育领域中应用于学习过程的建模和优化、教育政策的制定和评估，以及教育系统的改革和创新等。

概括起来说，系统是由各个部分按照一定的结构构成的不可分割为部分之和的、具有特定功能的整体，即相互关联的元素的集。可以用“涌现性”来精确地表达系统原理。“涌现性”的发展被认为是一个基本的生物学和生态学概念。在生态语境中，当物种群落相互作用而产生新特征时，就会发生这种情况，而这些新特征大多是无法预测的，这是由群落中单个物种的行为引起的。1972 年，罗马俱乐部运用系统动力学方法构筑了一个“世界系统”模型。尽管得出了生态萎缩的悲观主义结论，但他们向世人敲响了生态警钟。在研制“两弹一星”的伟大实践中，我国科学家运用唯物辩证法提出了系统工程的思想方法，后来将之有效地运用于生态环境治理，提出发展“沙产业”“山水城市”等生态环境建设的政策建议。习近平提出，“环境治理是一个系统工程”。党的十九届五中全会和六中全会将“坚持系统观念”确立为我国经济社会发展必须遵循的重要原则。这样，就把生态文明建设看作是一项系统工程。

二、现代生态学及其跨学科发展

生态科学的发展为生态文明建设提供了重要的科学基础。德国学者 E. H. Haeckel 于 1866 年提出生态学（ecology）一词，他认为：生态学是研究生物有机体与其周围环境（包括生物环境和非生物环境）相互关系的科学。Ecology 一词源于希腊文，由词根“oiko”和“logos”演化而来，“oikos”表示住所，“logos”表示学问。因此，生态学原本意思就是研究生物“住所”“生活所在地”的科学。即是一门研究生物和其所在地关系的科学。生态学这个名词的提出已有 100 多年的历史，生态学的持续发展为生态文明提供了不可或缺的科学支撑。

1. 现代生态学的基本方法和理论

现代生态学研究方法主要有定位观测、原地实验和野外考察三种。

定位观测是指在典型地域设置长期或短期资源定位观测站点，并定时或连续进行资源要素及环境要素观测的过程，分人工观测和自动观测。它的目的在于考察某个种群或群落结构、功能与其栖息地之间关系的时态变化。实现定位观测的首要条件是要有一块能反映所研究的种群或群落及其生境整体特征并且可以长时间观测的固定样地。关于定位观测的时限，不同的种群有不同的时间：如果是观测种群生活史动态或微生物种群，时限只要几天；如果是观测昆虫种群，时限是几个月到几年；如果是观测脊椎动物，时限是几年到几十年；如果是观测多年生草本和树木，时限是几十年到几百年；如果是观测群落演替，则所需时限更长……以外，定位观测的项目，除了野外考察的项目，还需要增加对生物数量增长、生殖率、死亡率、能量流、物质流等结构功能过程的定期观测。

原地实验是指在自然或田间条件下，采取某些措施，获得有关某个因素变化对种群或群落及其诸因素影响。例如，在牧场上进行围栏实验，可获得牧群活动对草场中种群或群落的影响；在森林或草地群落里人工去除或引入某个种群，以确定其对群落或栖息地的影响；原地或田间的对比实验，为定位观测做了重要补充，不仅可以有效阐明某些因素的作用和机制，还可以为设计生态学控制实验或生态模拟提供参考或依据。

野外考察是考察特定种群或群落与自然地理环境的空间分异的关系。进行野外观察首先要划定生境边界，其次在确定的种群或群落生存活动空间范围内，观察和记录种群行为或群落结构与各种生境条件的相互作用。

现代生态学主要有生态层次论、生态整体论、生态系统论和协同进化论四种基本理论。

（1）生态层次论。该理论认为，生态系统的组织和功能可以在不同的层次上进行理解和研究。这种理论强调了生物体与其环境之间的相互作用，并将其视为生态系统的基本组成部分。在最低的层次上，生态学关注个体的生存和适应能力。个体的特征、行为和生理机制对其周围环境的响应至关重要。个体层次上的生态学研究可以揭示物种在适应环境变化和资源利用方面的策略。接下来是群落层次，群落由多个物种组成，彼此之间存在着复杂的相互关系。群落层次的研究关注的是物种之间的相互作用、竞争和共生关系。通过了解这些相互作用，我们可以更好地理解物种的多样性和群落的结构。在更高的层次上，生态学研究生态系统的结构和功能。生态系统包括了各种生物体以及它们所处的环境因素，如气候、土壤和水体。生态系统层次的研究旨在揭示能量流动、物质循环和生物多样性维持等生态过程。现代生态学的层次观为我们提供了从个体到生态系统以及地球整体的多个层次上研究和理解生态系统的框架。

（2）生态整体论。该理论认为，生态系统中各个部分之间以及各组成部分与环境之间的这种关系是相互作用、相互制约的，这就是现代生态学中所说的整体论。在整体论中，不仅环境和人都是有机整体，人与环境也存在着某种联系。生态系统中各个部分之间和各部分与环境之间也存在着相互影响和共同发展关系。整体与局部、部分与部分都是不可分割地联系在一起的，它们共同构成了一个有机整体，这个有机整体表现为一个生态系统。

（3）生态系统论。该理论认为，相互联系、相互作用的组分按一定结构组成的功能整体叫作系统。生态系统一般指的是生物群落与环境组成的动态平衡体系。在生态学中，生态系统论与生态层次论、生态整体论密不可分。因为三者的结合不仅能区分出系统的各组分（常是较低的层次），进而研究它们的相互关系和动态变化，而且还能综合各组分的行为，从总体上探讨其表现。

（4）协同进化论。该理论认为，协同进化是在研究生态学中从设计方案到解释结果全过程的指导原则，是生物与环境动态互作的一种规律性现象，生态与环境的协同进化形成各种生命层次及各层次的整体特性和系统功能。自然界中，协同进化是普遍存在的现象。例如，在捕食者和被捕食者之间，二者为了提高自身的生存能力，捕食者必须加快奔跑速度才能捕获猎物，而被捕食者则需要加快奔跑速度逃脱追捕。

2. 现代生态学的跨学科发展

早期的生态学主要集中在生物个体和物种与其生存环境的生物学关系的研究上。到19世纪末，生物群落走进生态学研究的视域，并且一些重要概念相继出现，如“食物链”“金字塔营养结构”“演替”等。进入20世纪后，由于工业革命带来的资源消耗和环境问题，人们开始探寻“关系”的生态学。1935年，英国生态学家坦斯利在唯物论基础上提出了“生态系统”的概念，将生物有机体与其各种环境的关系看作是一个有机系统。一些生态学家看到了其中所蕴含的哲学意蕴，如爱默生就认为，在研究生物个体利益怎样为群体利益铺平道路的过程中，生态学能够“为伦理学提供一个科学的基础”。此后，人们研究生态学

不仅是动植物生态学，还将范围扩展到了生物圈整体，以及人的活动与生物圈的关系。生态学在经历20世纪50年代后期世界性的环境保护运动后，逐渐成为一门有广泛社会影响力的科学。

与之相应，生态学开始跨越自然科学与社会科学、人文科学的分野，朝着跨学科交叉融合的方向发展，孕育并催生了生态哲学、环境伦理学、生态政治学、生态经济学、生态社会学等众多交叉学科。

生态哲学作为哲学的一个分支，它是以生态系统为研究对象，以人与生态环境的关系为基本问题，通过理性反思建构起的相对独立的哲学学科。其最基本的观点是生态系统是有机统一整体，这种整体性表现在生物与环境、人与自然整体性以及生态系统结构和功能的和谐性、有序性、动态性。生态哲学的基本问题是人与自然的关系问题，其研究既关注人与自然关系多方面的表现，又关注建立科学的人与自然关系理论，为人与自然关系制定战略与决策，寻找人与自然和谐发展的途径等。

生态政治学以环境与生态为主要的对象，并在其中讨论政治与经济实力的影响力，但生态才是核心。生态政治学是以生态环境与社会政治系统的相互关系为主要研究对象的学科，主要研究人类政治行为对生态系统的影响、在生态治理中国家与国际组织的责任、环境公害与国际纠纷、地球资源与国际关系、环境保护主义思潮对政治事务的影响、保护生态环境的国际合作等问题，是环境科学、生态学与政治学交叉而成的政治学分支学科。

生态经济学是一门新兴边缘学科，是在生态学与经济学交叉基础之上发展起来的。生态经济学根据生态学和经济学的原理，结合生态规律和经济规律，以研究人类经济活动与自然生态环境的关系为目的。具体而言，它是研究使社会物质资料得以生产的经济系统与自然生态系统之间对立统一关系的学科，是既从生态学的角度研究经济活动对生态环境的影响，又从经济学的角度研究生态系统和经济系统结合形成的更高层次的复杂系统的学科。它研究的主要问题有：探讨人类社会经济与地球生物圈的关系，研究森林、草原、农业、水域和城市等各主要生态经济系统的结构、功能和综合效益问题以及研究基本经济实体同生态环境的相互作用的问题。

生态社会学属于社会学的分支学科，是从社会的角度来解释自然生态问题。人类社会应该如何对待“人—社会—自然环境”的问题，并且了解它们之间的相互关系，是其要解决的根本问题。它的主要任务有：面对社会产生的各种社会问题，认识和应对各种社会力量、社会生态化的问题、研究产生各种社会生态问题的社会动因、社会生态灾难及其对社会的影响以及全球生态网络及其配置等。

总之，面对全球性问题，随着一系列科学方法在生态学领域的系统集成，推动形成了新科技革命发展的生态化趋势。在这个背景下，将生物与环境、人类与自然看作是一个不可分割的生态系统的生态思维成为普遍的思维方法。近年来，利用生态系统管理或者运用系统方法来解决现实生活中的生态环境问题受到社会各界的广泛关注。在科技革命背景下，习近平提出了“山水林田湖草沙是生命共同体”，指出“生态系统是一个有机生命躯体，推进生态保护和修复必须遵循自然规律”。强调“提升生态系统质量和稳定性，既是增加优质生态产品供给的必然要求，也是减缓和适应气候变化带来不利影响的重要手段。”这就是要把生态文明建设建立在生态系统的科学认知基础之上。

第三节 生态文明的人文思想

生态文明无论是作为人类文明新形态还是作为要素文明，其性质都是属人类的，与人类追求文明进步的思想智慧密不可分。

一、生态文明与中国传统生态智慧

中华民族五千年瑰丽的传统文化积淀了极为深厚的生态文化底蕴，为我们创建生态文化、建设生态文明提供了丰富的精神资源。在数千年绵延不断的文明进程中，儒、释、道共同构成了中国传统文化的主体，他们各自构建了独特的生态文明理论并据此展开实践。这些思想和实践为实现生态文明提供了独具中国特色的理论基础、文化传承和重要借鉴。

1.“天人合一”的儒家生态文明思想

在中国传统儒家的世界观中，世界是由天、地、人构成的一个有机整体。依据孔子学说所作的《易传》以天、地、人构建了秩序井然的三才体系。天、地、人三者，一方面有各自的规律和特点；另一方面三者之间又存在着紧密的联系。《周易·乾卦》云:“夫大人者，与天地合其德，与日月合其明，与四时合其序，与鬼神合其吉凶。”也即是说：在天、地、人三者的关系中，人应当充分认识自然规律，并以自然规律为准绳，顺天应时，最终达到人与自然相通，天、地、人三者和谐的境界。但这种顺应并非盲目的屈从和消极的应对，而是意识到人与自然规律在其本质上相通合，即“与天地相似”之后，采取积极的态度“与时偕行”。

儒家“天人合一”思想集中体现了中国传统文化中的人际关系和谐、社会发展有序的生态智慧。“天人合一”学说强调的是天（自然）与人之间相互影响的关系。“天人合一”学说认为，自然是人类的生命起源和根本所在，如父如母，所以人类应当尊重自然界。《论语·阳货》说:“天何言哉？四时行焉，百物生焉，天何言哉！”四时运行，百物生长，人类生存，都与天的关系极为密切。天生万物所说的“生”字，既有产生、创造之意，亦有养育、养活之意，充分肯定了“天”对于人类的重要意义。孔子主张“畏天命”和“知天命”。“畏天命”就是对自然界的与生俱来、不可僭越的敬畏；“知天命”就是对这种“天命”的认知。荀子说:“天地者，生之本也。”天地是万物之本，是创造的本身，因此他主张人的生命活动应该遵循大自然的演变秩序:“万物各得其和以生，各得其养以成，不见其事而见其功。”

儒家的“天人合一”思想是以天人一体的整体观为基础，将自然秩序与社会秩序贯通一体。也即是说，儒家的“天人合一”思想，不仅是一种世界观、宗教观和道德观，同样是一种以政治观为表的生态观。它要求人类社会秩序如自然生态秩序般有条不紊、并行不悖。“天人合一”思想在生态学领域的基本诉求，主要包括以下三个方面。

第一，“唯人为贵”。在儒家天人合一思想中，人与天地间其他万物都是天地运行中不可或缺的一个环节，从这个角度来讲人与万物一体，具有同一性，但并不意味着万物与人齐同。“水火有气而无生，草木有生而无知，禽兽有知而无义。人有气、有生、有知并有义，故最为天下贵也。”荀子认为，人兼备气、生、知、义，乃是世间最为尊贵的物种，而人与万物最大的区别在于义，即董仲舒所认为的“唯人独能为仁义”。荀子、董仲舒所谓人独有之“义”，即如今所谓的道德性，人之所以为人，在于人类拥有道德认知和道德判断能力。尽管在天、地、人三才系统中人处于从属地位，但在万物系统中人具有主体地位，即除却自然本身，人在自然系统中处于支配地位，这也是人能与天、地并列的重要因素。但不同于后世持有类似主张的人类中心主义，儒家主张人类拥有支配地位并非为了贬低其他生物的价值从而为人类对自然的破坏行为进行辩护，恰恰相反，儒家正是通过强调人类具备独特的道德属性来敦促人类践行道德实践、实现道德价值。

第二，“仁民爱物”。“仁”是孔子思想的核心，是儒家学说中至高的善。孟子将孔子的“仁者爱人”发展到“仁民爱物”，由此将对人的仁爱扩展到物。对此，董仲舒进一步解释为“质于爱民，以下至于鸟兽昆虫莫不爱。”这就是说，道德关怀的对象不仅仅是人，而且包含着物，并且明确指向了其他生灵。儒家这种对人类以外的万物生灵的道德关怀，本质上是将仁爱的对象由人际之间向种际之间的扩展。但需要注意的是，儒家对万物生灵之爱是有差等的，王阳明认为草木、禽兽、人同为爱的对象，却需要以草木养禽兽、以禽兽宴宾客，恰如手足头目同为躯体，手足却要护卫头目，乃是“良知上自然的条理”。儒家的爱有差等，既不悖食物链的自然规律，又暗合以适度为准绳的“中庸之道”，这种生态保护的伦理观念，仍然是以“仁”作为价值诉求的仁爱之心的具体体现，表征出儒家伦理文化的现实关怀与经世致用之心。

第三，“民胞物与”。《西铭》说：“乾称父，坤称母，予兹藐焉，乃浑然中处。故天地之塞吾其体，天地之帅吾其性，民吾同胞，物吾与也。”张载把天地人比作一个家庭，确立了人在宇宙中的地位，天为人父，地为人母，君主为人兄长，百姓为人同胞，万物为人同类。他将天地作为人之父母，人类对自然的敬畏之情便有了道德基础和情感来源，人类顺天应时也便有了伦理纲常的支撑：天地自然乃生人养人之父母，人便需要如侍奉双亲一样奉养天地，作为子女的人不能违背作为父母的天地自然的意愿，在张载看来，“天地之心，唯是生物”，天之所求无非化生万物，“于时保之，子之翼也；乐且不忧，纯乎孝者也”，保护好天地万物是作为“子嗣”的人应当为作为“父母”的天地自然分忧之事，既合乎天道也合乎孝道。因此，人必须做到“平物我，合内外”，爱惜万物生灵，参赞天地化育，平等看待万物，方能达到与天同一的境界。

总的来说，“天人合一”思想有机地体现了儒家的生态伦理倾向，尽管其“唯人为贵”、爱有等差的主张中有部分思想仍有其局限性，但不可否认其中诸如“仁民爱物”“民胞物与”、物吾与也等思想对现如今生态伦理学的发展和生态文明建设仍有着重要的根源性意义。

2.“道法自然”的道家生态文明思想

在中国传统文化中，道家更以追求人与自然和谐的思想文化见长，一句“人法地，地法天，天法道，道法自然”道尽了数千年来道家对生态和谐的不懈追求。其中，

“人”“地”“天”“道”构成了位格依次升高的四“大”——“道大、天大、地大、人亦大”。“道”乃四“大”之先，是道家思想的核心概念，是不知其名的终极真理，是先于万物——人、地、天而生，并对万物予以创造的始源与根据，也是庄子提出的“物得以生谓之道”。老子提出：“道生一，一生二，二生三，三生万物”，“道”从原本混沌寂寥、不可名状的状态逐渐演化出“一”并进而分化出阴阳二气，阴阳二气合于一、冲而生三，进而生成世间万物。“道”并不明确指向任何具体意象，而是以一种超然的形象出现，天地、众生、万物莫不循道而生、循道而行、循道而死，而世间万物尽管各具其形，却“冲气一焉”，究其本质皆与道合。

老子首次提出了“自然”这一哲学范畴：“人法地，地法天，天法道，道法自然”，老子所谓之“自然”，非后世所指的形而下的、实在的自然界，而是一种形而上的“自然而然”的状态，道法自然也即是说人类需以“道”为准绳，循道而行，顺其自然，因为“道”是天地母、是万物母、是一切存在的根据和最终归宿。老子还认为“天地不仁，以万物为刍狗；圣人不仁，以百姓为刍狗”，自然界的一切事物，无论是山川草木之死物，还是风雨雷电之气象，或是鱼虫鸟兽之属，乃至黎民百姓王公大臣在内，莫不是阴阳造物自然所生，于天地而言并无差等，亦无贵贱之分。在道家看来，天地自然、四时运行与万物生长皆是有规律可循的，这种运行规律和变化超越了人的主观意志，不以人的意志为转移，相反，所谓“人法地，地法天，天法道，道法自然”，人道不仅不可拂逆自然之意，更要做到顺应天道，自然无为。需要注意的是，道家所主张的自然无为并非消极对待什么都不做，而是要做到不妄自行动，顺天应时、自然而然，最终做到“无为无不为”，也即老子所期待的“为而不恃”“为而不争”。在道家看来，人们唯有处于自然而然、无为无不为的状态，天地万物才能处于本然的圆满自足状态，才符合“道法自然”的根本要求。

庄子同样认为道的先验性决定了万物的平等性：万物皆循道而生，尽管各具其形，但究其本质均与道相合，并且循道而行，因而“以道观之，物无贵贱”。庄子不同于儒家“唯人为贵”的主张，不赞成赋予人独特的道德品性，并寄期望于人据此践行道德实践活动，而是从根本上否定了人类在自然界中处于支配地位，他认为倘使站在道的角度来看世间万物，那么万事万物于道而言并无高下之分、贵贱之别，道对天下万物是一视同仁的。也即是说物我同一，世间万物与人既是平等的，又各有其独特的、不可替代的价值与尊严，因此一切事物也应当受到与人相同的尊重和对待。“鱼处水而生，人处水而死。彼必相与异，其好恶故异也。”三生万物而万物各具其形，各有其偏好。也正是当今生态伦理学所认为的即便处于同一环境下，不同生命个体从环境中获得的反馈是不同的，有正向反馈也有负向反馈，正是这种不同的工具价值效应彰显了人与其他生物在生态系统中处于平等地位。

此外，道教作为中国本土宗教，以道家黄老之学为基础，承袭道家的寡欲观，倡导返璞归真、顺其自然的生活方式和价值取向，其生态思想在一定程度上与道家生态思想保持了一贯性和连续性。道教继承了老子的宇宙观，以“道生万物”的视角关注人与自然、人与其他生灵之间的关系，构建起“道法自然”的生态伦理观，并且逐步发展为崇尚自然，顺应自然；物无贵贱，万物平等；善待万物，尊重生命等一系列生态伦理原则。

首先，在道教看来，人同万物皆由道所生，并共同组成了自然界。需要注意的是，道教所谓的“自然”有两层含义：既指老子所说的那种形而上的“自然而然”的自然；又指在魏晋以后对形而下的、实在的世界的概括。道教将人、自然乃至社会都看作一个同构互感的有机整体，并提出了“天地人本同一元气，分为三体”的论断。他们认为只有将人的理性与“天地”的自然本性相合，顺天应时，用之以度，才能真正构建人、社会和自然之间的良性循环。其次，道教贵人重生的伦理思想使得道教形成了积极乐观的人生观和价值观。同儒家“亲亲而仁民，仁民而爱物”的伦理学道德关怀对象的扩展类似，道教也将对人的生命的尊重扩展到了对自然界万物生灵的热爱上。在道教看来，自然界中的生灵各有造化，均是循天道而行，于人无碍，与人无二，人自当与其和谐相处：“野外一切飞禽走兽、鱼鳖虾蟹，不与人争饮，不与人争食，并不与人争居。随天地之造化而生，按四时之气化而活，皆有性命存焉。”此外，道教同样十分重视自然界的和谐和生态平衡，《太平经》中认为，万物中和则气得，自然界的万物因此也能得到滋养和生长。最后，道教认为，天地万物都来自“道”：“一切有形，皆含道性”。万物秉道而生，“道”予万物以各自的本性，并赋予万物循道而行、自然生长的权利。于人类而言，不仅自身需要遵循道赋予人的本性而发展，更要尊重“道”赋予其他生命的本性和道本身。正如《阴符经》所云：“观天之道，执天之行”，人类应当顺天道、守天道，无为而治，任宇宙万物自然发展。

“道法自然”体现了道家生态伦理中尊重自然、崇尚自然和顺应自然的行为准则，也对当今生态学的发展和生态哲学、生态伦理等人文社会科学的理论发展提供了丰富的理论基础和深厚的历史积淀。

3.“众生平等”的佛家生态思想

佛教与基督教、伊斯兰教并称世界三大宗教，形成于公元前6世纪至公元前5世纪的古印度，于东汉时期传入我国。在我国，佛教经过长期传播与发展，逐渐形成了八宗，其实质在于完成了古印度佛教或是原始佛教的中国化改造，使佛教理论与中国传统文化相互交融，并成了中国传统文化的一部分。同样，自魏晋南北朝以降，中国传统文化也无可争辩地带上了佛教文化的影响印记，儒、释、道三教并流一度成为中华文化发展的主流。

不同于其他宗教或哲学的创世说或起源说，缘起论是佛教独特的世界观，也是佛学思想的哲学基础。所谓“缘起”，即现象界的种种事物都不是独立存在的，而是由因缘聚合而成。“诸法因生者，彼法随因灭，因缘灭即道，大师说如是。”万物由因缘而生，由因缘而灭，“因”即生果的直接内因；缘则是外在的、起辅助作用的间接原因。在佛教看来，世界上没有任何东西能够在没有因缘的情况下独立产生和存在。世间万物如编织成一张错综复杂的因果网络，将世界包含其中而又与世界结为一体。正是基于这种独特的世界观，佛教构建了颇具特色的人与世界关系的生态观。其基本特征即整体论与无我论。整体论认为：整个世界是相互联系，不能分割的。每一个单位都是相互依赖的因子，是联系的而非独立的存在，如同一束芦苇，彼此相依，方可耸立。无我论认为，世界上的一切事物都不过是相对的存在，而没有不变的本质，也就是“空”。汉传佛教中强调“二空”，即人空与法空。“人空”也称作“我空”或“人无我”，其意为个体生命没有真正的本质。“法空”也称作“法无我”，其意为万物皆无实体。汉传佛教希冀借此“二空”，打破众生对欲念的执着。这种破除，否定了一切生命的实体性，打破了生命主体的优越性和人在世界上的优先地位，迥异于工业文明诞生以来人类所依持的人类中心主义，是对一切范围的自我中心论的反动。

在佛教看来，由于现象的世界是因缘起故，世间万物“此有故彼有，此生故彼生，此无故彼无，此灭故彼灭”。也就是说，宇宙万物皆是相互依存、紧密联系且互为因果，万法依因缘而生灭。因此，佛教认为人与人、人与动物、人与植物，同样依因缘而生，因因缘而灭，万物之间相互依存、紧密联系且互为因果。佛教将自然界万物划分为感性生命和没有情感的生命：前者如人、鸟兽鱼虫等生灵，被称作“有情众生”；后者如山川草木、桌椅房屋等，被称作“无情众生”。与儒、道将道德关怀对象由人扩展至其他生灵相类似，佛教同样随着中国传统文化的演进而将其道德关怀对象“众生”的内涵和外延不断扩展，由“有情众生”拓展到兼具“有情众生”和“无情众生”的世间万物。例如，“青青翠竹，尽是法身；郁郁黄花，无非般若”。

佛教坚信众生平等，并构建了三世因果、六道轮回的世界体系，正是基于这一点，佛教提出了“放生护生”的生命实践。《梵网经》提到，若佛子以慈心故，行放生业。一切男子是我父，一切女人是我母，我生生无不从之受生，故六道众生，皆是我父母，而杀而食者，即杀我父母，亦杀我故身。《梵网经》在一定意义上是汉传佛教放生实践的渊薮，经文中佛陀希望信徒能认识到众生皆为我父母，杀生如杀我父母、如杀我故身，见杀生事则需阻之并多行放生之善。在《大智度论》中也说：“诸余罪中，杀业最重；诸功德中，放生第一。”尽管佛教强调“二空”，但佛教同样不否认生命对于一切生灵都是非常宝贵的，人类并不能因智慧武勇而去伤害其他生灵的生命。由此可见，佛教对生命的关怀主要体现在对众生的慈悲上。因此，在“众生平等”的基础上，人类善恶的标准就是对生命的态度。杀生是最大的恶，不杀生而选择放生和护生才是最大的善，即爱护生命、保护生命是佛教“善”的最高标准。随着时代的发展和佛教影响力的日益壮大，放生队伍也开始不断壮大，但某些放生行为开始形式化，放生者急功近利，简单地认为放生就能修功德，其目的往往在于禳灾祈福添财增寿，其行为往往重迹而轻心，其后果浪费钱财和资源不说，不正确的放生行为可能对放生物本身和当地生态环境造成恶劣的影响，反而造成更大杀孽。《梵网经》中说：“若佛子！以慈心故，行放生业”，也就是说放生是为了培养人们的“慈悲”之心，因此放生者必先要了解放生的目的和不杀生、护生的道理，这样才能真正达到“护生”的目的。

“众生平等”阐述了佛教的生态伦理思想，阐发了一种爱护生命、尊重生命的理论。佛教戒杀、素食等教规教律以及放生、护生的倡议，对于保护动物、保护生态环境有着直接的积极作用。

二、生态文明与西方生态思想

两次工业革命以后，随着科学技术的发展和社会生产力的提高，人类干预自然的能力越来越强，规模也逐渐扩大。与此同时，人类的工业化进程使得自然界受到的污染与破坏日益严重，其负面影响不仅威胁着生态系统的稳定与安全，同样也威胁到人类自身的生存和发展。在这一背景下，西方世界开始关注生态问题、反思工业文明，并尝试挖掘生态危机产生的根源，提出解决生态危机的方略，由此形成了声势浩大、蔚为壮观的生态运动。与之相伴随，西方生态思想开始孕育、发展和成熟。它从学界到民间、从边缘到中心、从理论到实践，逐步成为当代西方最具影响力的思潮之一。西方生态思潮的蓬勃发展改变了人们思考问题的传统模式，引发了伦理学、政治学、经济学等诸多学科思维方式的变革；

从理念、制度、政策等层面揭示了当代资本主义社会存在的问题，促使西方资本主义国家对科学技术的发展方向及政治制度等作出调整；引起了人们对生态环境问题的重视，为实现人类的可持续发展作出了一定的贡献，推动了人类文明由工业文明向生态文明的转型。

1. 人类中心主义的生态思想

《韦伯斯特第三次新编国际词典》将人类中心主义（anthropocentrism）概括为三个含义：第一，人是宇宙的中心；第二，人是一切事物的尺度；第三，根据人类价值和经验解释或认知世界。我国学者余谋昌认为，人类中心主义就是一种以人为宇宙中心的观点，它的实质是：一切以人为中心，或一切以人为尺度，为人的利益服务，一切从人的利益出发。

人类中心主义曾以四种面孔在西方文明中出现并广为流传（图 1-1）。其中，自然目的论是西方历史最为悠久的人类中心主义理论。其核心观念是：人“天生”就是其他存在物的目的。古希腊哲学家亚里士多德便持有此种观点，他举例说正如植物正是为喂养动物而存在，动物也是为人能饱腹而存在，自然绝不会漫无目的地创造出诸多生灵和死物，而大自然的所有造物无疑均是为了能够为人提供便利而得以存在的。这种较为原始的自然目的论隐含的道德判断是：动物、植物乃至一切自然造物均是因人而存，其存在目的只是为人所用，因而人类对除人以外的所有动物、植物和无生命的自然客体均不负有道德义务和道德责任。

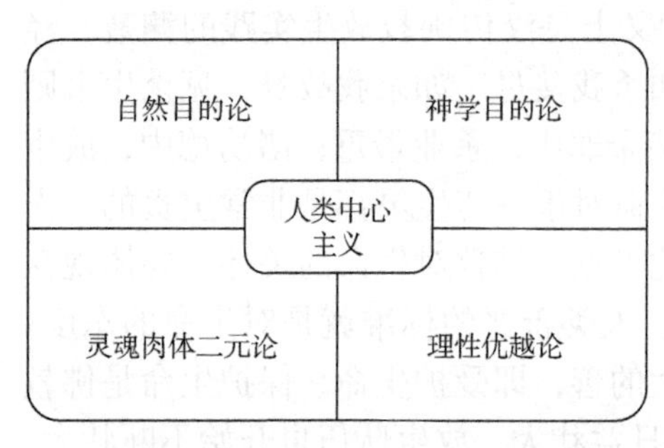

图 1-1　人类中心主义四大理论流派

不同于自然目的论者，在基督教看来，世间的一切都是由上帝创造的：在上帝的诸多造物中，人无疑是最为特殊的那个——唯有人是上帝按照自身形象创造的生命，审判日到临之时，也唯有人才有可能获得永恒的救赎。正是基于这种世界观，基督教认为人的地位天生高于其他上帝造物，是一切上帝造物的领袖，因此其他生命也应当如人侍奉上帝那般服务人类，人对自然和自然界中其他存在的统治和支配地位也是绝对的、无条件的。

在信奉灵魂与肉体二元论的笛卡尔看来，尽管动物、植物表面上与其他非生命形式的自然客体相比更贴近于人类，动物尤甚，但由于它们都无法使用语言，也便无法理解和使用概念，所以动物和植物仍旧是空有躯体而无灵魂。究其本质，动植物的属性和非生命客体并无不同，无非广延、体积、质量、形状等。而人类既拥有肉体，也拥有灵魂抑或是心灵，与仅具有躯体的动物和植物相比是天然的更高级存在，因此人们可以随意对待动植物，一如人们可以随意对待非生命客体。

在持理性优越论的康德看来，人与动植物的根本区别就在于人类是理性存在物，理性于所有理性存在物而言都是相同的，而所有理性存在物所追求的理智世界也是相通的。人类身为理性存在物，会自发或自觉地追寻理性。而非理性存在物无论如何都不会直接影响到理智世界的实现，因而作为理性存在物的人无须给予作为非理性存在物的动植物以道德关怀。

西方人类中心主义的价值观念在人类历史上起过非常大的进步作用，人类正是因此走向了对自然的祛魅之路。但是，人类中心主义在铸造辉煌的工业文明的同时，并没有带来良好健全的生态环境，自人类步入工业文明以来，地球的资源在人类毫无节制的掠夺性开发中已日渐稀少，生态系统也因工业文明伴生的种种污染而岌岌可危。当人类沉浸在创造的文明与财富之中时，便会发现自己已经深陷到生态危机中。从深层次上看，当今人类所面临的生态危机并非因自然环境自身的变迁而生，而正是由近代人类不合理地开发自然、改造自然的实践活动导致的，近代人类中心主义为这种不合理的狂欢提供了伦理支撑和理论基石，就此而言当代生态危机的爆发与近代人类中心主义的兴起存在直接的逻辑关系。

尽管近代人类中心主义带着诸多消极因素，但这一理论仍不乏拥趸，支持人类中心主义的学者并不否认近代的人类中心主义学说需要为当代生态危机负相当一部分责任，但他们认为只要正视并克服人类中心主义中的消极因素，那么人类中心主义仍不失为一种优秀的理论，也即现代人类中心主义。现代人类中心主义摒弃了古典人类中心主义在本体论、存在论或认识论意义上使用这一概念的传统做法，转而强调人类中心主义的价值论意义。这种现代人类中心主义的核心思想是：第一，因为人是理性的，所以人自在地就是一种目的；第二，人是所有价值的源泉，所谓非人类存在物的价值不过是人的内在感情的主观投射，倘若无人存在，自然界哪怕再生机勃勃也无谓价值；第三，所谓道德规范是用来调整人际关系的行为准则，它所关注的对象也仅是人的福利，无关乎其他生命。

当代最著名的弱式人类中心主义者布莱恩·诺顿认为，现代人类中心主义必须在理性分析的基础上区分四个不同的概念：即感性偏好、理性偏好、满足的价值、价值观改变的价值（图 1-2）。

由图 1-2 可知，在现代人类中心主义看来，倘若人类能够真正地践行诸如“己所不欲，勿施于人”的古老道德，那么无须将道德关怀的对象扩展至人类以外的自然存在物，也能很好地保护生态环境。

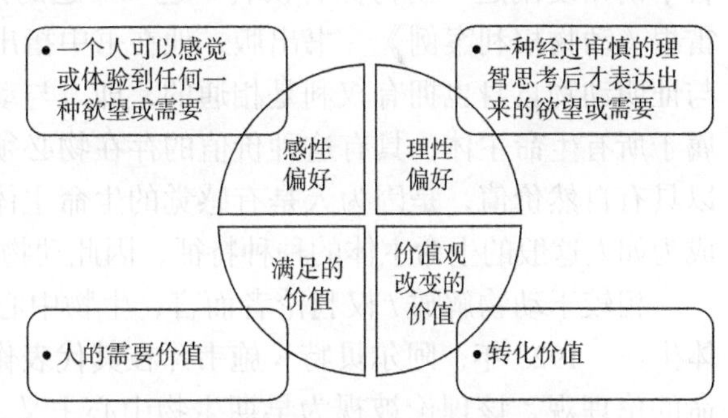

图 1-2 弱式人类中心主义的四种概念

总之，人类中心主义是必要的，但不充分。它将道德理解为只为调节人际关系和实现既定目的的手段，它所注重的也仅是行为的规则。但倘若这些规则不如人类中心主义者料想的那般以“人的理想形态”或“完美的人的形象”为最终归宿，那么它们便失去了客观的统一标准。需要注意的是，人在自然界中的地位和形象同样是确定人的价值的一个重要参考维度。正因如此，非人类中心主义才将人对非人类存在物的道德义务纳入了伦理学范畴。

2. 非人类中心主义的生态思想

非人类中心主义（non-anthropocentrism）思想在西方同样源远流长，但作为一种理论流派，非人类中心主义是随着西方生态伦理学的创立而出现的。国内学界通常将非人类中心主义理论划分为三大派别，即以彼得·辛格（Peter Singer）、汤姆·雷根（Tom Regan）为代表的动物解放 / 权利论（animal liberation/rights theory），以阿尔贝特·施韦泽（Albert Schweitzer）、保尔·泰勒（Paul Taylor）为代表的生物中心主义（biocentrism），以奥尔多·利奥波德（Aldo Leopold）、阿恩·奈斯（Arne Naess）、霍尔姆斯·罗尔斯顿（Holmes

Rolston Ⅲ）为代表的生态中心主义（ecocentriam）。

动物解放 / 权利论主张将道德关怀的对象由人扩展至动物身上，给予动物与人平等的道德地位。1975 年彼得·辛格出版了《动物解放》一书，他认为正是由于人们平等地享有感受痛苦和幸福的能力，所以人们才需要平等地关心每个人的利益并给予每个人以充分的道德关怀。同样的，假使一个动物也能如人类一般感受到痛苦和幸福，那么从伦理学的角度便无法找到能够否认动物也是道德关怀的客体的理论依据。此外，在动物解放 / 权利论者看来，如果我们仅仅因为非人生物与人类不是同一物种便拒绝承认这种生物与人类在道德上处于平等的地位和享有同样的权利，那么人们便误入了物种歧视的误区，与仅依靠身份政治认同确定社会地位和政治权利的种族歧视者和性别歧视者无异。为了克服这种物种歧视，动物解放 / 权利论家们提出了一种二维的平等主义，即"种际正义原则"。根据该原则，解决种际之间的利益冲突必须考虑两个因素：一是各种利益在冲突中的重要性；二是利益冲突各方的心理能力。在二维平等主义看来，在道德层面并非每个人的利益均优先动物的利益，倘若一个人由于先天性遗传缺陷或严重的脑损伤成为心理能力极其简单的畸形人与某种心理发展到了极高水平的动物发生利益冲突时，前者并不优先于后者。尽管动物解放 / 权利论者主张平等地关心所有动物的利益，但他们不认为我们应该给予所有动物同样的待遇。相反，他们认为我们应该根据动物复杂的感觉和心理能力来区别对待它们。

尽管辛格被视作现代动物权利运动的奠基人，但他却并不主张动物拥有权利。真正从哲学的角度阐述"动物拥有权利"这一命题的是美国著名的哲学家汤姆·雷根。1986 年，雷根《动物权利案例》一书出版，他在书中指出人们用来证明人拥有权利的理由在逻辑上与证明动物自身也拥有权利是相通的，即人与动物都具有一种天赋价值。天赋价值同等地属于所有生命主体，具有这种价值的存在物必须被视为目的本身而非仅仅是工具。人之所以具有自然价值，是因为人是有感觉的生命主体，而动物（至少某些哺乳动物）同样具有成为如人这般的生命主体的种种特征，因此动物也有值得我们尊重的自然价值。

相较于动物解放 / 权利论者而言，生物中心主义者将道德关怀的对象进一步扩展至全体生命。1923 年，阿尔贝特·施韦泽在其代表作《文明与伦理》一书中首次提出了敬畏生命的伦理观，该理论被视为早期生物中心主义，并被视为传统伦理关注对象的首次突破，施韦泽指出"爱""同情"和"善"的原则并非人所独有，而应当被赋予所有生命个体。"敬畏生命"最基本的道德原则，即"善是保持生命、促进生命，使可发展的生命实现其最高价值。恶则是毁灭生命、伤害生命，压制生命的发展。这是必然的、普遍的、绝对的伦理原则。"这意味着当人与其他生命发生冲突时，人应当负责地和有意识地做决定，并秉持敬畏生命的态度和品质而非毫无缘由地杀死一个生命。

在《尊重自然：一种环境伦理学理论》中，保尔·泰勒进一步发展了施韦泽的生态伦理思想，构建了完整的生物中心论伦理学体系。他认为，生命有机体是一个明确指向实现有机体的生长、发育、繁殖和延续的活动系统。在泰勒看来，人与动植物同为地球共同体的一员，人的地位并不比其他生命超然。他还提出了尊重生命有机体的道德规范：不作恶、不干预、忠诚和补偿正义原则。但泰勒并不否认在人的利益与其他生命的"福利"之间作出选择，是一种道德上的两难困境；为解决这些相互竞争的道德权益的冲突，泰勒提出了五条原则：①自卫原则，即如果其他有机体对作为道德代理人的生命和基本健康构成了威胁和伤害，他们将被允许消灭或伤害这些有机体来进行自卫；②对称原则，即当人的非基本利益（人们认为值得去追求的目标和人们认为最有利于这些目标实现的工具）与其他生命的基本利益（能够使某些重要目标得以实现的基本条件，如生存、安全、自律、自由等）发生冲突时，应把后者看得重于前者；③最小错误原则，即当人的非基本利益与其他生命的基本利益发生冲突且人们又不愿意放弃对这类非基本利益的追求时，人们应当把对其他生命的伤害减少到最低程度；④分配正义原则，当人的基本利益与其他生命的基本利益发生冲突且其他生命对人不构成威胁时，公平地分配地球上的资源，使人和其他生命的延续都得到保障，当人的基本利益与其他生命的基本利益处于"二者不可得兼"的处境时，则人们不必牺牲自己的基本利益以使其他生命的利益得到实现；⑤补偿正义原则，如果最小错误原则和分配正义原则得不到完美的实现，那么人类应当对其他生命做出大致与对它们的伤害相等的补偿，维护生态系统和生命共同体的健康和完整。

生物中心主义者将生命作为道德关怀的对象，以期避免以往道德理论所隐含的伦理等级观念，实现了对西方主流伦理学的超越。但尽管生物中心主义关心个体，却否认生命共同体真实存在，否认人对物种本身和生态系统负有直接的道德义务。

不同于生物中心主义，生态中心主义者认为：生态伦理必须是整体主义的，即不仅要认识自然客体之间的联系，而且要赋予物种、生态系统等生态"整体"直接的道德地位。

生态中心主义主要包括奥尔多·利奥波德的大地伦理学、阿恩·奈斯的深层生态学和霍尔姆斯·罗尔斯顿的自然价值论。1947年，利奥波德完成了被称作是"环境主义运动的一本圣经"的生态伦理学经典《沙乡年鉴》，书中系统阐述了他的大地伦理学思想。利奥波德认为，大地伦理学的任务就是扩展道德关怀的对象，使之包括土壤、水、植物和动物，以及由这些个体组成的整体——大地，人也不再扮演一个征服者或主宰者的形象，而是与他们平等地成为这个道德共同体的一员。人类需要扩展至这个共同体的不仅是"权利"，同样还有"良心"和"义务"。大地伦理学的主要原则是："当一个事物有助于保护生物共同体的和谐、稳定和美丽的时候，它就是正确的，当它走向反面时，就是错误的。"生态中心主义的另一位代表人物是奈斯。他在《浅层生态运动与深层、长远生态运动：一个概要》中，首次提出了"深层生态伦理学"的概念。深层生态伦理学将"自我实现"和"生物中心主义的平等"作为最高道德规范。值得注意的是，"自我实现"中的"自我"不仅包括"我"这一个体，还包括所有人类、所有动植物，乃至热带雨林、山脉、河流和土壤中的微生物；自我实现的过程就是人们不断扩大自我认同对象的范围，逐步超越整个人类，最终对涵盖非人类在内的世界达成整体认识的过程。

在当代西方生态伦理学领域，罗尔斯顿可谓是泰山北斗。在《哲学走向荒野》《自然界的价值》等书中，罗尔斯顿开创性地提出了自然价值论，使生态伦理学得以进一步完善。他指出："作为生态系统的自然并非不好的意义上的'荒野'，也不是堕落的，更不是没有价值的。相反，她是一个呈现着美丽、完整与稳定的生命共同体。"在罗尔斯顿看来，荒野是一个自组织、自调节的生态系统，它在不断进行"积极创造"。人类并不参与荒野自然界的运行，也从未创造过荒野，相反，正是荒野创造了人类。荒野不仅是一切价值的源泉，也是人类价值的源泉。自然不仅有基于人的尺度的工具价值，也有基于自身存在的内在价值，以及由这些工具价值和内在价值交织而成的系统价值。"自然系统作为一个创生万物的

系统，是有内在价值的，人只是它的众多创造物之一，尽管也许是最高级的创造物。”为了所有生物和非生物的利益，人们必须遵循自然规律，并把它作为人们的道德义务，这就是生态伦理学的主题。

3. 其他重要理论流派的生态思想

除人类中心主义和非人类中心主义两大阵营外，生态神学（ecotheology）、社会生态学（social ecology）和生态女性主义（ecofeminism）等理论逐渐引起人们的关注，为人们思考和探索生态文明建设提供了新的灵感和思路。

早在20世纪50年代就已经有学者从基督教的角度来思考人与自然的伦理关系问题。1967年，美国历史学家林恩·怀特（Lynn White）的论文《我们的生态危机的历史根源》则真正激发了现代生态神学的创造灵感。在林恩·怀特看来，基督教是世界上最具人类中心主义色彩的宗教，基督教的这种教条要为现代社会的生态危机承担主要责任。尽管怀特把基督教视为现代西方生态危机的宗教根源。但是，林恩·怀特并不认为根治西方生态危机需要放弃基督教。在他看来，既然环境问题是由基督教引起的，那么也只能由基督教来解决。林恩·怀特将圣弗朗西斯（Saint Francis of Assissi）所倡导的万物平等主义视为解决生态危机的不二法宝。《圣经·创世记》中有这样的文字：上帝要人们“治理”地球，并“管理”地球上的各种动物。这段经文被传统的主流基督教理解为，上帝要求甚至命令人类征服大自然，并把地球上的其余部分当作人类的奴隶来使用。然而，在当代的生态学家看来，《圣经》中的这段文字应理解为：上帝要求人类管理并照顾地球上的各种存在物。事实上，人类只是上帝的托管者。托管意味着，人类对地球及地球上的所有创造物（包括土地、矿藏等资源）都只具有使用权，而不拥有所有权；人类对地球的开发和使用是有限的，而且要受到一个更高的权威即上帝的约束。托管还意味着，人类应该以责任和爱心来看护大自然，关心所有生物的福利，抚育和促进所有的生命形式，使整个大自然都欣欣向荣；基督徒对自然的关怀是一种以上帝为导向的神圣责任。

社会生态学是美国思想家默里·布克钦（Murray Bookchin）创立的一个理论流派。自布克钦1987年在全美绿色会议上做主题发言全面批评深层生态学开始，社会生态学与深层生态学就作为美国环境哲学和环境伦理学两大对立流派争论不止。首先，社会生态学认为自然是一个趋向日益复杂和主体性的发展过程，社会虽然涌现于自然，但是自然和社会属于不同存在层次，二者之间的界限确切而真实，将自然定义为与人类相分离的荒野具有明显静态和反文明的特征；其次，社会生态学家认为人口数量本身并不能决定一个社会的类型，人们能够通过管理他们的社会、政治和经济事务，来培育和恢复自然的生态复杂性以改善自然；最后，社会生态学反对任何的中心主义理论，他们认为人类对自然的干预活动同样是人类进化过程中不可或缺的一环，而人类在干预自然时所处的社会类型则决定了其所进行的干预活动对于生态的善或恶。布克钦通过对自然的生态学考察，提出了三条重要的生态学原则：多样性的统一、自然的自发性，以及非等级制关系。社会生态学家认为，这三条生态学原则表明，自由是自然和社会进化的潜能和方向，自由并非只是严格意义上的人类价值或关切，它还以萌芽状态呈现在宇宙当中。因此，打破等级制及其对自然和社会的支配，恢复和发展自然万物的自由，既是人类社会进化的方向，也符合自然进化的趋势。

1974年，法国女性主义者奥波妮（Eaubonne）首次提出了生态女性主义这一概念。她提出这一术语的目的是想强调妇女在生态革命方面所具有的潜力，号召妇女领导一场生态革命；她还预言，这场革命将在人与自然、男性与女性之间建立一种全新的关系。生态女性主义是一个较为宽泛的概念，它包括各种各样致力于揭示对妇女（以及社会中的弱势群体）的压迫与对自然的掠夺之间的联系的观点。生态女性主义是“女性的”，也是“生态的”，更是“多维视野的”，它把各种社会统治形式（如种族歧视主义、阶级歧视主义、性别歧视主义等）之间复杂的内在联系都纳入了对妇女和自然之间的关系的分析之中。这种分析是多元化的，它拒绝把能够解决某些地方的社会和生态问题的有效方法普遍化，认为并不存在某种本质化的“唯一正确的”方法。对某个特定问题的恰当解决方案，必须要考虑特定的历史、现实和社会经济条件，解决方案应随着文化环境、历史阶段和地理环境的不同而有所不同。

三、生态文明与马克思主义生态文明思想

马克思主义生态文明思想，一方面是指蕴含在马克思恩格斯理论中的，从人与社会关系维度出发，阐述正确处理人与自然关系，建设生态文明的依据、价值、规律、原则以及进步状态的思想；另一方面也指向马克思恩格斯的生态文明思想在同人类发展的历史进程共振中不断丰富和发展的成果。19世纪，马克思恩格斯在坚持辩证唯物主义和历史唯物主义原理的基础上，在揭示研究人类社会发展基本规律的进程中，以“人类与自然的和解以及人类本身的和解”为基本目标，对人、社会、自然的关系进行了深度阐述并形成了丰富的生态文明思想。此后，马克思恩格斯的生态文明思想先后经过国际共产主义运动的传播、苏联布尔什维克党的生态理论与实践探索、西方生态马克思主义的发展，形成了一系列基于马克思主义世界观和方法论的理论成果。当下，马克思主义生态文明思想正日益成为新时代中国特色社会主义生态文明建设重要的理论资源与实践指南。

1. 马克思主义生态文明思想诞生的时代背景

马克思主义的生态文明思想是马克思恩格斯在考察资本主义工业化发展早期的生态环境状况基础上，以唯物主义辩证法为基本指导思想，批判吸取历史上和同时代的生态环境思想的合理因素创建起来的。总体来看，马克思主义生态文明思想诞生的时代背景主要包括以下四个方面：

（1）现实基础：资本主义的生态环境问题。马克思主义生态文明思想的诞生同马克思恩格斯所处的时代有着直接的关系，马克思恩格斯的生态环境观念有着极为深厚的现实基础，即当时社会开始显现的生态环境问题。在马克思恩格斯生活的19世纪的欧洲，人与人之间的社会矛盾伴随着资本主义工业化进程中社会分化和阶级矛盾的扩大而愈加突出并逐渐成为社会的主导矛盾。同时，资产家的贪婪助长了人类盲目自大的心理，推动人类对自然的征服和统治极端化为对自然的掠夺和破坏，人与自然之间的矛盾开始同社会矛盾并存并同步发展。因而，在马克思恩格斯生活的年代虽然尚未形成全面的生态环境危机，但这种伴随着现代资本主义发展而逐步加剧的生态环境危机已为马克思主义生态文明思想的形成提供了现实的批判对象，相应地对资本主义的生态批判也就构成了马克思恩格斯思考人类未来生态文明转向的历史逻辑起点。

（2）理论基石：马克思主义基本原理。马克思主义的基本原理作为统摄整个马克思主义理论体系的基本架构，为马克思主义生态文明思想提供了最基本的理论基础。一方面，马克思主义关于人与自然关系的理论是构筑马克思主义生态文明思想的理论基础和出发点；另一方面，立足当代环境问题对人与自然关系问题所作的马克思主义解答，是对马克思主义基本原理的继承和创新。约翰·克拉克指出："虽然与其他任何现代哲学家相比，马克思没有提出生态辩证法，但他基于非唯心主义和历史视角的辩证法而提出的方法建议却可以用于指导人类和自然的关系。"

（3）认知基础：自然科学发展的推动。近代以来的两次产业革命为人类文明从农业文明演进为工业文明奠定了坚实的物质基础，也标志着人们对自然的认知水平达到了新的高度。16世纪和17世纪，蒸汽机的发明在带来产业革命的同时也催生了新的机械论自然观，机械论自然观的指导又催生了经典力学。19世纪，近代自然科学的蓬勃发展既带来了产业革命的不断升级，也为马克思主义辩证唯物主义自然观和生态文明思想的形成和发展提供了科学基础，随着科学的发展和科学革命的推动，科学家们破除了视力学机制为寻求自然界统一性唯一途径的观念，注重通过量子和场的图景去发现自然界的统一，这是辩证唯物主义自然观产生的科学动力。特别是19世纪自然科学的三大发现——细胞学说、能量转化定律、达尔文的进化论，以近乎系统的形式为人们描绘了一幅自然界相互联系的清晰画面，为整体自然观的形成提供了科学依据。正是在最新发展的自然科学成果的启发下，马克思恩格斯形成了运动的、联系的、发展的辩证唯物主义自然观，对人类现实生存的自然界做了科学的考察，形成了具有前瞻性的生态思想。

（4）观点启示：生态学的研究成果。马克思恩格斯的生态文明思想是在与同时代关心生态环境问题的思想家的思想交流中不断完善的。例如，达尔文、李比希、摩尔根和马尔萨斯等人。著名生态马克思主义学家福斯特指出"现代生态学在19世纪中期出现的基础就是达尔文在生物历史学领域所作出的成就，以及其他科学家在生物物理学领域的发现，比如德国伟大的农业化学家尤斯图斯·冯·李比希所强调的土壤肥质的循环及其与动物新陈代谢的关系"，而这些观点在某种程度上同马克思恩格斯的观点不谋而合，为马克思恩格斯构建其生态文明思想提供了理论借鉴。可以说，对达尔文、李比希、摩尔根、马尔萨斯等人的生态思想的批判和吸收是马克思主义生态文明思想历史性地建构的基础。

2. 马克思主义生态文明思想的主要内容

马克思主义生态文明思想在内容上看主要包含哲学、经济、政治、文化、社会和自然环境六个不同层面；在方法论上则体现了整体论思维方式、唯物论基础、辩证法原则、唯物史观立场等鲜明的马克思主义印记。

第一，人、自然与社会三者有机统一的生态文明主体论。在马克思恩格斯的理论世界中，人、社会、自然三者是有机统一的，他们认为"全部人类历史的第一个前提无疑是有生命的个人的存在……任何历史记载都应当从这些自然基础以及它们在历史进程中由于人们的活动而发生的变更出发"。因而，人与自然与社会共同构成了推动生态文明建设的实践主体。

第二，人与自然物质变换的生态文明物质基础论。马克思恩格斯在与同时代的思想伟人的思想碰撞中，借用自然科学的"物质变换""新陈代谢断裂"等概念把人与自然的关系视作物质交换的过程。在《资本论》中，马克思借用这些概念来阐述资本主义的生态问题，并从城乡分离、远距离贸易到资本主义生产方式和大土地私有制等方面着手，由浅入深地分析了生态问题的根源。不仅如此，他们还把克服新陈代谢断裂、实现人与自然的合理物质变换看作是未来共产主义的基本特征，指出那时人们将“靠消耗最小的力量，在最无愧于和最适合于他们的人类本性的条件下来进行这种物质变换”。

第三，生态问题的制度批判论。马克思认为生态环境问题的出现同现代的资本主义制度是密切相关的。马克思指出，“资本主义生产发展了社会生产过程的技术和结合，只是由于它同时破坏了一切财富的源泉——土地和工人。”在资本主义的生产方式和追逐利润的资本逻辑作用下，劳动的本真价值被掩盖，成了资本主义制度下的异化劳动，异化劳动则是构成了工业文明社会的自然异化和资本主义生态危机的重要因素。因而，马克思恩格斯认为变革资本主义制度，恢复被异化的劳动的本真样态是“合理调节”人与自然关系的根本要求。

第四，人类主体性与自然优先性相协调的生态文明价值论。马克思恩格斯坚持人在人与自然关系中的价值主体地位，指出“动物只生产自身，而人再生产整个自然界”，强调人类相对于自然存在物的主体性和能动性。同时，他们又辩证地强调自然界对于人类的先在性，指出“人本身是自然界的产物，是在自己所处的环境中并且和这个环境一起发展起来的”。他们认为人与自然是能动性与受动性的相互统一，人类在社会发展中应自觉遵循生态价值理念。

第五，人与自然和谐相处的生态文明目的论。马克思恩格斯认为共产主义社会是人的解放、社会的解放和自然的解放相统一的社会，指出实现人与自然的解放必须以实现人与人的解放为前提，“这种共产主义，作为完成了的自然主义，等于人道主义，而作为完成了的人道主义，等于自然主义，它是人和自然界之间、人和人之间的矛盾的真正解决，是存在和本质、对象化和自我确证、自由和必然、个体和类之间的斗争的真正解决。”由此，指出了一些解决问题的基本思路。例如，“只有按照一个统一的大的计划协调地配置自己的生产力的社会，才能使工业在全国分布得最适合于它自身的发展和其他生产要素的保持或发展”“只有通过城市和乡村的融合，现在的空气、水和土地的污毒才能排除，只有通过这种融合，才能使现在城市中日益病弱的群众的粪便不致引起疾病，而是用来作为植物的肥料”。

第六，尊重和爱护自然的认识论。马克思恩格斯在强调自然界是人类生存发展的物质前提、财富基础和精神源泉的基础上，认为“自然界是人为了不致死亡而必须与之处于持续不断的交互作用过程的人的身体”“人作为自然的、肉体的、感性的、对象性的存在物，同动植物一样，是受动的、受制约的和受限制的存在物。”因此，强调必须尊重自然规律，要像爱护身体一般爱护自然环境。

3. 不断发展的马克思主义生态文明思想

（1）马克思主义生态文明思想在国际共产主义运动中的传承和发展。作为马克思主义生态文明思想的创始人，马克思恩格斯在《德意志意识形态》《资本论》及其手稿、《人类学笔记》《家庭、私有制和国家的起源》等经典文本中重点论述了地理环境对生产力与劳动生产率的重要影响以及自然环境对人类生存及其生产劳动的基础作用，拉法格和梅林作为马克思和恩格斯的学生和战友也对他们的自然地理环境理论开展过研究。此外，需要指出的是，在国际共产主义运动中，普列汉诺夫继承、解读和丰富了马克思主义地理环境理论。他的地理环境理论主要阐述了地理环境与人类社会之间相互作用、人类社会发展独立于地理环境之外的逻辑和规律、生产力中介着自然界和人类社会的互动、地理环境对社会发展的作用是“可变的量”，这其中蕴涵着丰富的生态思想意蕴，具有重要的学术成就和历史价值。

（2）苏联布尔什维克党的生态理论与实践探索。以列宁为例，首先，列宁提出了科学的物质概念，丰富和发展了自然辩证法。他针对黑格尔的观点指出：“不能用精神的发展来解释自然界的发展，恰恰相反，要从自然界，从物质中找到对精神的解释……”其次，列宁批判了资本主义所带来的环境问题，他引用恩格斯的话揭露了资本主义大城市糟糕环境状况，“人们都在自己的粪便臭味中喘息，所有的人，只要有可能，都要定期跑出城市，呼吸一口新鲜的空气，喝一口清洁的水。”最后，列宁批判了作为资本主义新样态的垄断资本主义追求超额利润生产目的生产方式、帝国主义对外扩张所导致的工人生存环境恶化、殖民地原料被掠夺和生态环境被破坏等问题。

（3）西方生态马克思主义对马克思主义生态文明思想的挖掘。首先，以福斯特为首的西方生态马克思主义学者反驳了部分西方学者认为马克思恩格斯没有生态思想的错误观点，阐明了生态思想是马克思主义思想体系的核心内容之一。例如，奥康纳认为马克思主义具备了“一种潜在的生态学社会主义的理论视域”，主张历史唯物主义向生物学和自然观延伸。其次，生态马克思主义者认为资本主义追求利润的本性必然破坏生态环境。高兹指出，“任何一个企业都对获取利润感兴趣。在这种情况下，资本家会最大限度地去控制自然资源，最大限度地增加投资，以使自己作为强者存在于世界市场上。”再次，生态马克思主义学者揭示了生态危机的本质及其危害。福斯特认为当前的世界生态危机是一场“终结一切的危机”，是人类“最后的危机”。奥康纳则从资本主义第二重矛盾出发推演出资本主义双重危机，强调生态危机与经济危机相比更加具有根本性。最后，生态马克思主义学者提出了建设生态社会主义的实践策略。奥康纳呼吁：“建设一种没有剥削的、社会公正的生态型的社会，特别需要联合起来斗争，必然发展某种统一的政治策略，如此才能同全球性的资本和那些不断壮大的全球性准国家组织相抗衡”。不过，西方生态马克思主义理论对人与自然的矛盾、生态危机在当代资本主义体系中的地位过分强调，致使其调整人与自然关系来解决社会矛盾、用生态革命代替社会变革的实践思路带有某种空想主义色彩。

总体而言，马克思主义生态文明思想在不同地理空间和制度范围内的理论建构和实践，既为人类文明发展提供了价值指引，同时也为人类文明发展指明了方向。

马克思主义生态文明思想的发展表明生态文明内在于人与自然相交往的历史过程，内在于人类文明发展内在的基本矛盾运动。因此，生态文明是作为蕴含于农业文明、工业文明的要素文明，还是作为与经济、政治、文化、社会相并列的要素文明，又或是作为一种替代工业文明的时代新文明，取决于人类文明发展的阶段和水平，取决于人类文明内在的人与自然、人与人、人与社会之间的矛盾演变。其总的趋势是随着生产力水平的提高和人类社会的文明进步，人与自然关系的基础性、战略性地位日益突出，人与自然之间关系日益成为人与人、人与社会之间关系演进不可忽视的因素。只有当人与自然之间的矛盾成为人类社会进步发展的主要矛盾时，生态文明才可能真正成为一种替代工业文明的人类新文明。同时，由于经济社会发展不平衡规律的作用，不同国家和地区遭遇人与自然之间矛盾激化的时间、程度、水平也不尽相同，生态文明作为要素文明其地位和作用取决不同国家和地区的本土化抉择。

本讲小结

现代生态环境问题是在人与自然相交往的进程中产生和形成的，其根源既在社会也在人心。现代工业文明的“病根”既在维护资本逻辑主导的资本主义制度和被资本浸染了的人心，也在偏执于以人类为中心的发展方式和生活方式。建设生态文明既需要变革发展方式和生活方式，也要系统谋划体制机制改革，不断创新和传播新的文明观念，使绿色发展、绿色消费和绿色低碳生活成为新的生产生活方式，以人与自然的和谐、人与社会的和谐消除二元对立，实现生产、生活、生态的全面协调可持续。对生态文明的由来、实质、内涵、特征、科学基础和人文思想的了解和把握，有助于正确认识和自觉遵循生态文明建设的内在规律，避免产生理论上的误区和实践中的盲动。

案例讨论

2022 年地球生态超载日，呼吁从身边小事做起

地球生态超载日（earth overshoot day），又被称为“生态越界日”或“生态负债日”，是指地球当天进入了本年度生态赤字状态，已用完了地球本年度可再生的自然资源总量。“地球生态超载日”的概念由 GFN（美国环保组织全球生态足迹网络）及英国智库新经济基金会提出，2012 年 8 月 23 日起开始设立，其理论基础是“生态足迹分析法”。

2022 年的地球生态超载日，北京时间在 2022 年 7 月 28 日。这一天，世界各地的人们都在宣传和呼吁生态超载的原因、影响和后果，同时举办了各类活动。厄瓜多尔环境、水和生态转型部长古斯塔沃·曼里克（Gustavo Manrique）在来自世界各地的环境部长的支持下，为当年的地球生态超载日揭幕。古斯塔沃·曼里克部长在会上提出：“地球生态超载日表明，当前的生产和消费系统与继续居住在这个星球上的意图不相容。为了更好地保护我们的自然资源，并管理我们对它们的需求，有必要采取具体的联合行动，以建立基于可持续性和再生的新发展模式。来自厄瓜多尔的我们呼吁全世界致力于这一事业。”活动举办方全球足迹网络（Global Footprint Network）的创始人马蒂斯·瓦克纳格尔（Mathis Wackernagel）说：“资源安全正在成为经济实力的一个重要参数。等候无益。仅依靠国际协议（来解决这些问题）没有任何好处。相反，在未来不可避免地出现更多气候变化和资源约束的情况下，保护自己的运营能力符合每个城市、公司或国家的利益。”

地球生态超载日背后的关键事实

——要满足人类目前对大自然的需求，需要1.75个地球的生物容量。

——世界上60%的足迹是碳排放。为了避免失控的气候变化，它需要在2050年之前实现碳中和，而不增加足迹的其他部分。

——30亿人生活在粮食产量低于消费量、收入低于世界平均水平的国家。

——仅食物就占地球生物容量的55%，即超过一半。

——58亿人，即世界人口的72%，生活在一个生物容量不足、收入低于世界平均水平的国家。

如果人类每年将地球的生态超载日推迟6天，那么2050年之前人类对生态的消耗将低于一个行星承载量。为了遵循政府间气候变化专门委员会（IPCC）提出的1.5℃更可取的情景路径，我们需要将日期每年延后10天。

因此，中国生物多样性保护与绿色发展基金会国际部呼吁：为地球生态超载走向地球生态减负，让你我一道，从身边的小事做起。点点滴滴，虽不起眼，倘若乘以全球人口的基数，积少成多，终将汇成大流，扭转地球生态超载的整个局势。

问题讨论

1. 结合案例，谈谈你对生态文明建设必要性和重要性的认识。
2. 结合本讲所学和讨论案例，谈谈你对生态文明相关思想的理解。
3. 结合案例，你认为生态文明可能的途径有哪些？

推荐阅读

1. 习近平关于社会主义生态文明建设论述摘编 . 中共中央文献研究室 . 中央文献出版社，2017.

2. 习近平生态文明思想学习纲要 . 中共中央宣传部，中华人民共和国生态环境部 . 学习出版社、人民出版社，2022.

3. 生态文明十五讲 . 钱易 . 科学出版社，2015.

4. 系统科学 . 许国志 . 上海科技教育出版社，2000.

5. 生态学 . 李博 . 高等教育出版社，2000.

第二讲

新时代中国特色社会主义生态文明建设的思想引领、历史回溯和崭新成就

中国共产党在领导社会主义革命、建设和改革过程中，不断探索生态文明建设与经济社会发展的辩证关系，形成了新时代中国特色社会主义生态文明建设的思想理论体系，指导了不同历史时期正确处理人口与资源、环境与发展等的关系，使社会主义生态文明建设取得了举世瞩目的辉煌成就。特别是进入新时代以来，新时代中国特色社会主义生态文明建设立足中国国情，从关系人民福祉与民族未来发展的“千年之计”的高远目标出发，面对资源环境约束趋紧、环境污染等问题突出的严峻形势，坚持绿水青山就是金山银山的理念，以尊重自然、顺应自然、保护自然为原则，坚持“五位一体”总体布局，坚持将生态文明建设摆在突出位置，使其融入经济建设、政治建设、文化建设、社会建设的各方面和全过程，使“生态环境保护发生历史性、转折性、全局性变化，我们的祖国天更蓝、山更绿、水更清”。

第一节　新时代中国特色社会主义生态文明建设的思想引领

新时代中国特色社会主义生态文明建设是以马克思主义基本原理同中国生态文明建设实践相结合、同中华优秀传统生态文化相结合的新时代中国特色社会主义生态文明思想为根本遵循和行动指南。其理论基础是马克思主义的生态文明思想。

一、马克思、恩格斯、列宁的生态文明思想

中国特色社会主义生态文明建设以马克思主义生态文明思想为理论基础。马克思、恩格斯、列宁等具有对自然发展规律、人类社会发展规律和人类解放规律研究的整体性视野。因此，在其理论体系中有着丰富的反映人与自然关系的生态文明思想。

1. 马克思的生态文明思想

马克思的生态文明思想主要体现在关于人与自然关系的理论和对资本主义生产方式的批判的理论等方面。

第一，在关于人与自然关系的理论中，马克思高度重视自然的基础性地位，强调自然界是人类生存和发展的基础。正如他在《1844年经济学哲学手稿》中所提到的，人是在自然界中产生，并且在社会中发展的。作为自然界的产物，人离开自然界是无法生存的。同时，由于人对自然界的依赖性，所以人在日常生活中所进行的一系列物质生产活动也会受到自然规律的约束。除此以外，马克思在人与自然辩证关系这个问题上，提出人与自然是统一于人类的实践活动的。在实践活动中，人不仅创造了自身，还形成了人类社会，但不管是人本身这个实体还是人类社会，都处在自然界之中。因此，人类在实践活动中必须做到尊重自然、顺应自然、保护自然，只有这样，才能获得由自然界所提供的资源，以此来实现人的自由发展。

第二，在关于资本主义的生产方式的理论批判中，马克思认为，资本主义生产方式导致了人与自然的矛盾。在资本主义社会中，资本家为了追求利益的最大化，罔顾自然规律，不断压榨自然，从自然界中无限地索取资源。这种唯利是图的生产方式打破了自然界和人之间的平衡，恶化了人与自然关系，产生了各种不同的对人身心健康发展带来危害的环境污染问题。也就是说，资本主义生产方式不仅使工人阶级失去自由，更为严重的是工人阶级的生活环境也在不断下降。因此，马克思提出只有消灭私有制，进入共产主义社会之后，

解决人与自然之间恶性循环的问题，达成双方和解，工人阶级才能自由而全面发展，才能得到良好的生活环境、居住环境、工作环境等。

2. 恩格斯的生态文明思想

恩格斯从历史和实践的角度强调人与自然的有机统一，强调劳动实践的生态本质，认为资本主义生产方式是引起生态危机的社会根源。

首先，恩格斯认为人与自然的关系并不是互相对立的，而是相互促进、相互制约的辩证关系。毋庸置疑，自然界的出现先于人和人类社会，但人类社会的存在也为自然界带来了许多变化。人类作为自然之子，不可能凌驾于自然界之上。他以深邃的历史视野分析了美索不达米亚等地因生态环境遭遇严重破坏而导致古文明衰落的事实，告诫人们："我们不要过分陶醉于我们人类对自然界的胜利。对于每一次这样的胜利，自然界都对我们进行报复"。

其次，恩格斯认为人与自然关系的核心环节是劳动实践。人们通过劳动实践改造了自然，满足了自身的需求。人所面对的自然界是一个"人化"了的自然界，即人创造、占有和"再生产"的自然界，人每一步实践活动的成功都是对自然规律的认识和利用。只有正确认识和利用自然规律，才能推动人主观能动性和自然受动性的辩证统一，才能实现人与自然的和谐。

最后，恩格斯认为生态问题既是社会问题又是政治问题，应该将生态环境问题放到资本主义社会中去考察，将人的解放同自然的解放、社会的解放统一起来。人与人之间矛盾的表现之一就是人与自然的矛盾。在资本主义社会之中，资本主义无尽逐利的生产方式破坏了人与自然的和谐关系，使人与自然的矛盾走向了"两极对立"。因此，生态危机的根源在于建立在私有制基础之上的资本主义制度。

3. 列宁关于生态文明的重要论述

列宁在继承马克思恩格斯生态文明思想的基础之上，深入探索苏维埃俄国的生态环境问题，形成了列宁关于生态文明重要思想论述：强调人与自然的辩证关系、对资本主义的批判、合理利用资源、充分利用科学技术。

（1）辩证看待人与自然的关系。在关于人与自然的辩证关系上，列宁坚定地继承了马克思和恩格斯的思想理论，强调人们应当尊重自然，并重视人与自然之间的关系。列宁曾经说过："不能用精神的发展来解释自然界的发展，恰恰相反，要从自然界，从物质中找到对精神的解释……"人的精神发展往往也会受到自然界的影响，因此我们必须从物质角度深入研究，即从自然环境出发，只有这样才能真正领悟到人的精神世界。在列宁对生态问题的研究中，人与自然的关系是他站在唯物主义角度探究的核心问题。他在著作中多次强调人要"承认自然界"，要认识到人与自然之间的相互关系，并意识到自然界在人类历史发展中的重要作用，不能将两者放在二元对立的角度。此外，他进一步强调了如果人们想透过事物的现象看到本质，必须从自然界入手，只有从最原始的自然界中才能找到事物的真谛。因此，人类要真正实现永续发展，就必须认识到大自然和自然界发展规律的重要性，深刻理解人与自然之间的辩证关系。

（2）批判资本主义对生态环境的破坏。列宁深刻分析了资本主义导致生态危机的根源是私有制。为了获取最大利益，资本家不加节制地对自然资源进行垄断和掠夺。列宁认为，资本主义对于生态环境的掠夺和破坏，最终将导致资本主义的生产无法进行下去。因为在资本主义生产方式下，自然资源被严重浪费和不合理使用，导致生态环境遭到破坏，最终引发生态危机，生态危机一旦发生，人的生产自然会受到影响，甚至无法继续进行。他在《土地问题和“马克思的批评家”》一文中引用恩格斯的话语，深刻表达了对资本主义大城市恶劣生态环境的反感和对资本主义的批判：“在大城市中，用恩格斯的话来说，人们都在自己的粪便臭味中喘息，所有的人，只要有可能，都要定期跑出城市，呼吸一口新鲜的空气，喝一口清洁的水。”列宁深刻地指出了资本主义生产方式对工人生存环境所带来的影响，“说工人生活日益困难是由于自然界减少了它的赐物，这就是充当资产阶级的辩护士。”自然环境的作用对生产力的发展至关重要，自然环境的良好与否直接影响着自然资源的丰富程度，因此保护自然环境和自然资源就是保护和发展生产力。

（3）合理利用资源。十月革命前夕，俄国经济已经濒临崩溃，本以为在革命胜利后，经济能得到发展，却没想到，十月革命胜利之后，俄国国内国外陷入双重困境，生产资料极度短缺，人们最基本的衣食住行都得不到保障。鉴于国家的实际情况，列宁积极倡导勤俭节约，强调“必须尽可能节约。我们在各方面都实行节约”。在当时的情况下，列宁认为必须要充分合理利用资源。合理利用资源被视为列宁生态思想的重要组成部分。唯有通过合理分配、合理利用和循环使用资源，以及尽可能地节约资源，寻找有效的方法来提高资源利用效率，方能推动苏俄社会主义的发展。

（4）充分发挥科学技术对生态环境的积极作用。列宁充分肯定了科学技术在改善生态环境中的积极作用，认为通过合理利用科学技术开采自然资源有利于节约资源并促进社会生产力的不断提升。科学技术是第一生产力，是最重要的生产力，这也是列宁生态思想建设的重点。在社会生产过程中，人们需要生产工具，而改进和发展生产工具有助于提高人们的生产水平。科学技术的不断进步推动着生产工具的改善，推动着社会主义建设的不断发展，促进着各行各业的全面进步。他指出，要在科学技术的发展中恢复俄国的工业和农业的生产，“必须使文化和技术教育进一步上升到更高的阶段”。列宁认为在当时的形势下必须挽救临近崩溃的俄国经济，满足人们衣食住行的需求，合理利用科学技术，高效开采资源，推动苏维埃经济建设，并确保国民经济的平稳有序发展。必须充分利用自然资源并大力发展科技，才能实现工农业的全面发展。

二、毛泽东、邓小平、江泽民、胡锦涛的生态文明思想

“中国共产党在领导中国革命、建设和改革的过程中，不断探索生态文明建设与经济社会发展的辩证关系，形成了科学系统完整、具有中国特色的生态文明建设理论体系，为我国在不同历史时代正确处理人口与资源、经济发展与生态环境保护等关系指明了方向。”

1. 以毛泽东同志为代表的中国共产党人的生态文明思想

（1）提出生态环境保护是发展农业经济的重要内容。早在1934年，毛泽东就将森林的培养同畜产的增殖一起作为农业的重要组成部分。他还提出：“水利是农业的命脉。”这表明毛泽东早就已经认识到生态环境和农业生产二者之间的天然联系，并且随后还提出了“要把黄河的事情办好”“一定要根治海河”“一定要把淮河修好”等分流域综合治理的思想。在他的亲自推动下，针对淮河、黄河、荆江等水域治理的大型水利工程纷纷开工；

三门峡水利枢纽、葛洲坝水利枢纽工程也相继开工建设。这些水利工程的建设既抵御了洪水灾害的发生，也促进了工农业发展。

（2）植树造林、发展林业。新中国成立之后，毛泽东非常重视植树造林和林业的发展，他认为，林业是一项每年为国家创造巨大财富和作出巨大贡献的大事业。同时，森林作为社会主义建设的重要资源，也保障了农业生产。积极开发和保护森林资源，在促进我国工农业生产方面有着不可或缺的地位。

1955年12月21日，毛泽东在《征询对农业十七条的意见》中提出："在十二年内，基本上消灭荒地荒山，在一切宅旁、村旁、路旁、水旁，以及荒地上荒山上，即在一切可能的地方，均要按规格种起树来，实行绿化。"同时，毛泽东强调植树造林的制度化，党中央在这方面做的工作不少，颁布了许多指示、条例、草案等，如1950年5月16日颁布了《关于林业工作的指示》、1963年5月27日发布了《森林保护条例》、1973年11月发布了《关于保护和改善环境的若干规定（试行草案）》等。从历史上看，这些文件的出台都对保护森林资源起到了积极作用。

（3）坚持预防为主，防治污染。在20世纪70年代初，当时周恩来敏锐地发现在中国工业化的进程中也存在着环境污染的问题，而且还非常严重。于是将卫生部门"预防为主"的方针运用到治理环境污染之中，坚持预防为主，防止污染的原则，不走资本主义"先污染，后治理"的老路。

2. 以邓小平同志为主要代表的中国共产党人的生态文明思想

以邓小平同志为主要代表的中国共产党人立足我国社会主义初级阶段的基本国情，坚持以经济建设为中心和扎实做好人口资源环境工作相统一，把环境保护确立为基本国策。

（1）重视协调人、自然与经济发展之间的关系。基于我国生产力水平低，经济力量薄弱这一基本国情，邓小平从经济发展与资源供给之间矛盾突出的状况出发，合理有效地制定了适合我国国情的长远规划和发展战略。在这一过程中，一方面，他以经济建设为中心，努力协调经济发展与生态环境之间的关系，提出在重点发展经济的同时要"讲求经济效益和总的社会效益"。另一方面，控制人口，使人口增长与经济发展、生态环境相协调。作为世界第一人口大国，我国一直面临着沉重的人口问题，这严重制约了经济和社会的发展。因此，实行计划生育并有序地控制人口增长具有重大的意义。

（2）依靠科技，保护环境。邓小平把科学技术作为第一生产力，主张在我国资源短缺、人口众多的国情下必须依靠科技的发展来解决有关生态的一些基础性、全局性以及关键性的问题，提倡绿色技术在我国国民生产和生活中的推广与普及，提高环境污染的防治能力和自然资源的利用率，同时要积极引进国外治理生态问题的先进技术，改善我国解决生态问题的不合理现状。1983年，他在同胡耀邦等人谈话时强调："解决农村能源，保护生态环境等，都要靠科学。"这些思想为我国生态环境建设打上了科技烙印，林业工作者以此为指导，在遗传、育种、森林护理等方面，攻克了大量技术难题，保护了生态环境。

（3）明确环境保护要走法治化道路。在邓小平的推动下，我国的环境法规经历了一个质的发展。1978年修订的《中华人民共和国宪法》中规定："国家保护环境和自然资源，防治污染和其他公害"，把环境保护上升为宪法规范，为我国环境保护工作和进一步构建环境保护法律体系奠定了宪法基础。同时，邓小平在1978年12月主持中央工作时提出，"应该集中力量制定刑法、民法、诉讼法和其他各种必要的法律，例如工厂法、人民公社法、森林法、草原法、环境保护法、劳动法、外国人投资法等，经过一定的民主程序讨论通过，并且加强检察机关和司法机关，做到有法可依，有法必依，执法必严，违法必究。”1979年，第五届全国人大常委会第十一次会议颁布的《中华人民共和国环境保护法（试行）》标志着我国环境保护工作进入了法治阶段，并且我国环境法律体系开始建立。

以邓小平同志为主要代表的中国共产党人领导中国开启了生态环境保护事业的法治化、制度化进程。

3. 以江泽民同志为主要代表的中国共产党人的生态文明思想

以江泽民同志为代表的中国共产党人进一步认识到我国生态环境问题的紧迫性和重要性，将可持续发展上升为国家发展战略，推动经济发展和人口、资源、环境相协调。

（1）实施可持续发展战略。江泽民指出：“经济发展，必须与人口、资源、环境统筹考虑，不仅要安排好当前的发展，还要为子孙后代着想，为未来的发展创造更好的条件，决不能走浪费资源和先污染后治理的路子，更不能吃祖宗饭、断子孙路。”以控制人口增长、节约资源、保护环境为重要条件的可持续发展，旨在实现经济发展与人口增长、资源利用和环境保护相互适应，以及资源环境承载能力与经济社会发展的相互协调。

（2）强调环境保护工作是实现经济和社会可持续发展的基础。我国现代化建设过程中面临的一个十分紧迫而又事关重大的任务就是环境保护。改革开放以来，我国经济建设取得了令世界瞩目的成就，但是一些地方，由于片面追求经济增长的速度，忽视了质量，忽视了环境保护，导致环境严重恶化。如果再不加以重视和解决，不仅今后可持续发展能力会受到严重削弱，而且会严重影响广大人民的生活和健康。因此，环境保护是一个全局性战略性的问题。江泽民同志极为重视环境保护工作，对于做好环境保护工作的意义作了大量精辟的论述，他指出“环境保护很重要，是关系我国长远发展的全局性战略问题”，环境保护工作，是实现经济社会可持续发展的基础。“保护环境的实质就是保护生产力。”破坏资源环境就是破坏生产力，保护资源环境就是保护生产力，改善资源环境就是发展生产力。环境问题直接关系到人民群众的正常生活和身心健康。如果环境保护搞不好，人民群众的生活条件就会受到影响。

（3）以保护优先为原则实施西部大开发战略。在西部大开发中，江泽民对环境保护问题非常重视，他指出“改善生态环境，是西部地区开发建设必须首先研究解决的一个重大课题……如果不从现在起努力使生态环境有一个明显改善，在西部地区实现可持续发展战略就会落空，而且我们中华民族的生存和发展条件也将受到越来越严重的威胁”。同时，他还强调要将加强生态环境保护和建设作为西部大开发的重要内容和紧迫任务，要着力办好这项工作。“西部地区资源丰富，要把那里的资源优势转变为经济优势，必须坚持合理利用和节约能源的原则。要抓紧开展西部地区土地、矿产、水等自然资源的调查评价和规划。抓紧制定西部地区矿产资源的勘察开发政策，加大西部地区找水工作的力度，为西部大开发提供水源保障。要把加强生态环境保护和建设作为西部大开发的重要内容和紧迫任务，坚持预防为主，保护优先，搞好开发建设的环境监督管理，切实避免走先污染后治理、先破坏后恢复的老路。退耕还林还草，要有计划有步骤、因地制宜地实施，并从实际出发，注意与当地经济发展和脱贫致富紧密结合。特别要把长江、黄河作为环境保护的重点，统筹规划源头地区的保护、上中游地区的生态环境治理与流域污染治理，实施综合整治。”

（4）加强环境保护领域与国际社会的广泛交流和合作。江泽民同志十分重视在对外开放中加强环境保护领域的国际合作和环境安全。他强调，一方面，必须“积极实施‘引进来’和‘走出去’相结合的对外开放战略”，积极利用国外资源。另一方面，又必须“正确处理利用国外资源和维护我国资源安全的关系”。他指出：“我们扩大开放、引进外资，需要抓好环境保护工作，改善投资环境，同时也要注意防止国外有些人把污染严重的项目甚至‘洋垃圾’往我国转移，切不可贪图眼前的局部利益而危害国家和民族的全局利益，危害子孙后代。”针对加入世界贸易组织后我国资源和环境工作面临的新形势，江泽民同志指出，加入世界贸易组织，既为我们充分利用国内国外两个市场、两种资源，实现经济社会和人口、资源、环境协调发展提供了新的机遇，也对我们提高促进经济社会可持续发展的能力提出了新的挑战。要对可能给我们人口、资源、环境工作带来影响的国际方面的因素，进行全面科学的分析，既要看到对我有利的一面，也要看到对我不利的一面，以充分利用有利因素，努力避免不利影响。

以江泽民同志为代表的中国共产党人将生态环境保护纳入国民经济和社会发展计划，加强国内的环境污染治理和国际的环境保护合作，开拓了具有中国特色的生态环境保护道路。

4. 以胡锦涛同志为主要代表的中国共产党人的生态文明思想

以胡锦涛同志为主要代表的中国共产党人高度重视资源和生态环境问题，形成了以人为本、全面协调可持续的科学发展观，首次提出生态文明理念。

（1）提出了以人为本的科学发展观。2003 年 10 月，党的十六届三中全会明确提出“坚持以人为本，树立全面、协调、可持续的发展观，促进经济社会和人的全面发展”。科学发展观意味着正确认识和处理人与自然关系的发展观的深刻变化。科学发展观“坚持以人为本就是要以实现人的全面发展为目标，从人民群众的根本利益出发谋发展、促发展，不断满足人民群众日益增长的物质文化需要，切实保障人民群众的经济、政治和文化权益，让发展的成果惠及全体人民，全面发展，就是要以经济建设为中心，全面推进经济、政治、文化建设，实现经济发展和社会全面进步，协调发展，就是要统筹城乡发展、统筹区域发展、统筹经济社会、统筹人与自然和谐发展、统筹国内发展和对外开放，推进生产力和生产关系、经济基础和上层建筑相协调，推进经济、政治、文化建设各个环节、各方面相协调。可持续发展，就是要促进人与自然的和谐，实现经济发展和人口资源、环境相协调，坚持走生产发展、生活富裕、生态良好的文明发展，保证一代接一代地永续发展。”

（2）提出生态文明理念。2007 年 10 月，胡锦涛在党的十七大报告中首次提出：“建设生态文明，基本形成节约能源资源和保护生态环境的产业结构、增长方式、消费模式。循环经济形成较大规模，可再生能源比重显著上升。主要污染物排放得到有效控制，生态环境质量明显改善。生态文明观念在全社会牢固树立。”把建设生态文明作为全面建设小康社会奋斗目标的新要求，强调建设以资源环境承载力为基础、以自然规律为准则、以可持续发展为目标的资源节约型、环境友好型社会，着力推动整个社会走上生产发展、生活富裕、生态良好的文明发展道路，开辟了社会主义建设新局面。2012 年 10 月，在党的十八大报告中，胡锦涛指出“坚持节约资源和保护环境的基本国策，坚持节约优先、保护优先、自然恢复为主的方针，着力推进绿色发展、循环发展、低碳发展，形成节约资源和保护环境的空间格局、产业结构、生产方式、生活方式，从源头上扭转生态环境恶化趋势”。

三、习近平生态文明思想

党的十八大以来，以习近平同志为主要代表的中国共产党人，在几代中国共产党人不懈探索的基础上，全面加强生态文明建设，以新的视野、新的认识、新的理念，系统回答了为什么建设生态文明、建设什么样的生态文明、怎样建设生态文明等重大理论和实践问题，形成了习近平生态文明思想。

习近平生态文明思想是习近平新时代中国特色社会主义思想的重要组成部分，是我们党不懈探索生态文明建设的理论升华和实践结晶，是马克思主义基本原理同中国生态文明建设实践相结合、同中华优秀传统生态文化相结合的重大成果，是以习近平同志为核心的党中央治国理政实践创新和理论创新在生态文明建设领域的集中体现，是人类社会实现可持续发展的共同思想财富，是新时代我国生态文明建设的根本遵循和行动指南。

习近平生态文明思想系统阐释了人与自然、保护与发展、环境与民生、国内与国际等关系，其主要内容集中体现为“十个坚持”，即：坚持党对生态文明建设的全面领导，坚持生态兴则文明兴，坚持人与自然和谐共生，坚持绿水青山就是金山银山，坚持良好生态环境是最普惠的民生福祉，坚持绿色发展是发展观的深刻革命，坚持统筹山水林田湖草沙系统治理，坚持用最严格制度最严密法治保护生态环境，坚持把建设美丽中国转化为全体人民自觉行动，坚持共谋全球生态文明建设之路。

第一，坚持党对生态文明建设的全面领导。这是生态文明建设的根本保证。包含着：中国共产党带领人民建设国家，创造更加幸福美好的生活，秉持的一个理念就是搞好生态文明；把生态文明建设摆在全局工作的突出位置。从思想、法律、体制、组织、作风上全面发力，全方位、全地域、全过程加强生态环境保护；在以习近平同志为核心的党中央坚强领导下，我国生态文明建设取得历史性成就、发生历史性变革；加强生态文明建设，推进人与自然和谐共生的现代化，是一场大仗、硬仗、苦仗，必须加强党的领导；落实领导干部生态文明建设责任制，严格实现党政同责、一岗双责；不断提高党领导生态文明建设的能力和水平等思想内容。

第二，坚持生态兴则文明兴。这是关于生态文明的历史依据。这一论断使习近平生态文明思想拥有了人类文明史逻辑。同时，也使其思想植根于马克思主义人类史与自然史相统一的历史唯物主义理论逻辑。人类历史上曾经有一些辉煌的文明在后来都消失了，生态环境遭到破坏是一个很重要的原因，如玛雅文明、楼兰文明，它们的文明程度很高，但由于生态环境的恶化，生产生活的基础遭到破坏，最终导致灭绝。

人类文明的不同阶段、经济社会发展的不同时期都存在着不同的生态文明问题。恩格斯在《自然辩证法》中写道：“美索不达米亚、希腊、小亚细亚以及其他各地的居民，为了得到耕地，毁灭了森林，但是他们做梦也想不到，这些地方今天竟因此而成为不毛之地，因为他们使这些地方失去了森林，也就失去了水分的积聚中心和贮藏库。阿尔卑斯山的意大利人，当他们在山南坡把那些在山北坡得到精心保护的枞树林砍光用尽时，没有预料到，这样一来，他们把本地区的高山畜牧业的根基毁掉了；他们更没有预料到，他们这样做，竟使山泉在一年中的大部分时间内枯竭了，同时在雨季又使更加凶猛的洪水倾泻到平原上。”因此，生态文明是人类文明发展的历史趋势，生态环境保护功在当代、利在千秋。

第三，坚持人与自然和谐共生。这是新时代生态文明建设的基本原则。包含着：人与自然的关系是人类社会最基本的关系，人与自然是生命共同体；走人与自然和谐共生的现代化道路，是从实际出发的现实选择；新阶段新征程，生态文明建设进入了以降碳为重点战略方向，降碳、减污、扩绿、增长协同发展的阶段等思想内容。

第四，坚持绿水青山就是金山银山。这是重要的发展理念，是实现可持续发展的内在要求，也是推进现代建设的重大原则。包含着绿水青山就是金山银山的理念符合人类社会发展规律，顺应人民群众对美好生活的期盼；我国转向高质量发展阶段，生态环境支撑作用越来越明显；高质量发展的基础是生态环境；坚持绿水青山就是金山银山就要促进“两山”更好转化；加快建立健全以产业生态化和生态产业化为主体的生态经济体系等思想内容。

第五，坚持良好生态环境是最普惠的民生福祉。这是生态文明建设的宗旨要求。包含着：民生是人民幸福之基、社会和谐之本；环境就是民生，青山就是美丽，蓝天也是幸福；良好生态环境是最公平的公共产品，是最普惠的民生福祉；人民美好生活需要日益广泛，不仅对物质文化生活提出了更高要求，而且在民主、法治、公平、正义、安全、环境等方面的要求日益增长；生态环境保护既是重大经济问题，也是重大社会和政治问题；深入打好污染防治攻坚战；着力建设健康宜居美丽家园；有效防范生态环境风险；确保生态环境安全、水安全、生物安全、核安全以及放射性污染防治等思想内容。

第六，坚持绿色发展是发展观的深刻革命。这是生态文明建设的战略路径。包含着：发展是解决我国一切问题的基础和关键；发展理念是发展行动的先导；绿色发展是新发展理念的重要组成部分；其要义是要解决好人与自然和谐共生问题；绿色决定发展的成色；坚持绿色发展是对生产方式、生活方式、思维方式和价值观念的全方位、革命性变革，要求突破旧有发展思维、理念和模式；绿色发展是生态文明建设的必然要求，是解决污染问题的根本之策；坚持绿色发展就要促进经济社会发展全面绿色转型；努力实现碳达峰碳中和；打造国家重大战略绿色发展高地（如京津冀、黄河、长江）等思想内容。

第七，坚持统筹山水林田湖草沙系统治理。这是生态文明建设的系统观念。包含着：山水林田湖草沙是不可分割的生态系统；山水林田湖草沙是一个生命共同体，“人的命脉在田，田的命脉在水，水的命脉在山，山的命脉在土，土的命脉在林和草（树），这个生态共同体是人类生存发展的物质基础”；生态保护和修复是一个系统工程，必须遵循自然规律；提升生态质量和稳定性（如划定生态红线，实行国家公园体制等）等思想内容。

第八，坚持用最严格制度最严密法治保护生态环境。这是生态文明建设的制度保障。包含着：保护生态环境必须依靠制度、依靠法律；制度是关系党和国家事业发展的根本性、全局性、稳定性、长期性问题；让制度成为刚性的约束和不可触碰的高压线；推进生态环境治理体系和治理能力现代化等思想内容。

第九，坚持把建设美丽中国转化为全体人民自觉行动。这是生态文明建设的社会力量。包含着：牢固树立社会主义生态文明观，“抓生态文明建设，既要靠物质，也要靠精神”；倡导绿色生活方式；建设美丽中国是全体人民的共同事业；开展绿色生活创建活动等思想内容。

第十，坚持共谋全球生态文明建设之路。这是生态文明建设的全球倡议。包含着：地球是人类的共同家园；共建清洁美丽世界；积极推动全球可持续发展等思想内容。

一个民族要走在时代前列，就一刻不能没有理论思维，一刻不能没有正确思想指引。习近平生态文明思想弘扬了中华文明生态思想的时代价值，拓展了全球生态环境治理的可持续发展理念，是新时代中国共产党人创造性地回答人与自然关系、经济发展与环境保护关系问题取得的原创性理论成果。习近平生态文明思想立意高远、内涵丰富、思想深刻，是生态价值观、认识论、实践论和方法论的总集成，是指导生态文明建设的总方针、总依据和总要求。

第二节　新时代中国特色社会主义生态文明建设的历史回溯

新时代中国特色社会主义生态文明建设的历史前提是中国共产党领导人民建立了人民民主专政的共和国，中国人民从此站起来了，中国的革命和建设进入社会主义时期。新时代中国特色社会主义生态文明历史可以回溯到新中国成立，其大致历程可以划分为探索、开创和创新等阶段。

一、中国特色社会主义生态文明建设道路的探索

1949年新中国成立，以毛泽东同志为代表的中国共产党人把做好资源环境工作作为恢复和发展国民经济的重要条件，着力整治水患、加强水土保持、治理环境污染、号召“绿化祖国”等，开始了对社会主义生态文明建设道路的探索。

1. 着力水患治理、加强水土保持

农业是国民经济的基础，水土则是农业发展的生态之基。旱涝频发、水土流失严重是新中国首先要面对和解决的一大难题。毛泽东同志深知要改变这一现状，治水和改土缺一不可。一方面，他提出要兴修水利，涝时排水，旱时用水，而不再是单一的蓄水或排水。在淮河流域的水土治理中，毛泽东同志总结经验教训，协调好淮河流域上、中、下游，并根据当地气候特征与自然地理条件制定治淮方针。经过不懈努力，极大地改善了淮河流域的旱涝灾害问题。另一方面，土壤条件对水土保持工作非常重要。他要求地方领导干部在实际工作中克服着眼水利修建而忽视为农作物创造良好的土壤条件等问题。强调土壤的肥力下降，水利修建地再好也无济于事。坚持保持水土、改良土地和修建水利缺一不可。

2. 农、林、牧并举，号召“绿化祖国”

毛泽东同志曾多次提出我国应农、林、牧并举发展，并多次论述农、林、牧三者的辩证关系，即农林业与畜牧业互为基础，是相互依赖、辩证统一的关系，只有三者共同发展，才能构建可循环的良性生态系统。农业是中华民族自古以来的立国之本，也是毛泽东同志一直以来都十分重视的问题。然而自新中国成立以来，优先发展重工业的方针使我国农业的发展受到很大打击。为此，毛泽东同志多次强调粮食是一切发展的基础，并在 1962 年党的八届十中全会上提出要把发展农业放在首要地位。

以毛泽东同志为主要代表的中国共产党人高度重视林业发展。新中国成立后，号召“绿化祖国”，治理荒山。1949 年制定的《中国人民政治协商会议共同纲领》明确提出了保护森林、有计划大力发展林业的基本政策。毛泽东同志在 1955 年扩大的党的七届六中全会上也曾表示，植树造林不仅有利于生态环境的修复与保护，这对农业与工业的发展也大有裨益。1955 年开始，毛泽东同志多次带领党中央制定政策，呼吁群众积极参与植树造林运动，争取在 12 年内基本完成消灭荒山的任务。这些措施有效制止了我国森林资源的持续恶化，使林业发展得到保护。同时，我国的森林覆盖率从新中国成立初期的 8.9% 到第四次全国森林资源清查（1989—1993 年）13.92%，我国的绿化水平也得到显著提升。

3. 倡导勤俭节约，强调资源综合利用

“成由勤俭败由奢”。中国共产党自成立以来一直坚持勤俭节约、艰苦奋斗，这也是我国的建国方针和经济建设的基本原则之一。新中国成立初期颁布的《中国人民政治协商会议共同纲领》完善了这一理念，要求一切国家机关树立廉洁朴素、为党为民的作风。毛泽东同志在 1951 年深刻分析了腐败浪费所造成的巨大危害后，向全党提出警告：“一切从事国家工作、党务工作和人民团体工作的党员，利用职权实行贪污和实行浪费，都是严重的犯罪行为。”勤俭节约一直是中国人民的传统美德。我国在社会主义改造基本完成后出现了物资紧张的局面，对此，国务院在 1957 年 6 月发布了《关于进一步开展增产保产运动的指示》，提出要根据中国实际制定发展路径，我国人口众多，但尚处于社会主义初级阶段，生产力发展水平低，不应好高骛远，而要根据自身定位，用最少的资源获取最大的利益。我们党在大力倡导勤俭节约的同时，注重经济效益与生态效益的统一，提高资源利用效率，优化资源配置。毛泽东同志在 1956 年时发布的《论十大关系》中就提到了合理利用自然资源的重要性。后又多次提出要充分合理地利用“三废”，即废水、废液、废气，做到资源利用率最大化。

4. 召开全国环境保护会议

1973 年 8 月 5~20 日，第一次全国环境保护会议在北京召开，正式提出了“全面规划，合理布局，综合利用，化害为利，依靠群众，大家动手，保护环境，造福人民”的 32 字环境保护方针。将环境保护工作提上了国家的议事日程，奠定了我国生态环境保护事业的基础。

1949—1977 年，一方面，治理传统自然灾害仍然占据着国家生态治理的主要方面；另一方面，由于现代工业、现代农业的起步和发展，以废水、废液、废气为代表的现代环境问题已经出现并成为国家生态治理不可忽视的问题。因此，我国在进行社会主义革命、探索中国特色社会主义建设道路的同时，也开始现代生态环境问题的治理。在这一时期，我国不仅在思想上认识到了自然生态环境是人类社会发展的必要基础，并且在 1974 年设立了环境保护领导小组，1975 年环境保护领导小组发布了《关于环境保护的 10 年规划意见》，同年，黄河水源保护管理机构——黄河流域水资源保护局成立；1976 年长江水源保护管理机构——长江水源保护局成立。环境保护方针、机构、规划的形成等既是社会主义生态文明建设道路探索的成果，又标志着中国生态环境治理由传统向现代的转变。

二、生态文明建设新局面的开创

1978 年到 2011 年，在中国共产党的领导下，中国特色社会主义建设进入了改革开放新时期，生态文明建设也在改革开放中开创了新局面。

1. 开启生态环境保护事业法治化、制度化进程

1978 年，以邓小平同志为主要代表的中国共产党人立足我国社会主义初级阶段的基本国情，一是坚持以经济建设为中心和扎实做好人口资源环境工作相统一。一方面，面对人口的高增长和人民群众对发展经济的急切需求，坚持以经济建设为中心；另一方面，面对经济高速增长带来的高消耗、高污染问题，坚持将环境污染治理和生态建设纳入了社会主义现代化建设进程中。二是把环境保护确立为基本国策。1983 年 12 月 31 日至 1984 年 1 月 7 日召开的第二次全国环境保护会议正式将环境保护提升到基本国策的高度，提出经济建设、城乡建设和环境建设要同步规划、同步实施、同步发展的“三同步”方针，极大地推进了全国的环境建设。1985 年，第一次在全国开展“6・5”世界环境日纪念活动，此后每年活动，未曾中断。1986 年 9 月，国家环境保护局首次发布《中国环境统计公报》，此后，每年公布一次，也从未间断。三是在推进经济社会改革开放的同时也加强了环境领域的体制机制改革。1982 年 2 月，第五届全国人大常委会决定组建城乡建设环境保护部，部内设环境保护局，撤销了国务院环境保护领导小组。1988 年 4 月，第七届全国人大第一次会议批准国务院机构改革方案，成立独立的国家环境保护局（副部级），明确为国务院直属机构。1984 年 12 月，国家环境保护局成立，仍归由城乡建设环境保护部领导。四是开启环境保护事业的法治化进程。1978 年，环境保护相关问题首次提高到“法”的高度，被纳入《中华人民共和国宪法》中。1979 年 9 月，我国颁布了第一部环境保护法——《中华人民共和国环境保护法（试行）》，初步建立起了我国生态环境保护的法治基础。1979 年到 1988 年，多部生态环境领域的法律如《中华人民共和国森林法》《中华人民共和国海洋环境保护法》《中华人民共和国草原法》《中华人民共和国土地法》等逐一被制定和实施。1989 年，第七届全国人大常委会第十一次会议根据保持当前社会经济发展与生态环境平衡发展的原则，对《中华人民共和国环境保护法》进行了修订，使我国生态文明法治建设进一步深化。

2. 开拓具有中国特色的生态环境保护道路

1989 年开始，以江泽民同志为主要代表的中国共产党人进一步认识到我国生态环境问题的紧迫性和重要性。

第一，将可持续发展上升为国家发展战略。1987 年，联合国世界环境与发展委员会发布的《我们共同的未来》指出，人类应该致力于走一条兼顾经济社会发展和资源环境保护相协调的可持续发展之路。1992 年，联合国环境与发展大会通过了《21 世纪议程》，使可持续发展理念得到各国的普遍认同。中国作为发展中国家参加了大会，并在会后根据国情制定了本国的可持续发展战略。1994 年 4 月我国颁布了《中国 21 世纪日程——中国 21 世纪人口、环境与发展白皮书》，提出了促进经济、社会、资源、环境相互协调、可持续发展

的总体战略和政策措施，标志着可持续发展战略的确立。这是世界上第一个国家级的“21世纪行动计划”。

第二，建立环境与发展综合决策机制，开展大规模环境污染治理。1993年，第八届全国人大增设环境保护委员会，后更名为环境与资源保护委员会。1998年3月，第九届全国人大第一次会议通过国务院机构改革方案，国家环境保护局改为国家环境保护总局（正部级），同时撤销国务院环境保护委员会。1993年5月，环境保护局首次公布全国3000家重点业污染企业名单。2000年8月8日，沈阳市中级人民法院正式宣告，沈阳冶炼厂因严重污染环境、长期亏损且扭亏无望破产。这是中国因环保问题关闭的第一家特大型国有企业。

第三，将生态环境保护纳入国民经济和社会发展计划。1989年4月，第三次全国环境保护会议召开，会议结合国内实际情况，提出了新五项制度，使环境保护工作不断深化。1995年9月，党的十四届五中全会通过的《中共中央关于制定国民经济和社会发展“九五”计划和2010年远景目标的建议》，明确提出，“必须把社会全面发展放在重要战略地位，实现经济与社会相互协调和可持续发展”。1996年，为进一步落实环境保护基本国策，实施可持续发展战略，国务院作出了《关于环境保护若干问题的决定》，召开了第四次全国环境保护会议，会议提出保护环境是一切发展的前提与基础，保护环境不仅有利于生态环境，也有利于生产发展。1997年9月，党的十五大把可持续发展战略确定为我国现代化建设中必须实施的战略。1998年9月11日，国家环境保护总局发布《全国环境保护工作纲要（1998—2002）》。2002年，党的十六大强调“走新型工业化道路”，确立了“可持续发展能力不断增强，生态环境得到改善，资源利用效率显著提高，促进人与自然的和谐，推动整个社会走上生产发展、生活富裕、生态良好的文明发展道路”。

这一时期在确立可持续发展战略的同时也加强了环境保护的国际交流和合作，如1991年中国加入了《蒙特利尔议定书》，开拓了具有中国特色的生态环境保护道路。

3. 开辟社会主义生态文明建设新局面

党的十六大召开后，以胡锦涛同志为主要代表的中国共产党人高度重视资源和生态环境问题。

一是形成了以人为本、全面协调可持续的科学发展观。面对日趋严峻的局面，2003年，以胡锦涛同志为核心的中央领导集体在党的十六届三中全会上明确提出，要“树立和落实全面发展、协调发展和可持续发展的科学发展观”，正式提出了人与自然和谐相处的重要思想。

二是首次提出了生态文明理念，并把建设生态文明作为全面建设小康社会的奋斗目标。2007年胡锦涛在党的十七大报告中正式提出建设生态文明。此后，以生态市、生态县、生态村等为目标的生态建设广泛开展，生态环境保护的市场化迈出重要步伐，参与和贡献全球生态环境治理的影响力有所加强。

三是提出建设“两型”社会。2005年3月12日，胡锦涛同志在中央人口资源环境工作座谈会上，提出要“努力建设资源节约型、环境友好型社会”。2005年10月，党的十六届五中全会首次把建设资源节约型和环境友好型社会确定为国民经济与社会发展中长期规划的一项战略任务，提出要加快建设资源节约型、环境友好型社会。2006年3月14日第十届全国人民代表大会审议通过《中华人民共和国国民经济和社会发展第十一个五年规划纲要》，提出

小贴士

资源节约型社会（resource-conserving society）是人们合理开发利用和切实保护各种资源，提高资源开发利用效率，维持生态平衡，以尽可能少的资源消耗获得最大的经济效益、社会效益和生态效益的社会，也就是人与资源和谐的社会，即人类节约高效开发利用保护资源、资源能够支撑人类社会经济可持续发展的社会。

环境友好型社会（environment-friendly society）是人们在生产和生活的各种活动中尽量减少废物排放，有效防止环境污染，不断保护和优化自然生态环境的社会，也就是人与环境和谐的社会，即人类保护改善优化环境、环境能够支撑人类社会经济可持续发展的社会。

"要把节约资源作为基本国策，发展循环经济，保护生态环境，加快建设资源节约型、环境友好型社会，促进经济发展与人口、资源、环境相协调"。2007 年 11 月，国务院批准武汉城市圈和长株潭城市群为全国资源节约型和环境友好型社会建设综合配套改革试验区。

四是着力推动整个社会走生产发展、生活富裕、生态良好的文明发展道路。2002 年 1 月 8 日，第五次全国环境保护会议召开，会议提出政府应当团结社会力量，担当保护环境的职责。2005 年，国务院发布了《关于落实科学发展观加强环境保护的决定》，提出将环境保护问题放在更高的位置上。2006 年 6 月，胡锦涛在党的十六届六中全会的重要讲话中提出将"资源利用效率显著提高，生态环境明显好转"作为构建社会主义和谐社会的重要目标，同时以科学发展观为指导，将生态环境相关的约束性指示，将耕地面积、单位国内生产总值能耗降低比例和主要污染物排放总量作为省（自治区、直辖市）目标责任考核指标，完善问责制度和环境监管制度，由此生态环境保护被摆在前所未有的重要位置。2006 年国家环境保护总局设立了东北、华北、西北、西南、华东、华南六大督查中心，作为其派出机构。2008 年 3 月，国家环境保护总局升格为环境保护部（正部级），成为国务院组成部门。由此，从中央到地方总量控制、定量考核、严格问责的生态环境行政执法监督体系逐渐形成。2011 年 12 月，第七次全国环境保护大会强调要推动经济转型，提升生活质量，为人民群众提供天蓝、地净、水清的宜居安康环境。

这一阶段，在国内环境保护和生态文明建设方面，2002 年提出了"生态省"战略构想，2005 年颁布了《国家突发环境事件应急预案》、2006 年实施了主要污染物排放总量控制等。在全球生态治理方面，2007 颁布第一部应对气候变化的全面政策性文件《中国应对气候变化国家方案》、2012 年成立了中国生物多样性保护国家委员会等。在科学发展观的指导下开辟了社会主义生态文明建设的新局面。

三、生态文明建设迈入新时代

党的十八大以来，以习近平同志为主要代表的中国共产党人，在几代中国共产党人不懈探索的基础上，全面加强生态文明建设，系统谋划生态文明体制改革，生态文明建设取得了显著成效。

第一，确立了生态文明建设的战略地位。2012 年 11 月，党的十八大报告提出了中国特色社会主义建设的“五位一体”总体布局，其中，生态文明建设首次被纳入中国特色社会主义建设总体布局。2021 年 4 月 30 日，习近平在十九届中央政治局第二十九次集体学习时的讲话明确了新发展阶段、贯彻新发展理念、构建新发展格局对生态文明建设提出的新任务新要求，进一步明确了生态文明建设的地位。“在‘五位一体’总体布局中，生态文明建设是其中一位；在新时代坚持和发展中国特色社会主义的基本方略中，坚持人与自然和谐共生是其中一条；在新发展理念中，绿色是其中一项；在三大攻坚战中，污染防治是其中一战；在到 21 世纪中叶建成社会主义现代化强国目标中，美丽中国是其中一个。”

第二，形成了习近平生态文明思想。党的十八大以来，以习近平同志为核心的党中央在推进习近平新时代中国特色社会主义伟大事业的历史征程中，系统回答了为什么建设生态文明、建设什么样的生态文明、怎样建设生态文明等重大理论和实践问题，形成了创新性的理论成果。2018 年 5 月，在全国生态环境保护大会上，正式提出了习近平生态文明思想，举起了新时代生态文明建设的思想旗帜，为新时代中国生态建设提供了根本遵循和行动指南。2018 年 6 月 24 日公布的中共中央、国务院《关于全面加强生态环境保护坚决打好污染防治攻坚战的意见》明确习近平生态文明思想集中体现为“八个坚持”。2022 年出版的《习近平生态文明思想学习纲要》将习近平生态文明思想的科学内涵由原来的“八个坚持”拓展为“十个坚持”。

第三，加强了生态文明建设的顶层设计。2017 年 10 月，党的十九大报告提出，到 21 世纪中叶，要把我国建成富强民主文明和谐美丽的社会主义现代化强国。“美丽”二字首次被写入全面建设社会主义现代化强国奋斗目标。2018 年 3 月，第十三届全国人大第一次会议批准国务院机构改革方案，组建生态环境部并作为国务院组成部分，不再保留环境保护部。生态环境部整合了环境保护部以及分散在国家发展和改革委员会、国土资源部、水利部、农业部、国家海洋局、国务院南水北调办公室等部门生态环境保护的职责，实现了“五个打通”，即打通了地上和地下、岸上和水里、陆地和海洋、城市和农村、一氧化碳和二氧化碳的生态环境治理。生态环境部还进一步增强了监管方面的四大职能：一是制定生态环境政策、规划和标准；二是监测和评估生态环境变化状况；三是对生态环境违法行为进行执法检查，统一行使生态和城乡各类污染排放监管与行政执法职责；四是对地方政府以及相关部门进行督察和问责。这四大职能既包括污染防治，也包括生态保护，监管领域进一步扩展，监管职能进一步增强。2023 年 3 月，第十四届全国人大一次会议审议通过了《党和国家机构改革方案》，生态环境部作为国务院直属部门正在加强“十四五”规划关于生态文明建设战略部署的推进，努力使生态文明建设为稳定经济发挥积极作用。

第四，建立健全了生态文明制度体系。党的十八大以来，生态文明制度不断建立健全，同时加强了生态文明体系和制度优势转化为生态环境治理效率，持续提升生态治理体系和治理能力的现代化水平。2012 年党的十八大提出要“加快建立生态文明制度”。2013 年 9 月，国务院发布《大气十条》，此后又陆续发布了《水十条》和《土十条》，全面向污染宣战。同年 11 月，党的十八届三中全会提出必须建立系统完整的生态文明制度体系。2014 年 10 月，党的十八届四中全会通过了《关于全面推进依法治国若干重大问题的决定》。该决定提出，必须用严格的法制保护生态环境，为生态文明建设提供法律依据和保障。2015

年1月1日，新修订的《中华人民共和国环境保护法》启动实施。新法赋予环境执法查封、扣押、拘留、按日计罚等权力，被誉为“史上最严”的环境保护法。之后，又相继修订并出台了大气污染防治法、水污染防治法等生态环境相关法律。同年4月，中共中央、国务院《关于加快推进生态文明建设的意见》(以下简称为《意见》) 发布、9月中共中央国务院《生态文明体制改革总体方案》(以下简称为《方案》) 出台，这不仅使党的十八大关于生态文明建设的理念原则载入了《意见》和《方案》，生态文明重大制度成为加快生态文明建设的主要目标之一，而且明确了我国生态文明体制改革的总体安排和系统部署，提出了构建生态文明制度体系的八项制度。生态文明制度体系的“四梁八柱”形成。2016年1月，由环境保护部牵头，中央纪律检查委员会、中共中央组织部的相关领导参加，中央环保督察全面启动。督察组两年覆盖全国31省(自治区、直辖市)，问责人数超过1.8万，解决群众身边环境问题约8万件。2017年划定并严守生态保护红线。同年7月，中共中央办公厅、国务院办公厅就甘肃祁连山国家级自然保护区生态环境问题发出通报，包括3名副省级干部在内的100人被问责。

2018年3月，第十三届人大一次会议通过了宪法修正案，成功实现了生态文明入宪。“五个文明”协调发展成为国家意志和国家行动。2019年4月，中共中央办公厅、国务院办公厅《关于统筹推进自然资源资产产权制度改革的指导意见的通知》明确要探索开展全民所有自然资源资产所有权委托代理机制试点；明确要构建归属清晰、权责明确、保护严格、流转顺畅、监管有效的自然资源资产产权体系，并给出改革“时间表”和“路线图”。2020年10月，党的十九届五中全会《中国共产党第十九届中央委员会第五次全体会议公报》肯定“生态文明建设实现新进步”，提出“完善生态文明领域统筹协调机制，构建生态文明体系，促进经济社会发展全面绿色转型，建设人与自然和谐共生的现代化”。2022年3月17日，中共中央办公厅、国务院办公厅印发《全民所有自然资源资产所有权委托代理机制试点方案》。

中办国办印发《全民所有自然资源资产所有权委托代理机制试点方案》，新华社

第五，一体治理山水林田湖草沙，着力打赢污染防治攻坚战。习近平在2013年11月党的十八届三中全会上阐述了生态环境治理与保护的整体性思想，并多次强调，生态系统具有整体性和系统性，如果各种生态修复工作只是单一地进行而缺乏统筹规划，最终反而会破坏整个生态系统的稳定和健康。因此，我们要用系统论的方法来看待问题和推进工作，把治山、治水、治林、治田、治湖等生态修复工作有机地结合起来进行，同时还要合理规划人类活动空间，留出更多的空间给自然和农业发展，从而为子孙后代留下一个美好的家园。2022年10月，党的二十大报告再次强调要“坚持山水林田湖草沙一体化保护和系统治理，统筹产业结构调整、污染治理、生态保护”。在统筹污染治理中，2013年，党中央系统部署污染防治行动。2018年4月16日，新组建的生态环境部正式挂牌，在进一步明确了生态环境保护职责的基础上，从监管者的角度，将地上与地下、陆地与海洋、城乡与区域、地表与空气污染治理统筹规划，形成全方位、系统化、整体性的环境污染治理与生态文明建设新格局。2018年6月，党中央和国务院通过了《关于全面加强生态环境保护坚决打好污染防治攻坚战的意见》，同年7月，《全国人民代表大会常务委员会关于全面加强生态环境保护依法推动打好污染防治攻坚战的决议》，指导污染攻坚战取得了显著成效。随着习近平新时代中国特色社会主义建设事业迈入新征程，2021年11月2日，中共中央、国务院针对我国生态环境保护结构性、根源性、趋势性压力总体上尚未根本缓解，重点区域、重点行业污染问题仍然突出，实现碳达峰碳中和任务艰巨，生态环境保护任重道远等现实，提出了进一步加强生态环境保护、深入打好污染防治攻坚战的意见。

第六，确立以人民为中心的价值旨归。社会主义生态文明贯彻了中国共产党“全心全意为人民服务”的宗旨，坚持“一切为了群众，一切依靠群众，从群众中来，到群众中去，把党的正确主张变为群众的自觉行动”的群众路线。提出良好生态环境是最普惠的民生福祉，坚持把建设美丽中国转化为全体人民自觉行动。把解决人民群众关心的突出生态环境问题作为民生优先领域，并将其上升到政治高度，从讲政治、重民生、求实效的高度着力推进生态文明建设，不断满足人民群众日益增长的优美生态环境需要。习近平同志反复强调，良好生态环境是最公平的公共产品，是最普惠的民生福祉；建设生态文明是关系人民福祉、关乎民族未来的大计，要积极回应人民群众所想、所盼、所急。坚决打赢蓝天保卫战，着力打好碧水保卫战，扎实推进净土保卫战，改善农村人居环境。将解决突出生态环境问题作为民生优先领域的重要任务，有助于推动全社会共同参与环保事业，并促进绿色、低碳、可持续发展。同时，这也是政府承担责任、履行使命的体现。经过共同努力，“十三五”规划纲要确定的生态环境领域九项约束性指标超额完成，人民群众生态环境的获得感显著增强。

第七，以人类命运共同体引领共谋全球生态文明之路。面对全球性生态危机，2014年3月，在荷兰海牙第三届核安全峰会上，习近平提出了要坚持理性、协调、并进的核安全观，把核安全进程纳入健康持续发展的轨道。2015年10月21日习近平在伦敦金融城市长晚宴上明确“中国倡导国际社会共同构建人类命运共同体，建立以合作共赢为核心的新型国际关系”，2016年9月，在二十国集团杭州峰会前夜，中美两国各自批准了《巴黎协定》，并最终促使该协定于2016年11月正式生效。这是历史上首个关于气候变化的全球性协定。2017年1月，习近平在联合国日内瓦总部发表题为《共同构建人类命运共同体》的主旨演讲，呼吁世界各国采取积极行动共同推动《巴黎协定》行动计划的实施，建设绿色低碳、清洁美丽的世界。同年，构建人类命运共同体理念被纳入联合国安全决议，成为具有普遍适用性的全球性理念。2017年7月，国务院办公厅印发《关于禁止洋垃圾入境推进固体废物进口管理制度改革

原声再现

世界繁荣稳定不可能建立在贫者愈贫、富者愈富的基础之上。每个国家都想过好日子，现代化不是哪个国家的特权。走在前面的国家应该真心帮助其他国家发展，提供更多全球公共产品。大国要有大国的担当，都应为全球发展事业尽心出力。

——2022年11月15日，习近平在二十国集团领导人第十七次峰会第一阶段会议上的讲话

实施方案》，禁止洋垃圾入境。2017年10月，在党的十九大报告中，习近平对人类命运共同体理念进行了系统概括，他强调构建人类命运共同体就是要“建设持久和平、普遍安全、共同繁荣、开放包容、清洁美丽的世界”。人类命运共同体理念以其整体性、全局性和系统性逻辑彰显了丰富的生态文明意蕴，构建起全人类永续发展的世界语境。2021年10月25日，习近平在中华人民共和国恢复联合国合法席位50周年纪念会议上指出，“人类是一个整体，地球是一个家园。任何人、任何国家都无法独善其身。人类应该和衷共济、和合共生，朝着构建人类命运共同体方向不断迈进，共同创造更加美好未来。”

作为发展中大国，中国在全球生态治理中坚定践行多边主义，坚持共商共建共享的全球治理观，努力推动构建公平合理、合作共赢的全球环境治理体系，已成为全球生态文明建设的重要参与者、贡献者、引领者。中国提前完成2020年应对气候变化和设立自然保护区相关目标，人工林面积居全球第一，是对全球臭氧层保护贡献最大的国家。

第三节　新时代中国特色社会主义生态文明建设的崭新成就

社会主义制度在中国确立以来，中国共产党领导全国人民不断探索生态文明建设与经济社会发展的辩证关系，经过探索和改革，使我国生态文明建设从理论到实践都发生了历史性、转折性、全局性的变化，美丽中国建设迈出重大步伐，生态文明建设取得前所未有的辉煌成就。

一、形成了新时代中国特色社会主义生态文明思想

经过70多年的努力，生态文明思想从“绿化祖国”到环境保护、可持续发展、科学发展，再到习近平生态文明思想，在不断深化对生态文明建设规律的认识的基础上形成了新时代中国特色社会主义生态文明思想，使中国的生态文明建设实现了由实践探索到科学理论指导的重大转变。

新时代中国特色社会主义生态文明思想源于马克思主义生态文明思想，继承和发扬了新中国成立以来中国马克思主义的生态文明思想，集中体现在习近平生态文明思想。习近平生态文明思想是习近平新时代中国特色社会主义思想的重要组成部分，是社会主义生态文明建设理论创新成果和实践创新成果的集大成。习近平生态文明思想准确把握人类社会发展规律，立足新时代生态文明建设实践，站在实现中华民族伟大复兴中国梦的战略高度，科学总结我

国社会主义现代化建设的宝贵经验，深刻回答了为什么建设生态文明、建设什么样的生态文明、怎样建设生态文明等重大理论和实践问题，是新时代生态文明建设的根本思想遵循。

生态文明建设，关系人民福祉，关乎民族未来。以习近平同志为核心的党中央把生态文明建设作为关系中华民族永续发展的根本大计，提出了一系列新理念新思想新战略，为新时代中国特色社会主义生态文明建设作出了重要的原创性贡献。

习近平生态文明思想领航美丽中国建设。习近平生态文明思想所蕴含的坚持人与自然和谐共生、绿水青山就是金山银山、良好生态环境是最普惠的民生福祉、山水林田湖草沙是生命共同体、用最严格制度最严密法治保护生态环境、共谋全球生态文明建设等重大科学论断深入人心。习近平生态文明思想相继写入党章、宪法，为全党全国全社会深入开展生态文明建设提供了科学的理论指导，有力推动了经济社会发展全面绿色转型，有力推动和促进了人类命运共同体建设。

在习近平生态文明思想指引下，生态环境治理从法律、体制、组织、作风上全面发力，从系统工程和全局角度寻求新的治理之道，强调统筹兼顾、整体施策、多措并举，全方位、全地域、全过程加强生态环境保护，协同推进降碳、减污、扩绿、增长，建立绿色低碳循环发展经济体系，在创造经济快速发展和社会长期稳定两大奇迹的同时，创造了令人瞩目的生态文明奇迹。

二、形成了生态文明制度体系

中国推进生态文明建设的一个鲜明特色，就是注重内生动力与外部约束的统一，在坚持以问题为导向，因时、因地、因人民需要制宜的同时发挥制度管根本、管长远的约束作用，逐渐形成了全面化、结构化、科学化和规范化的制度体系。创新性地形成了坚持党对生态文明制度建设的全面领导、坚持生态文明制度体系的社会主义性质、坚持制度建设的人民至上根本立场、坚持全面深化生态文明体制改革的方略、坚持全面依法治理生态环境的基本手段、坚持运用六大思维方法作为方法论体系等一系列制度成果。

1979 年试行的《中华人民共和国环境保护法》在法律意义上规定了我国生态环境治理的基本制度，即环境影响评价制度，排污收费制度，建设项目中防治污染的设施应当与主体工程同时设计、同时施工、同时投产使用的“三同时”制度，拉开了我国生态环境治理体系制度建设的序幕。我国改革生态环境和自然资源的管理体制，建立和实施了中央生态环境保护督察、生态文明目标评价考核和责任追究、河湖长制、生态保护红线、排污许可、生态环境损害赔偿等一系列制度。

2012 年以来，中共中央、国务院《关于加快推进生态文明建设的意见》和《生态文明体制改革总体方案》相继出台，建立健全自然资源资产产权和有偿使用、“多规合一”的国土空间规划体系、以国家公园为主体的自然保护地体系、河湖长制、林长制、天然林草原湿地保护修复、生态保护补偿、环境保护“党政同责”和“一岗双责”、生态文明建设目标评价考核和责任追究等一系列法规制度。从顶层设计上完善党领导生态文明建设的体制机制，形成党委领导、政府主导、企业主体、社会组织和公众共同参与的“大环保”工作格局，不断提升生态文明领域国家治理体系和治理能力现代化水平。生态文明建设领域全面深化改革取得重大突破，产权清晰、多元参与、激励约束并重、系统完整的生态文明制度体系加速形成。

第一，从根本制度角度上看，党章和宪法中加入生态文明的有关内容，实际上是将生态文明制度建设融入根本制度中去，反映了中国共产党建设生态文明的战略意志。第二，在基本制度层面，建立起了生态文明制度的“四梁八柱”。2015 年 9 月，国务院印发的《生态文明体制改革总体方案》提出了到 2020 年构建起八项制度：自然资源资产产权制度、国土空间开发保护制度、空间规划体系、资源总量管理和全面节约制度、资源有偿使用和生态补偿制度、环境治理体系、环境治理和生态保护市场体系、生态文明绩效评价考核和责任追究制度。通过一系列的创新举措实施，目前生态文明体制的基础性制度框架初步建立，包括源头严防、过程严管、损害赔偿和后果严惩等措施。这些措施有助于构建起一个产权清晰、多元参与、激励约束并重、系统完整的生态文明制度体系。第三，在具体制度层面，逐渐建立和完善了一系列重要的生态文明制度规范，形成了覆盖面广、针对性强、易于操作的治理措施和规范要求。如 2019 年 10 月，党的十九届四中全会关于“坚持和完善生态文明制度体系”阐明了基于“四梁八柱”的具体制度建设（表 2–1）。

表 2–1　生态文明的具体制度

实行最严格的生态环境保护制度	全面建立资源高效利用制度	健全生态保护和修复制度	严明生态环境保护责任制度
加快建立健全国土空间规划和用途统筹协调管控制度； 完善主体功能区制度； 完善绿色生产和消费的法律制度和政策导向； 构建以排污许可制为核心的固定污染源监管制度体系； 完善生态环境保护法律体系和执法司法制度	健全自然资源产权制度； 落实资源有偿使用制度； 实行资源总量管理和全面节约制度； 健全资源节约集约循环利用政策体系； 普遍实行垃圾分类和资源化利用制度； 健全海洋资源开发保护制度； 加快建立自然资源统一调查、评价、监测制度，健全自然资源监管体制	健全国家公园保护制度； 加强长江、黄河等大江大河生态保护和系统治理； 开展大规模国土绿化行动； 加快水土流失和荒漠化、石漠化综合治理； 保护生物多样性，除国家重大项目外，全面禁止围填海	建立生态文明建设目标评价考核制度； 落实中央生态环境保护督察制度； 健全生态环境监测和评价制度； 完善生态环境公益诉讼制度； 落实生态补偿和生态环境损害赔偿制度； 实行生态环境损害责任终身追究制

2021 年 11 月，党的十九届六中全会通过的《中共中央关于党的百年奋斗重大成就和历史经验的决议》，充分肯定生态文明制度创新的成就。主要包括：第一，实施主体功能区战略；第二，建立健全自然资源资产产权制度、国土空间开发保护制度、生态文明建设目标评价考核制度和责任追究制度、生态补偿制度、河湖长制、林长制以及环境保护“党政同责”和“一岗双责”等相关法律法规；第三，优化国土空间开发保护格局，建立以国家公园为主体的自然保护地体系，加强大江大河和重要湖泊湿地及海岸带生态保护和系统治理，加大生态系统保护和修复力度，推动形成节约资源和保护环境的空间格局、产业结构、生产方式以及生活方式。在打赢污染防治攻坚战方面，深入实施大气、水、土壤污染防治三大行动计划，打好蓝天、碧水、净土保卫战，并全面禁止进口“洋垃圾”。开展中央生态环境保护督察，坚决查处一批破坏生态环境的重大典型案件、解决一批人民群众反映强烈的突出环境问题。中国积极参与气候变化国际谈判，作出了力争 2030 年前实现碳达峰、2060 年前实现碳中和的庄严承诺，“展现了负责任大国的担当”等。

70 多年来，中国生态文明制度建设以坚持党的领导为根本，顺应生态环境治理由重点到全面的现实需要，在继承和发展中实现了体系化创新，形成了从顶层到基层，覆盖源头、过程和后果的生态文明制度体系。

三、形成了生态环境系统治理的新局面

从社会主义制度确立到改革开放前，中共中央针对自然灾害、战争造成的生态环境问题以及人口问题导致的粮食短缺等，采用以问题为导向的重点整治方法，曾号召对山地和水资源进行有效的管理和保护，尝试通过兴修水利、植树造林、户籍隔离和计划生育等举措解决环保和温饱问题。这一方面为人民群众安居乐业创造了更美好的生活条件，另一方面也遭遇了因循传统工业化现代化道路的生态破坏、环境污染等问题。

从改革开放到步入新时代之前，由于工业化、城市化进程提速，污染问题加剧。中国在坚持以经济建设为中心的发展中虽然注重解决突出生态环境问题，并制定污染标准管控排放，加强工程设施治理污染，将环境治理纳入法制化轨道，使环境污染治理局部好转，但总体恶化趋势并未得到遏制。

步入新时代以来，在美丽中国目标的指引下，生态文明建设的理论创新、体制机制创新和实践创新，使生态环境问题治理从重点治理转向了从解决突出生态环境问题入手，点面结合、标本兼治的道路，通过“双控”、试点、示范、实施了主体功能区战略、划定生态红线、建设国家生态文明试验区、推进长江经济带发展与黄河流域生态保护和高质量发展等，形成了以绿水青山就是金山银山为理念，统筹山水林田湖草沙系统治理的新局面。在党和国家的领导下，我国不仅有效打赢环境污染防治攻坚战，而且集中攻克了老百姓身边的突出生态环境问题，使生态环境改善出现了历史性、转折性、全局性变化。

如果以森林覆盖率作为一个主要指标的话，从1949年的8.6%到改革开放初期的12.7%，增加了3个百分点，也就是每10年一个百分点，平均每年大约1000平方千米的新增森林面积；改革开放44年，提升到2022年的24.02%，平均每年约增长0.24个百分点。其中，近31年来森林覆盖率和森林蓄积量连续保持“双增长”。为中国探索出一条治理、保护与发展协同共生的新路径。

如果以气、水、土的污染治理为标志的话，70多年来气、水、土污染治理的方式不断创新、力度不断加大、成效日益显著。例如，在水污染治理和水环境保护方面，长江是中华民族的母亲河，也是中华民族发展的重要支撑，1949年以来，特别是1978年改革开放以来，长江流域经济社会迅猛发展，综合实力快速提升，是中国经济重心所在、活力所在。作为中国经济发展的大动脉，长江流域曾被歌唱家们赞美“用甘甜的乳汁滋润大地”。然而，随着经济社会的发展，长江流域水污染问题日益凸显。据1980年初统计，全流域污染源有4万多个，其中重大污染源有490个工矿企业，主要集中在干流流经的四川、湖北、湖南、江西、安徽、江苏、上海等省（直辖市），其中上海有102个重大污染源。污染源化工业最多，轻工业次之。到1988年，《人民日报》曾报道：“在攀枝花、重庆、武汉、黄石、南京等许多大中城市附近的江段或支流已形成严重的污染带，水质日下，年甚一年。”针对长江流域水污染的总体情况，长江水利委员会在20世纪80年代修订补充《长江流域综合利用规划要点报告》时，增加了对水质污染、环境保护、生态平衡等新课题的规划研究工作，随后形成的《长江干流水资源保护规划要点》和《长

江干流规划环境影响评价》，由水电部和国家环境保护局组织会议讨论，经修改后主要内容纳入了《长江流域综合利用规划要点修订补充报告》。在改革开放初期国家财力、物力非常有限的条件下，长江流域主要从重大污染源、重点江段和重点城市等方面对水污染进行治理。21 世纪初，长江流域水环境保护尽管取得了初步成效，但传统重经济、轻环保的观念并没有完全扭转。随着国民经济的飞速发展和城市化的快速推进，长江流域水环境保护形势依然严峻。据统计，“1998 年全流域的污水排放量为 189 亿吨，2003 年已上升到 270 多亿吨；流域省界断面水质超标率也呈上升趋势；流域水污染，特别是中下游地区的水污染，仍未得到有效的治理与控制”。党的十八大以来，随着国家战略部署的调整，长江经济带战略地位不断上升。长江经济带在国民经济发展中所占据的重要战略地位与长江流域生态环境不断遭到破坏的客观现实，使党和国家着力思考长江流域的绿色发展问题，对长江流域水污染问题的治理更为重视。2015 年 10 月 29 日，中国共产党十八届五中全会通过《中共中央关于制定国民经济和社会发展第十三个五年规划的建议》，再次强调要“改善长江流域生态环境”。同时提出，必须牢固树立并切实贯彻创新、协调、绿色、开放、共享的发展理念。在绿色发展理念的指导下，党和国家对长江经济带的生态环境问题愈发重视。2016 年 1 月 5 日，习近平总书记在重庆召开推动长江经济带发展座谈会并发表重要讲话时强调，推动长江经济带发展必须坚持生态优先、绿色发展的战略定位，并明确提出：“当前和今后相当长一个时期，要把修复长江生态环境摆在压倒性位置，共抓大保护、不搞大开发。”2018 年 4 月 26 日，习近平总书记在武汉主持召开深入推动长江经济带发展座谈会并发表重要讲话，对“共抓大保护、不搞大开发”和“生态优先、绿色发展”等核心理念做了更加明确的阐述，从根本上解决长江经济带绿色发展中的思想认识问题。为切实实现长江经济带“共抓大保护、不搞大开发”，2017 年 7 月 17 日，环境保护部、水利部等部门印发《长江经济带生态环境保护规划》，从水资源利用、水生态保护、环境污染治理、流域风险防控等方面提出更加细化、量化的目标任务。在此指导下，长江流域水污染治理工作加紧推进。为落实“共抓大保护、不搞大开发”的治江理念，国家发展和改革委员会、水利部、国家能源局于 2018 年 5 月 28 日联合发布《关于开展长江经济带小水电排查工作的通知》，决定对长江经济带小水电开展排查活动，摸清部分地区存在小水电开发管理不规范所造成的生态环境损害问题，以确定“治已病”和“治未病”方案。2018 年年底，国家生态环境部、国家发展和改革委员会印发《长江保护修复攻坚战行动计划》，强调以改善长江生态环境质量为核心，以长江干流、主要支流及重点湖库为突破口，统筹山水林田湖草系统治理，坚持污染防治和生态保护“两手发力”，推进水污染治理、水生态修复、水资源保护“三水共治”，突出工业、农业、生活、航运污染“四源齐控”，深化和谐长江、健康长江、清洁长江、安全长江、优美长江“五江共建”，着力解决突出的生态环境问题，确保长江生态功能逐步恢复，环境质量持续改善。随着生态治江工作的深入推进，长江流域各省（直辖市）落实长江经济带绿色发展的要求，水污染治理成效显著。统计数据显示，2019 年 1 至 11 月，长江经济带优良水质比例达到 82.5%，同比上升 3.4 个百分点；劣五类比例为 1.2%，同比下降 0.5 个百分点，水质明显优于全国平均水平。由此可见，“共抓大保护、不搞大开发”新治江理念得到落实，长江流域水污染治理取得了突出成效。2020 年 12 月 26 日，第十三届全国人民代表大会常务委员会第二十四次会议通过《中华人民共和国长江保护法》，该法作为我国第一部流域法律，开启了长江保护有法可依的新局面，为全面加强长江流域生态环境保护和修复提供了有力的法律保障。

四、实现了由参与到引领全球环境治理的重大转变

20 世纪 70 年代以来，中国由被动参与到主动作为再到贡献引领，在全球环境治理中的地位作用和角色发生了重大转变。

1972 年，中国派出了以唐克为团长、顾明为副团长的代表团前往瑞典首都斯德哥尔摩出席联合国召开的第一次人类环境会议。会议发表的《人类环境宣言》提出"只有一个地球"，揭开了全人类共同保护环境的序幕，也开启了中国参与全球环境治理的历程。1992 年 8 月，在参与联合国环境与发展大会后，中国开始紧跟时代、放眼世界、主动作为，在世界上率先制定了《中国环境与发展十大对策》，第一次明确提出要转变传统发展模式，走可持续发展道路，将可持续发展作为一项国家战略明确下来。1994 年 3 月 25 日，国务院第十六次常务会议通过我国第一部国家级可持续发展战略《中国 21 世纪议程——中国 21 世纪人口、环境与发展白皮书》，提出了中国实施可持续发展的总体战略、对策以及行动方案。

> 典型案例
>
> **大气治理成效被联合国环境署誉为"北京奇迹"**
>
> 2023 年 5 月 29 日，北京市生态环境局举行了"《2022 年北京市生态环境状况公报》新闻发布会"。2022 年，北京市大气环境中 $PM_{2.5}$ 年均浓度为 30 微克 / 立方米，同比下降 9.1%，二氧化硫（SO_2）年均浓度为 3 微克 / 立方米，连续 6 年浓度值保持在个位数，二氧化氮（NO_2）年均浓度为 23 微克 / 立方米，同比下降 11.5%；可吸入颗粒物（PM_{10}）年均浓度 54 微克 / 立方米，同比下降 1.8%；空气质量优良天数为 286 天。
>
> ——2023 年 5 月 29 日，《2022 年北京市生态环境状况公报》新闻发布会全文实录

中国共产党的第十八次全国代表大会召开以来，中国积极参与、贡献、引领全球环境治理，承担大国责任、展现大国担当，实现了由全球环境治理参与者到引领者的重大转变。从 2012 年中国代表团在联合国可持续发展大会上发表了《共同谱写人类可持续发展新篇章》，强调中国的发展为世界带来了更多的机遇，到 2015 年习近平在气候变化巴黎大会的开幕式上发表了《携手构建合作共赢、公平合理的气候变化治理机制》的主旨演讲，强调中国始终积极参与全球应对气候变化事业，并且有诚意、有决心为应对气候变化、促进巴黎大会成功作出中国贡献，并在同年宣布设立"南南合作援助基金"等。中国作为最大的发展中国家一直积极帮助其他发展中国家和最不发达等国家进行经济建设和生态文明建设，以实际行动担当起促进全球生态文明事业的重任，使中国成了全球生态治理中不可或缺的一份子。

从联合国巴黎气候大会提出《巴黎协定》四点建议，到 G20 杭州峰会达成《二十国集

团落实2030年可持续发展议程行动计划》；从“一带一路”到“绿色一带一路”；从联合国生物多样性峰会上提出“人与自然是命运共同体”，到第七十五届联合国大会宣布“双碳目标”，再到气候领导人峰会上再度倡导“共同构建人与自然生命共同体”；从第七十六届联合国大会强调坚持人与自然和谐共生、完善全球环境治理，到《生物多样性公约》缔约方大会第十五次会议（COP 15）阐述地球生命共同体理念，再到绿色北京冬奥会，中国秉持人类命运共同体理念，积极参与全球环境治理，加强应对气候变化、海洋污染治理、生物多样性保护等领域国际合作，为落实联合国2030年可持续发展议程，推动全球可持续发展，共建清洁美丽世界贡献了中国智慧、中国力量。

中国的绿色发展，扩大了全球绿色版图，既造福了中国，也造福了世界。中华民族自古以来就在尊重自然、保护自然中生生不息、繁衍发展。党的十八大以来，中国把生态文明建设作为关系中华民族永续发展的根本大计，开展了一系列开创性工作，决心之大、力度之大、成效之大前所未有，生态文明建设从理论到实践都发生了历史性、转折性、全局性变化，美丽中国建设迈出重大步伐。全球森林资源增长最多和人工造林面积最大的国家、全球大气质量改善速度最快的国家、全球能耗强度降低最快的国家……一连串的“世界之最”体现出中国推进环境治理、建设生态文明的决心，也向世界证明了高质量发展与高水平保护可以并行不悖。

塞罕坝沙地变林海、苍山洱海恢复本色、九曲黄河重现清流……经过不懈努力，中国的绿色实践结出累累硕果，也用一个个事实告诉世界，人与自然可以和谐共生。蒙古国记者协会副主席兼秘书长乌干巴雅尔说：“中国在可持续发展的同时，注重环境保护，为全球环境治理作出了很大贡献，值得我们借鉴。”

在大自然面前，人类是一荣俱荣、一损俱损的命运共同体。作为负责任大国，中国深度参与全球环境治理，发挥大国引领和表率作用，不断凝聚国际共识。近年来，气候变化、生物多样性丧失、荒漠化加剧、极端气候事件频发，给人类生存和发展带来严峻挑战。在人类面临共同挑战的紧迫时刻，中国积极参与打造利益共生、权利共享、责任共担的全球生态治理格局。中国为《巴黎协定》的达成和快速生效作出历史性贡献；率先发布《中国落实2030年可持续发展议程国别方案》；全面履行《联合国气候变化框架公约》；提高国家自主贡献力度，将完成全球最高碳排放强度降幅，用全球历史上最短时间实现碳达峰到碳中和；成功举办《生物多样性公约》第十五次缔约方大会第一阶段会议、《湿地公约》第十四届缔约方大会，为“昆明－蒙特利尔全球生物多样性框架”的通过发挥引领作用；发起全球发展倡议，呼吁国际社会加快落实2030年可持续发展议程，推动实现更加强劲、绿色、健康的全球发展……站在对人类文明负责的高度，中国勇于担当，为人类可持续发展不断贡献中国力量。

联合国环境规划署执行主任英厄·安诺生评价：“中国在环保国际合作层面展现出领导力。”巴西外交部可持续发展司司长莱昂纳多·德阿泰德表示，中国正成为世界重要的环境守护者。

“众力并，则万钧不足举也。”中国向发展中国家提供力所能及的支持和帮助，积极推动资源节约和生态环境保护领域的国际合作。在发展中国家启动10个低碳示范区、100个减缓和适应气候变化项目，实施200多个应对气候变化的援外项目；发起建立“一带一路”

绿色发展国际联盟，建设“一带一路”生态环保大数据服务平台，为120多个共建国家培训3000人次绿色发展人才；落实全球发展倡议，推动建立全球清洁能源合作伙伴关系；推动联合国有关机构、亚洲开发银行、亚洲基础设施投资银行、新开发银行等国际组织在工业、农业、能源等重点领域开展绿色低碳技术援助、能力建设和试点项目……中国以积极姿态推动开展绿色国际合作，携手世界各国共建美丽地球家园。

“天不言而四时行，地不语而百物生。”生态文明建设关乎人类未来。在全面建设社会主义现代化国家新征程上，中国将与国际社会一道，同筑生态文明之基，同走绿色发展之路，守护好绿色地球家园，建设更加清洁美丽的世界。

本讲小结

中国特色社会主义生态文明建设的历史回溯和崭新成就表明，中国共产党的全面领导不仅是中国特色社会主义最本质的特征，也是生态文明建设实现重大理论创新、取得辉煌成就的根本政治保证。在现代化新征程上，只有坚持中国共产党的全面领导，坚持中国特色社会主义道路，才能顺利推进和实现人与自然和谐共生的中国式现代化，加快美丽中国建设，实现民族复兴的中国梦。

案例讨论

云南保山高效推进大气污染防治攻坚战走深走实

近年来，云南省保山市立足现有条件，加快补短板强弱项，高效推进大气污染防治攻坚战走深走实，在成功扭转环境空气质量相对较差的局面后保持韧劲、持续发力，2022年实现细颗粒物（$PM_{2.5}$）年均浓度显著下降。

据了解，保山市此前受多种不利因素影响，大气污染防治工作一度成效不佳，成为云南省仅有的两个细颗粒物不达标城市之一，因环境空气质量相对较差，排名全省倒数第三位。对此，保山市组织多方力量精准分析研判顽症痼疾，积极探讨突破窘境的路径和具体措施。“十三五”以来，保山市立足实际全面加强统筹协调，印发并严格落实打赢蓝天保卫战相关行动实施方案，严格落实大气污染防治目标责任制，以工业源、移动源、扬尘源治理为重点，扎实推进大气污染防治工作，并取得了明显成效。《云南省生态环境状况公报》显示，自2019年开始，保山市中心城区环境空气质量综合指数进入全省前五名。2021年环境空气质量优良天数比率为99.7%，细颗粒物浓度23微克/立方米。在此基础上，保山市生态环境局、住房和城乡建设局、农业农村局联合组织召开了中央生态环保督察大气污染防治整改暨2022年春夏季大气污染综合治理攻坚工作推进会，确保各项任务落地见效。

2022年，保山市一是严格落实大气污染联防联控机制。相关部门通力合作，聚焦重点时段、重点行业、重点区域，采取暂停实施森林防火计划烧除、强化秸秆焚烧和扬尘综合管控、加强污染天气应急管控等15项措施，精准施策实施“五源”（扬尘源、油烟源、焚烧源、机动源、工业源）同治，坚决打消了影响环境空气质量的堵点和痛点。二是切实从源头管控秸秆焚烧行为。在加强“人防”和“技防”的同时，加快推进秸秆肥料化、饲料化、燃料化、基料化、原料化利用，努力实现2022年全市农作物秸秆综合利用率达到92%以上。三是多部门齐抓共管。强化重点工业企业污染治理、露天烧烤和餐饮油烟管控、高污染燃料禁燃区管控、挥发性有机物综合治理、烟花爆竹燃放管控、机动车排气污染监管、柴油货车远程排放监控车载终端安装、环境执法监管、宣传教育等。

在全力推进大气污染综合治理攻坚持久战中，保山市始终坚持依法依规加强监督管理，严厉打击环境违法行为，严格督促责任落实，确保各项工作机制持续完善并稳定高效运转。为切实加强对重点污染源的动态监督管理，保山市确定了2022年特殊排污企业（单位）和重点排污企业（单位）名单，全市共通过“双随机、一公开”检查企业446家，立案查处涉大气环境违法行为12件，罚款142.4万元。2022年，保山市严密组织各级执法人员开展秸秆禁烧巡查20422次，查处秸秆、荒草、垃圾焚烧392起，罚款16.5万元；开展道路扬尘治理执法检查666次；开展建筑扬尘、道路扬尘、裸露地块、商品砼企、露天矿山专项整治行动，发现并整改问题576个；开展餐饮油烟治理检查5125户（次），督促安装油烟净化设施258户；开展挥发性有机物治理突出问题排查整治，发现并整改问题114个。为保障全市环境空气质量稳中有升，保山市建立了“分析、预警、督办、落实”闭环管理机制，采取“日调度、月通报、季督查、年考核”的措施，加强大气环境质量分析研判，及时通报预警，实地督办指导落实，对工作推进不力的及时进行提醒、约谈。还将大气环境质量指标纳入市委、市政府综合考评体系，加大了考核权重，进一步压实了各级各部门生态环境保护责任，为持续增强深入打好大气污染防治攻坚战的后劲和韧劲提供了有力支撑。

监测数据显示，2022年，保山市中心城区环境空气质量优良天数比率100%，位居全省第一；细颗粒物浓度13微克/立方米，位居全省第二；环境空气质量综合指数1.925，位居全国前列。经中华人民共和国生态环境部推荐，保山市成为2022年度生态环境领域真抓实干的成效明显的市（地、州、盟）。

问题讨论

1. 云南保山市是如何真抓实干突破大气污染治理困境的？有哪些成功经验？

2. 结合案例，谈谈大气污染治理与完善生态文明制度的关系？

3. 云南保山高效推进大气污染治理与党的十八大以来中国成为全球空气质量改善速度最快的国家有何关系？

4. 结合身边的案例，谈谈大学生如何为新时代中国特色社会主义生态文明建设作出应有的贡献？

推荐阅读

1. 高举中国特色社会主义伟大旗帜 为全面建设社会主义现代化国家而团结奋斗——在中国共产党第二十次全国代表大会上的报告 . 习近平 . 人民出版社，2022.

2. 习近平谈治国理政（第四卷）. 习近平 . 外文出版社，2022.

3. 新中国生态文明建设 70 年 . 蔡昉，潘家华，王谋 . 中国社会科学出版社，2020.

4. 翻转极限：生态文明的觉醒之路 .［德］魏伯乐，［瑞典］安德斯·维杰克曼 . 同济大学出版社，2019.

第三讲

新时代生态文明建设的战略决策和部署

生态文明建设是事关中华民族永续发展的根本大计。迈入新时代以来，人民群众对美好生活环境的向往和追求越来越得到重视和关注。生态文明建设被党和国家纳入了习近平新时代中国特色社会主义事业“五位一体”总体布局，生态文明的战略部署和战略举措与时俱进，生态文明体制改革作为战略决策进行系统谋划。这些在整体上确保了生态文明建设的系统展开和大力推进。

第一节　新时代生态文明建设的战略决策

自2007年中国共产党第十七次全国代表大会报告提出“建设生态文明”，生态文明建设就被纳入了国家战略，此后生态文明建设在国家战略中的地位不断上升，战略定位更加明确，为新时代生态环境改善取得历史性、转折性、全局性变化提供了战略指引。

一、新时代生态文明建设的战略定位

进入新时代，中共中央加强对生态建设的全面领导，把生态建设摆在全局工作的突出位置，作出一系列重大决策和战略部署。2012年11月，中国共产党第十八次全国代表大会报告提出了中国特色社会主义建设的“五位一体”总体布局，其中，生态文明建设首次被纳入中国特色社会主义建设总体布局。“中国共产党领导人民建设社会主义生态文明”写入了党章，生态文明建设的地位得到进一步提升。同时，该报告第一次独辟专章，明确提出大力推进生态文明建设的战略，指出“建设生态文明，是关系人民福祉、关乎民族未来的长远大计。”必须树立尊重自然、顺应自然、保护自然的生态文明理念，把生态文明建设放在突出地位，融入经济建设、政治建设、文化建设、社会建设各方面和全过程，努力建设美丽中国，实现中华民族永续发展。中国共产党第十九次全国代表大会报告在党章中增加了“增强绿水青山就是金山银山的意识”内容，2018年3月通过的宪法修正案将生态文明写入了《宪法》，实现了党的主张、国家意志、人民意愿的高度统一，充分彰显了生态文明建设在党和国家事业中的重要地位，表明了中国共产党加强生态文明建设的坚定意志和坚强决心。2021年4月30日，习近平在十九届中央政治局第二十九次集体学习时的讲话阐明了新发展阶段对生态文明建设提出的新任务新要求，在分析我国生态文明建设面临的新形势的前提下，进一步强调要把生态文明建设摆在全局工作的突出位置，指出“在‘五位一体’总体布局中，生态文明建设是其中一位；在新时代坚持和发展中国特色社会主义的基本方略中，坚持人与自然和谐共生是其中一条；在新发展理念中，绿色是其中一项；在三大攻坚战中，污染防治是其中一战；在到21世纪中叶建成社会主义现代化强国目标中，美丽中国是其中一个”，需要充分认识生态文明建设的重要性。这“五个一”进一步明确了生态文明建设在党和国家事业发展全局中的重要地位和战略定位。为全面加强生态文明建设，系统谋划生态文明体制改革，一体治理山水林田湖草沙，开展一系列根本性、开创性、长远性工作并取得实效指明了方向。

二、新时代生态文明建设的战略目标和任务

2017 年 10 月，党的十九大明确宣布中国特色社会主义进入了新时代，阐明了新时代中国共产党的历史使命、指导思想和基本方略，对决胜全面建成小康社会，开启全面建设社会主义现代化国家新征程作出了总体战略安排；2022 年，党的二十大就全面建成社会主义现代化强国作出了总体战略安排，确立了我国经济社会发展的总体目标。其中，就生态文明建设而言，依据党的十九大和二十大报告，生态文明建设总的战略安排是从 2017 年 10 月到 2020 年，生态文明建设与经济建设、政治建设、文化建设、社会建设要统筹推进，特别是要坚决打好污染防治攻坚战。从 2020 年到 21 世纪中叶分两步走。第一步，2020 年到 2035 年，在全面建成小康社会的基础上，基本实现社会主义现代化，生态环境根本好转，美丽中国目标基本实现。第二步，2035 年到 21 世纪中叶，在基本实现现代化的基础上，把我国建成富强民主文明和谐美丽的社会主义现代化强国。到那时，生态文明将全面提升。就总体发展目标而言，到 2035 年，要广泛形成绿色生产生活方式，碳排放达峰后稳中有降，生态环境根本好转，美丽中国目标基本实现；未来五年城乡人居环境明显改善，美丽中国建设成效显著。

因此，新时代生态文明建设的战略安排和总体目标是中国特色社会主义现代化强国建设的总体战略安排和目标的有机组成部分。也就是说，在全面建成社会主义现代化强国的过程中，生态文明建设必须与经济建设、政治建设、文化建设、社会建设统筹推进，生态文明必须与物质文明、政治文明、精神文明、社会文明协同提升。

三、新时代生态文明建设的战略选择

面对资源约束趋紧、环境污染严重、生态系统退化的严峻形势，党的十八大报告提出了“大力推进生态文明建设”的战略，要求坚持节约资源和保护环境的基本国策，坚持节约优先、保护优先、自然恢复为主的方针，着力推进绿色发展、循环发展、低碳发展，形成节约资源和保护环境的空间格局、产业结构、生产方式、生活方式，从源头上扭转生态环境恶化趋势，为人民创造良好生产生活环境，为全球生态安全作出贡献。党的十九大报告进一步提出了“坚持人与自然和谐共生”战略。强调必须树立和践行绿水青山就是金山银山的理念；要求坚持节约资源和保护环境的基本国策；提出要像对待生命一样对待生态环境，统筹山水林田湖草系统治理；要求实行最严格的生态环境保护制度，形成绿色发展方式和生活方式；要坚定走生产发展、生活富裕、生态良好的文明发展道路，建设美丽中国，为人民创造良好生产生活环境，为全球生态安全作出贡献。

党的二十大报告立足于生态文明建设取得历史性成就，生态环境改善取得历史性、转折性、全局性变化的实际，立足于新征程对人与自然和谐共生现代化的新要求和高质量发展的新任务，提出“推动绿色发展，促进人与自然和谐共生”战略，指出大自然是人类赖以生存发展的基本条件，尊重自然、顺应自然、保护自然，是全面建设社会主义现代化国家的内在要求。必须牢固树立和践行绿水青山就是金山银山的理念，要站在人与自然和谐共生的高度谋划发展。

第二节　新时代生态文明建设的战略举措

新时代建设生态文明的战略选择的变化也意味着生态文明建设战略举措与时俱进的差异性变化。从 2012 年至今，战略举措变化及主要内容如下。

一、大力推进生态文明建设

大力推进生态文明建设的战略举措以努力建设美丽中国，实现中华民族永续发展为目标，坚持节约资源和保护环境的基本国策，坚持节约优先、保护优先、自然恢复为主的方针。其主要内容如下：

（1）优化国土空间开发格局。国土是生态文明建设的空间载体，必须珍惜每一寸国土。要按照人口资源环境相均衡、经济社会生态效益相统一的原则，控制开发强度，调整空间结构，促进生产空间集约高效、生活空间宜居适度、生态空间山清水秀，给自然留下更多修复空间，给农业留下更多良田，给子孙后代留下天蓝、地绿、水净的美好家园。加快实施主体功能区战略，推动各地区严格按照主体功能定位发展，构建科学合理的城市化格局、农业发展格局、生态安全格局。提高海洋资源开发能力，发展海洋经济，保护海洋生态环境，坚决维护国家海洋权益，建设海洋强国。

（2）全面促进资源节约。节约资源是保护生态环境的根本之策。要节约集约利用资源，推动资源利用方式根本转变，加强全过程节约管理，大幅降低能源、水、土地消耗强度，提高利用效率和效益。推动能源生产和消费革命，控制能源消费总量，加强节能降耗，支持节能低碳产业和新能源、可再生能源发展，确保国家能源安全。加强水源地保护和用水总量管理，推进水循环利用，建设节水型社会。严守耕地保护红线，严格土地用途管制。加强矿产资源勘查、保护、合理开发。发展循环经济，促进生产、流通、消费过程的减量化、再利用、资源化。

（3）加大自然生态系统和环境保护力度。良好的生态环境是人和社会持续发展的根本基础。要实施重大生态修复工程，增强生态产品生产能力，推进荒漠化、石漠化、水土流失综合治理，扩大森林、湖泊、湿地面积，保护生物多样性。加快水利建设，增强城乡防洪抗旱排涝能力。加强防灾减灾体系建设，提高气象、地质、地震灾害防御能力。坚持预防为主、综合治理，以解决损害群众健康突出环境问题为重点，强化水、大气、土壤等污染防治。坚持共同但有区别的责任原则、公平原则、各自能力原则，同国际社会一道积极应对全球气候变化。

（4）加强生态文明制度建设。保护生态环境必须依靠制度。要把资源消耗、环境损害、生态效益纳入经济社会发展评价体系，建立体现生态文明要求的目标体系、考核办法、奖惩机制。建立国土空间开发保护制度，完善最严格的耕地保护制度、水资源管理制度、环境保护制度。深化资源性产品价格和税费改革，建立反映市场供求和资源稀缺程度、体现生态价值和代际补偿的资源有偿使用制度和生态补偿制度。积极开展节能量、碳排放权、排污权、水权交易试点。加强环境监管，健全生态环境保护责任追究制度和环境损害赔偿制度。加强生态文明宣传教育，增强全民节约意识、环保意识、生态意识，形成合理消费的社会风尚，营造爱护生态环境的良好风气。

大力推进生态文明建设要求人们更加自觉地珍爱自然，更加积极地保护生态，努力走向社会主义生态文明新时代。

二、坚持人与自然和谐共生

坚持人与自然和谐共生的战略强调：必须树立和践行绿水青山就是金山银山的理念，坚持节约资源和保护环境的基本国策，像对待生命一样对待生态环境，统筹山水林田湖草系统治理，实行最严格的生态环境保护制度，形成绿色发展方式和生活方式，坚定走生产发展、生活富裕、生态良好的文明发展道路。其战略举措的主要内容是加快生态文明体制改革，建设美丽中国。

（1）推进绿色发展。加快建立绿色生产和消费的法律制度和政策导向，建立健全绿色低碳循环发展的经济体系。构建市场导向的绿色技术创新体系，发展绿色金融，壮大节能环保产业、清洁生产产业、清洁能源产业。推进能源生产和消费革命，构建清洁低碳、安全高效的能源体系。推进资源全面节约和循环利用，实施国家节水行动，降低能耗、物耗，实现生产系统和生活系统循环链接。倡导简约适度、绿色低碳的生活方式，反对奢侈浪费和不合理消费，开展创建节约型机关、绿色家庭、绿色学校、绿色社区和绿色出行等行动。

（2）着力解决突出环境问题。坚持全民共治、源头防治，持续实施大气污染防治行动，打赢蓝天保卫战。加快水污染防治，实施流域环境和近岸海域综合治理。强化土壤污染管控和修复，加强农业面源污染防治，开展农村人居环境整治行动。加强固体废弃物和垃圾处置。提高污染排放标准，强化排污者责任，健全环保信用评价、信息强制性披露、严惩重罚等制度。构建政府为主导、企业为主体、社会组织和公众共同参与的环境治理体系。积极参与全球环境治理，落实减排承诺。

（3）加大生态系统保护力度。实施重要生态系统保护和修复重大工程，优化生态安全屏障体系，构建生态廊道和生物多样性保护网络，提升生态系统质量和稳定性。完成生态保护红线、永久基本农田、城镇开发边界三条控制线划定工作。开展国土绿化行动，推进荒漠化、石漠化、水土流失综合治理，强化湿地保护和恢复，加强地质灾害防治。完善天然林保护制度，扩大退耕还林还草。严格保护耕地，扩大轮作休耕试点，健全耕地草原森林河流湖泊休养生息制度，建立市场化、多元化生态补偿机制。

（4）改革生态环境监管体制。加强对生态文明建设的总体设计和组织领导，设立国有自然资源资产管理和自然生态监管机构，完善生态环境管理制度，统一行使全民所有自然资源资产所有者职责，统一行使所有国土空间用途管制和生态保护修复职责，统一行使监管城乡各类污染排放和行政执法职责。构建国土空间开发保护制度，完善主体功能区配套政策，建立以国家公园为主体的自然保护地体系。坚决制止和惩处破坏生态环境行为。

坚持人与自然和谐共生的战略强调人与自然是生命共同体，强调生态文明建设功在当代、利在千秋，要求牢固树立社会主义生态文明观，推动形成人与自然和谐发展现代化建设新格局，为保护生态环境作出我们这代人的努力。

三、推动绿色发展、促进人与自然和谐共生

“推动绿色发展，促进人与自然和谐共生”战略强调：“大自然是人类赖以生存发展的基本条件。尊重自然、顺应自然、保护自然，是全面建设社会主义现代化国家的内在要求。必须牢固树立和践行绿水青山就是金山银山的理念，站在人与自然和谐共生的高度谋划发展。”其战略举措的主要内容有：

（1）要努力推进美丽中国建设，坚持山水林田湖草沙一体化保护和系统治理，统筹产业结构调整、污染治理、生态保护、应对气候变化，协同推进降碳、减污、扩绿、增长，推进生态优先、节约集约、绿色低碳发展。

（2）要加快发展方式绿色转型，实施全面节约战略，发展绿色低碳产业，倡导绿色消费，推动形成绿色低碳的生产方式和生活方式。

（3）深入推进环境污染防治，持续深入打好蓝天、碧水、净土保卫战，基本消除重污染天气，基本消除城市黑臭水体，加强土壤污染源头防控，提升环境基础设施建设水平，推进城乡人居环境整治。

（4）提升生态系统多样性、稳定性、持续性，加快实施重要生态系统保护和修复重大工程，实施生物多样性保护重大工程，推行草原森林河流湖泊湿地休养生息，实施好长江十年禁渔，健全耕地休耕轮作制度，防治外来物种侵害。

（5）积极稳妥推进碳达峰碳中和，立足我国能源资源禀赋，坚持先立后破，有计划分步骤实施碳达峰行动，深入推进能源革命，加强煤炭清洁高效利用，加快规划建设新型能源体系，积极参与应对气候变化全球治理。

（6）坚持把山水林田湖草沙作为一个整体来保护和治理，同时统筹考虑产业结构调整、污染治理、生态保护以及应对气候变化等方面的工作。通过协同合作，我们要不断降低碳排放、减少污染、扩大绿色空间、促进经济发展，同时实现生态优先、节约集约和绿色低碳的可持续发展。

“十四五”时期，我国生态文明建设进入以降碳为重点战略方向，推动减污降碳协同增效，促进经济社会发展全面绿色转型，实现生态环境质量改善由量变到质变的关键时期。要坚持不懈推动绿色低碳发展，坚持不懈推进发展方式和生活方式的转变，深入打好环境污染防治攻坚战，提升生态系统质量和稳定性，积极推动全球可持续发展，提高生态环境领域国家治理体系和治理能力现代化水平。

四、系统谋划生态文明体制改革

新时代生态文明的战略决策部署如何通过系统谋划生态文明体制改革，既激发内生动力又强化外部约束，真正实现落地见效，这是党的十八大以来面临的一个重大现实课题。对此，习近平提出并强调加强“总体设计和组织领导”，明确以“全面深化生态文明体制机制改革”为路径，以最严格制度最严密法治为规范特征，以制度体系为目标等，系统谋划

生态文明体制改革和制度建设。

2013 年 11 月，党的十八届三中全会提出了建立系统完备的生态文明制度体系、健全和改革生态文明体制的要求。全会通过的中共中央《关于全面深化改革若干重大问题的决定》提出了我国生态文明制度建设和生态文明体制改革的顶层设计。2014 年 1 月，习近平同志主持召开中央全面深化改革领导小组第一次会议。会议将经济体制和生态文明体制改革专项小组作为中央全面深化改革领导小组下设的六个专项小组之一，负责推进生态治理工作。2014 年 10 月，党的十八届四中全会通过了中共中央《关于全面推进依法治国若干重大问题的决定》。该决定提出，必须用最严密法治保护生态环境，为生态文明建设提供法律依据和保障。2015 年 4 月，中共中央、国务院《关于加快推进生态文明建设的意见》(以下简称《意见》) 出台、2015 年 9 月，中共中央、国务院印发了《生态文明体制改革总体方案》(以下简称《方案》)。党的十八大关于生态文明建设的理念原则写入《意见》和《方案》，基本确立生态文明重大制度成为加快生态文明建设的主要目标之一，明确了我国生态文明体制改革的总体安排和系统部署，提出了构建生态文明制度体系的八项制度。生态文明体制改革的顶层设计和制度建设的“四梁八柱”初步形成。

2015 年 10 月，在党的十八届五中全会上，习近平同志就生态文明建设集中阐明了两个问题：实行能源和水资源消耗、建设用地等总量和强度双控行动的问题和实行省以下环保机构监测执法垂直管理制度的问题；2016 年 3 月，十二届人大四次会议通过的《中华人民共和国国民经济和社会发展第十三个五年规划纲要》，在第一篇第三章“主要目标”中要求“各方面制度更加成熟更加定型”，第十篇“加快改善生态环境”要求加快建设主体功能区，推进资源节约集约利用，形成政府、企业、公众共治的环境治理体系，改革环境治理基础制度，健全生态保障机制、发展绿色环保产业等方面的制度。2016 年 9 月，在二十国集团峰会上，中美两国各自批准了《巴黎协定》，最终促使该协定于 2016 年 11 月正式生效。2016 年 12 月，中共中央、国务院联合印发《生态文明建设目标评价考核办法》。

2017 年 10 月，党的十九大要求“加快生态文明体制改革，建设美丽中国”，生态文明体制改革和生态文明制度建设进入全面系统部署阶段。2018 年 2 月，党的十九届三中全会审议通过了《中共中央关于深化党和国家机构改革的决定》和《深化党和国家机构改革方案》。2018 年 3 月，经十三届人大一次会议通过，组建自然资源部、生态环境部以及国家林业和草原局，以加强生态文明领域的行政管理。随后，这三个部门相继挂牌成立。十三届人大一次会议还通过了宪法修正案，成功实现了生态文明入宪。“五个文明”协调发展成为国家意志和国家行动。

生态文明的战略决策、体制改革和制度建设为推动我国生态文明建设迈上新台阶提供了保障。

全国环境保护大会后不久，2018 年 6 月，中共中央、国务院《关于全面加强生态环境保护坚决打好污染防治攻坚战的意见》明确提出，习近平生态文明思想为我国社会主义生态文明建设提供了方向指引和根本遵循，要贯彻“八个坚持”。自此，系统谋划生态文明体制改革有了科学的指导思想。

2018 年 7 月，全国人民代表大会常务委员会《关于全面加强生态环境保护依法推动打好污染防治攻坚战的决议》明确以习近平生态文明思想为指导对生态文明建设进行的顶层设计和全面部署。2019年4月，中共中央办公厅、国务院办公厅《关于统筹推进自然资源资产产权制度改革的指导意见的通知》明确要探索开展全民所有自然资源资产所有权委托代理机制试点。明确要构建归属清晰、权责明确、保护严格、流转顺畅、监管有效的自然资源资产产权体系，并给出改革“时间表”和“路线图”。同年10月，自然资源部印发《全民所有自然资源资产所有权委托代理机制试点方案》；党的十九届四中全会审议通过了中共中央《关于坚持和完善中国特色社会主义制度 推进国家治理体系和治理能力现代化若干重大问题的决定》，强调“坚持和完善生态文明制度体系，促进人与自然和谐共生”。

2020年10月，党的十九届五中全会通过的《中国共产党第十九届中央委员会第五次全体会议公报》肯定“生态文明建设实现新进步”，提出“完善生态文明领域统筹协调机制，构建生态文明体系，促进经济社会发展全面绿色转型，建设人与自然和谐共生的现代化。”审议通过中共中央《关于制定国民经济和社会发展第十四个五年规划和二〇三五年远景目标的建议》，意味着生态文明体制改革和制度创新迈入新阶段。2021年9月，印发中共中央、国务院《关于完整准确全面贯彻新发展理念做好碳达峰碳中和工作的意见》，同年10月，国务院印发《2030年前碳达峰行动方案》；11月，党的十九届六中全会审议通过中共中央《关于党的百年奋斗重大成就和历史经验的决议》，该决议肯定了党的十八届三中全会对生态文明体制作出的部署和确定全面深化改革的总目标、战略重点、优先顺序、主攻方向、工作机制、推进方式和“时间表”“路线图”。11月30日，国家发展和改革委员会等部门印发《贯彻落实碳达峰碳中和目标要求 推动数据中心和5G等新型基础设施绿色高质量发展实施方案》。2022年3月17日，中共中央办公厅、国务院办公厅印发《全民所有自然资源资产所有权委托代理机制试点方案》。

通过十年的努力，中国系统谋划生态文明体制改革的水平和能力不断提升，日益趋向构建一体谋划、一体部署、一体推进、一体考核的制度机制，绿色发展法律和政策保障也不断强化，自然资源资产产权制度和法律法规也不断健全，确保了党中央关于生态文明建设各项决策部署落地见效。

第三节　以降碳为重点战略方向
稳妥推进碳达峰碳中和

面对全球气候变化的加剧，2020年9月22日国家主席习近平在第七十五届联合国大会一般性辩论上，提出“二氧化碳排放力争于2030年前达到峰值，努力争取2060年实现碳中和”。力争2030年前实现碳达峰，2060年前实现碳中和，是党中央经过深思熟虑作出的重大战略决策，是中国对国际社会的庄严承诺，也是推动高质量发展的内在要求。习近平强调要胸怀“国之大者”，将实现碳达峰碳中和纳入“五位一体”总体布局的生态文明建设中，抓住机遇，坚持稳中求进，稳步推进各项工作。

一、碳达峰碳中和目标的内涵和意义

1. 碳达峰碳中和目标的内涵

世界资源研究所（WRI）指出，碳达峰即碳排放达峰，碳达峰目标包括达峰时间和峰值。具体而言，碳达峰是指某一国家、地区或企业的二氧化碳排放量在一定时间节点上达到历史最高值后由增转降的历史拐点，经过平台期波动后通过节能减排等措施进入平稳下降阶段，并持续努力以实现碳中和目标。而所谓的碳中和，则是指在一定时间内，某一国家、地区、企业、产品、活动或个人直接或间接产生的二氧化碳或温室气体排放总量，通过植树造林、节能减排等方式得以削减以至最终抵消，实现正负相抵，从而达到相对“零排放”的目标。2020年，欧盟、中国、日本等世界主要经济体先后宣布碳中和目标。2021年，俄罗斯、沙特阿拉伯、印度等提出了碳中和目标。目前，全球已有140多个国家提出了不同时限的碳中和目标。由此，实现碳达峰碳中和日益成为世界各国发展的共同选择。

> **小贴士**
>
> 所谓“碳达峰”是指二氧化碳在某个时点达到不再增长的峰值，之后逐步回落。“碳中和”是指企业、团体或个人测算在一定时间内直接或间接产生的温室气体排放总量，通过植树造林、节能减排等形式，以抵消自身产生的二氧化碳排放量，实现二氧化碳“零排放”即中和。
>
> ——2022年2月11日，《人民日报》第五版：正确认识和把握碳达峰碳中和

2. 碳达峰碳中和目标的意义

（1）从全球范围来看，人类经历了从对“增长的极限”的关注到确立以“双碳”目标推进全球气候治理共识的发展历程。从当年“增长的极限”的讨论到今天全球性的“双碳”共识，实际上是人类在认识和改变自我方面的一次革命性思想进步。1972年出版的《增长的极限》一书认为人类即将面临在资源能源方面增长的极限问题，这将成为全球性问题。该书当时引起高度关注。1985年翻译出版的《没有极限的增长》一书认为，人类科技发展可以突破增长的极限。即使人类的前途面临很大的挑战，但也不是没有办法应对的。然而，随着实践的不断加深，人类需要面临的现实挑战越来越严峻，并在全球范围内广泛引起关注。在这样的背景下，1992年有了《联合国气候变化框架公约》，并且获得全球100多个国家的关注并予以签署，中国成为签署国之一。1997年的联合国《京都议定书》实际上是全球气候框架公约的一个补充条约，中国也是签署国。2015年签署《巴黎协定》。2021年11月13日，联合国气候大会正式完成了《巴黎协定》的实施细则，现正在积极付诸实施。这意味着，虽然当今世界局势风云变幻，正面临着前所未有的巨大变革，各国之间存在许多重大利益分歧和对立。但是，在应对全球气候变化加剧这一关键性问题上，人类拥有共

同的意识。例如，尽管美国总统拜登计划实施一系列针对中国的围堵和限制政策，但仍然希望与中国合作治理全球气候，这表明了这项事业对于当代世界以及世界中的美国和中国而言都极其重要。从世界碳达峰的格局来看，世界上已经有54个国家正式宣布而且实际上已经碳达峰了，其中比较早的是在1970年，比较晚的也是在2005年已经完成，其中19个国家早在1990年以前就实现了碳排放达峰。而对于碳中和，从世界范围来看，很多国家的普遍性承诺是在2050年实现碳中和，这是大势所趋。

（2）从中国角度看，经历了从关注生态文明建设到确立“双碳”目标，这是我们对中国式现代化发展道路探索的时代自觉。中国的现代化自改革开放以来进行了40多年的时间，取得了工业化和现代化伟大成就，创造了在经济长期快速增长的同时，社会也保持着相对稳定的世界奇迹。与此同时，中国的碳排压力日益增大，已占据全球碳排放总量的30%左右。因此，习近平强调，实现碳达峰碳中和目标，不是别人让我们做，而是我们自己必须做。我国已进入新发展阶段，推进“双碳”工作是破解资源环境约束突出问题、实现可持续发展的迫切需要，是顺应技术进步趋势、推动经济结构转型升级的迫切需要，是满足人民群众日益增长的优美生态环境需要、促进人与自然和谐共生的迫切需要，是主动担当大国责任、推动构建人类命运共同体的迫切需要。

2021年10月，中共中央、国务院印发《关于完整准确全面贯彻新发展理念做好碳达峰碳中和工作的意见》和国务院印发《2030年前碳达峰行动方案》，共同构建了中国碳达峰碳中和“1+N”政策体系和碳达峰十大行动（参见专栏3-1）。同时，强调实现碳达峰碳中和是我国推动高质量发展的内在要求。实现高质量发展，就要坚定不移贯彻新发展理念，坚持系统观念，以经济社会发展全面绿色转型为引领，以能源绿色低碳发展为关键，加快形成节约资源和保护环境的产业结构、生产方式、生活方式、空间格局，坚定不移走生态优先、绿色低碳的高质量发展道路。这两年，在“双碳”刺激效应下，国内电动汽车、光伏、风电等热点产业蓬勃发展。长远来看，经济社会绿色转型和高质量发展进一步有机融合，必将推动传统产业高端化、智能化、绿色化，推动全产业链优化升级，推动我国经济发展质量变革、效率变革、动力变革，从而塑造我国参与国际合作和竞争新优势。

专栏3-1　碳达峰十大行动

《2030年前碳达峰行动方案》部署开展能源绿色低碳转型行动、节能降碳增效行动、工业领域碳达峰行动、城乡建设碳达峰行动、交通运输绿色低碳行动、循环经济助力降碳行动、绿色低碳科技创新行动、碳汇能力巩固提升行动、绿色低碳全民行动、各地区梯次有序碳达峰行动十大行动

实现碳达峰碳中和的机遇与挑战并存。机遇在于“十四五”时期是碳达峰的关键期、窗口期，我国生态文明建设进入了以降碳为重点战略方向，推动减污降碳协同增效、促进经济社会发展全面绿色转型、实现生态环境质量改善由量变到质变的关键时期。当前，实现“双碳”目标的“1+N”政策体系正在加速构建，我们要胸怀“国之大者”，将实现碳达峰碳中和纳入“五位一体”总体布局的生态文明建设中，抓住机遇，坚持稳中求进，稳步推进各项工作。对“双碳”目标面临的复杂挑战可用六个字表述，即“时间紧，任务重”。于2030年前实现碳达峰、2060年前实现碳中和。意味着中国将完成迄今全球最高幅度的碳排放降低。西方发达国家从碳达峰到碳中和的时间普遍需要50至70年，30年时间也是全球历史上完成碳达峰到碳中和的最短历程。这是对中国共产党治国理政能力的一场大考。

二、实现“双碳”目标的核心问题和主要途径

实现碳达峰碳中和的核心问题是能源问题，主要途径有：一是充分发挥国家宏观调控作用，二是健全碳排放交易市场，研究碳税与碳交易机制等多种碳定价形式，三是多主体同心助力。

（1）推动能源革命。加快构建清洁、低碳、安全、高效的能源体系，立足我国能源资源禀赋，坚持先立后破、通盘谋划，传统能源逐步退出必须建立在新能源安全可靠的替代基础上。

（2）坚持双轮驱动。坚持政府和市场两手发力，构建新型举国体制，强化科技和制度创新，加快绿色低碳科技革命。深化能源和相关领域改革，发挥市场机制作用，形成有效激励约束机制。

《科技支撑碳达峰碳中和实施方案（2022—2030年）》政策解读

（3）加强统筹协调。坚持降碳、减污、扩绿、增长协同推进，加快制定出台相关规划、实施方案和保障措施，组成实施好“碳达峰十大行动”，加强政策衔接。科学把握碳达峰节奏，支持有条件的地方和重点行业、重点企业率先达峰。

（4）推进产业优化升级。紧紧抓住新一轮科技革命和产业变革的机遇，推动互联网、大数据、人工智能、第五代移动通信（5G）等新兴技术与绿色低碳产业深度融合，建设绿色制造体系和服务体系，提高绿色低碳产业在经济总量中的比重。

（5）多主体同心助力“双碳”目标的实现。“双碳”目标的实现不能仅仅依靠国家和企业的努力，更需要依靠所有社会成员的团结奋斗，对社会成员进行生态伦理与道德培养显得至关重要。第一，要加强生态宣传教育，并培养人民群众的环保意识。第二，推进消费革命，鼓励人民群众形成正确、科学的消费观。第三，持续推动环保设施向公众开放，逐步完善开放促进机制。

2022年8月，科技部、国家发展和改革委员会、工业和信息化部等九部门印发《科技支撑碳达峰碳中和实施方案（2022—2030年）》，统筹提出支撑2030年前实现碳达峰目标的科技创新行动和保障举措，并为2060年前实现碳中和目标做好技术研发储备。2022年9月2日，在中国国际服务贸易交易会上，“首届中国生态环保产业服务双碳战略院士论坛”召开。

原声再现

近来在实际工作中出现一些问题，有的搞“碳冲锋”，有的搞“一刀切”、运动式“减碳”，甚至出现“拉闸限电”现象，这些都不符合党中央要求。绿色低碳发展是经济社会发展全面转型的复杂工程和长期任务，能源结构、产业结构调整不可能一蹴而就，更不能脱离实际。如果传统能源逐步退出不是建立在新能源安全可靠的替代基础上，就会对经济发展和社会稳定造成冲击。减污降碳是经济结构调整的有机组成部分，要先立后破、通盘谋划。

——2021年12月8日，习近平在中央经济工作会议上的讲话

三、积极稳妥推进碳达峰碳中和

实现碳达峰碳中和是一场广泛而深刻的经济社会系统性变革。立足我国能源

资源禀赋，坚持先立后破，有计划分步骤实施碳达峰碳中和行动。完善能源消耗总量和强度调控，重点控制化石能源消费，逐步转向碳排放问题和强度“双控”制度。推动能源清洁低碳高效利用，推进工业、建筑、交通等领域清洁低碳转型。深入推进能源革命，加强煤炭清洁高效利用，加大油气资源勘探开发和增储上产力度，加快规划建设新型能源体系，统筹水电开发和生态保护，积极安全有序发展核电，加强能源产供储销体系建设，确保能源安全。完善碳排放统计核算制度，健全碳排放权市场交易制度。提升生态系统碳汇能力。积极参与应对气候变化全球治理。

实现碳达峰碳中和是一项复杂工程和长期任务，不可能毕其功于一役。这要求在目标上要坚定不移，策略上要稳中求进。不能搞“碳冲锋”，不能搞“一刀切”、运动式“减碳”，需要树立正确的政绩观，需要有“功成不必在我、功成必定有我”的精神，坚持稳中求进，逐步实现。

第四节　全面推进美丽中国建设的战略新部署

2023 年 7 月 17 日至 18 日，基于大力推进生态文明建设已取得的转折性成就，习近平在全国生态环境保护大会上指出今后五年是美丽中国建设的重要时期，强调要全面推进美丽中国建设，加快推进人与自然和谐共生的现代化，并且对全面推进美丽中国建设作出了新的战略部署。

一、美丽中国建设重要时期的到来

党的十八大以来，我们把生态文明建设作为关系中华民族永续发展的根本大计，开展了一系列开创性工作，决心之大、力度之大、成效之大前所未有，生态文明建设从理论到实践都发生了历史性、转折性、全局性变化，美丽中国建设迈出重大步伐。我们从解决突出生态环境问题入手，注重点面结合、标本兼治，实现由重点整治到系统治理的重大转变；坚持转变观念、压实责任，不断增强全党全国推进生态文明建设的自觉性主动性，实现由被动应对到主动作为的重大转变；紧跟时代、放眼世界，承担大国责任、展现大国担当，实现由全球环境治理参与者到引领者的重大转变；不断深化对生态文明建设规律的认识，形成新时代中国特色社会主义生态文明思想，实现由实践探索到科学理论指导的重大转变。经过顽强努力，我国天更蓝、地更绿、水更清，万里河山更加多姿多彩。新时代生态文明建设的成就举世瞩目，成为新时代党和国家事业取得历史性成就、发生历史性变革的显著标志。与此同时，正如习近平在 2023 年全国生态环境保护大会上所指出的：我国生态环境保护结构性、根源性、趋势性压力尚未根本缓解，我国经济社会发展已进入加快绿色化、低碳化的高质量发展阶段，生态文明建设仍处于压力叠加、负重前行的关键期。必须以更高站位、更宽视野、更大力度来谋划和推进新征程生态环境保护工作，谱写新时代生态文明建设新篇章。因此，在全面推进美丽中国建设，加快促进人与自然和谐共生现代化的进程中，要深入贯彻新时代中国特色社会主义生态文明思想，坚持以人民为中心，牢固树立和践行绿水青山就是金山银山的理念，把建设美丽中国摆在强国建设、民族复兴的突出位置，推动城乡人居环境明显改善、美丽中国建设取得显著成效，以高品质生态环境支撑高质量发展，加快推进人与自然和谐共生的现代化。

二、美丽中国建设重要时期必须正确处理五个重大关系

总结新时代十年的实践经验，分析面临的新情况、新问题，习近平首次阐述了继续推进生态文明建设，必须以新时代中国特色社会主义生态文明思想为指导，正确处理好五个重大关系。一是高质量发展和高水平保护的关系，要站在人与自然和谐共生的高度谋划发展，通过高水平环境保护，不断塑造发展的新动能、新优势，着力构建绿色低碳循环经济体系，有效降低发展的资源环境代价，持续增强发展的潜力和后劲。二是重点攻坚和协同治理的关系，要坚持系统观念，抓住主要矛盾和矛盾的主要方面，对突出生态环境问题采取有力措施，同时强化目标协同、多污染物控制协同、部门协同、区域协同、政策协同，不断增强各项工作的系统性、整体性、协同性。三是自然恢复和人工修复的关系，要坚持山水林田湖草沙一体化保护和系统治理，构建从山顶到海洋的保护治理大格局，综合运用自然恢复和人工修复两种手段，因地因时制宜、分区分类施策，努力找到生态保护修复的最佳解决方案。四是外部约束和内生动力的关系，要始终坚持用最严格制度最严密法治保护生态环境，保持常态化外部压力，同时要激发起全社会共同呵护生态环境的内生动力。五是“双碳”承诺和自主行动的关系，我们承诺的“双碳”目标是确定不移的，但达到这一目标的路径和方式、节奏和力度则应该而且必须由我们自己作主，决不受他人左右。

三、美丽中国建设重要时期的六大战略部署

建设美丽中国是全面建设社会主义现代化国家的重要目标，把建设美丽中国摆在强国建设、民族复兴的突出位置，推动城乡人居环境明显改善、美丽中国建设取得显著成效，以高品质生态环境支撑高质量发展，加快推进人与自然和谐共生的现代化是美丽中国建设重要时期的使命和任务。其战略部署就是在党的全面领导下，一是要持续深入打好污染防治攻坚战，坚持精准治污、科学治污、依法治污，保持力度、延伸深度、拓展广度，深入推进蓝天、碧水、净土三大保卫战，持续改善生态环境质量。二是要加快推动发展方式绿色低碳转型，坚持把绿色低碳发展作为解决生态环境问题的治本之策，加快形成绿色生产方式和生活方式，厚植高质量发展的绿色底色。三是要着力提升生态系统多样性、稳定性、持续性，加大生态系统保护力度，切实加强生态保护修复监管，拓宽绿水青山转化金山银山的路径，为子孙后代留下山清水秀的生态空间。四是要积极稳妥推进碳达峰碳中和，坚持全国统筹、节约优先、双轮驱动、内外畅通、防范风险的原则，落实好碳达峰碳中和“1+N”政策体系，构建清洁低碳安全高效的能源体系，加快构建新型电力系统，提升国家油气安全保障能力。五是要守牢美丽中国建设安全底线，贯彻总体国家安全观，积极有效

应对各种风险挑战，切实维护生态安全、核与辐射安全等，保障我们赖以生存发展的自然环境和条件不受威胁和破坏。要健全美丽中国建设保障体系。统筹各领域资源，汇聚各方面力量，打好法治、市场、科技、政策“组合拳”。六是要强化法治保障，统筹推进生态环境、资源能源等领域相关法律制修订，实施最严格的地上地下、陆海统筹、区域联动的生态环境治理制度，全面实行排污许可制，完善自然资源资产管理制度体系，健全国土空间用途管制制度。要完善绿色低碳发展经济政策，强化财政支持、税收政策支持、金融支持、价格政策支持。要推动有效市场和有为政府更好结合，将碳排放权、用能权、用水权、排污权等资源环境要素一体纳入要素市场化配置改革总盘子，支持出让、转让、抵押、入股等市场交易行为，加快构建环保信用监管体系，规范环境治理市场，促进环保产业和环境服务业健康发展。要加强科技支撑，推进绿色低碳科技自立自强，把应对气候变化、新污染物治理等作为国家基础研究和科技创新重点领域，狠抓关键核心技术攻关，实施生态环境科技创新重大行动，培养造就一支高水平生态环境科技人才队伍，深化人工智能等数字技术应用，构建美丽中国数字化治理体系，建设绿色智慧的数字生态文明。

本讲小结

新时代生态文明建设的战略决策和部署从顶层设计和战略全局确保了生态文明建设落实见效和美丽中国的整体推进。同时，生态文明建设的战略决策和部署只有进行时、没有完成时，需要在新的实践中不断调整、补充、丰富和完善。生态文明的战略举措因时而变，因势而变，在动态贯彻新时代生态文明建设战略决策和战略部署的进程中，需要不断探索实现美丽中国梦的战略途径。

案例讨论

中国农业银行某县支行与福建某化工公司等碳排放配额执行案

2021 年，福建某化工公司与中国农业银行某县支行发生金融借款合同纠纷。双方在福建省某县人民法院主持下达成和解协议，明确福建某化工公司应履行还款义务。调解书生效后，福建某化工公司未履行，中国农业银行某县支行申请强制执行。福建某化工公司有关联企业联保债务纠纷，已有多个法院的多起诉讼进入执行程序。人民法院经调查发现，福建某化工公司因技改及节能减排，尚持有未使用的碳排放配额。

2021 年 9 月，福建省某县人民法院作出执行裁定，依法冻结福建某化工公司未使用的碳排放配额 1 万吨二氧化碳当量，并通知其将碳排放配额挂网至福建海峡股权交易中心进行交易。同年 10 月，执行法院向福建海峡股权交易中心送达执行裁定书及协助执行通知书，要求扣留交易成交款。该公司的 5054 吨二氧化碳当量碳排放配额交易成功，并用于本案执行。

碳排放配额具有财产属性，持有人可以通过碳排放配额交易获取相应的资金收益。案涉企业因节能改造持有结余碳排放配额，可用于清偿持有人债务，减轻债务负担。本案中，执行法院准确把握碳排放配额作为新型财产的法律属性，将其作为与被执行人存款、现金、有价证券、机动车、房产等财产属性相同的可执行财产，依法冻结被执行人持有的相应碳排放配额，并将该碳排放配额变卖后抵偿债权人的债权，既是执行方式的创新，也是对生态产品价值实现方式的有益探索，对于最大限度维护债权人合法权益，推动碳市场交易量提升具有积极意义。

——最高人民法院（发布时间：2023-02-17）

问题讨论

1. 如何认识立法、司法、执法在实现“双碳”目标中的重要作用？
2. 谈谈如何加强制度建设以确保积极稳妥推进碳达峰碳中和？
3. 如何正确认识和把握实现“双碳”与全面提升生态文明建设的关系？

推荐阅读

1. 习近平谈治国理政（第四卷）. 习近平 . 外文出版社，2022.
2. 之江新语 . 习近平 . 浙江人民出版社，2007.
3. 习近平新时代中国特色社会主义思想三十讲 . 中共中央宣传部 . 学习出版社，2018.
4. 生态文明建设十讲 . 郇庆治，李宏伟，林震 . 商务印书馆，2014.

第四讲

新时代生态文明建设与国土绿化

党的十八大以来，中国牢固践行习近平生态文明思想，着力于生态文明建设和生态环境保护，使中国成为全球森林资源增长最多的国家。2021 年 6 月 2 日，国务院办公厅印发《关于科学绿化的指导意见》标志着国土绿化新时代新征程的开始，是提高国土绿化质量和效益的重大举措，具有时代性、战略性和前瞻性意义。

第一节　国土绿化的历史性成效与未来发展

国土绿化是我国生态文明建设的重要内容，是改善生态环境、应对气候变化、维护生态安全的重要举措。党的二十大报告指出：“我们坚持绿水青山就是金山银山的理念，坚持山水林田湖草沙一体化保护和系统治理，全方位、全地域、全过程加强生态环境保护，生态文明制度体系更加健全，污染防治攻坚向纵深推进，绿色、循环、低碳发展迈出坚实步伐，生态环境保护发生历史性、转折性、全局性变化，我们的祖国天更蓝、山更绿、水更清。”

一、国土绿化的历史性成就

党的十八大以来，国土绿化的推进传承了中国共产党的优秀历史传统，始终坚持为了人民、依靠人民、为人民所共享的价值理念和方法，坚持从大处着眼把国土绿化纳入党和国家的治国方略。经过努力，中国创造了国土绿化的世界奇迹：第九次全国森林资源清查结果与第六次清查结果相比，全国森林面积从 26.24 亿亩[①]增加到 33.07 亿亩；活立木蓄积量从 136.18 亿立方米增加到 190.07 亿立方米；森林覆盖率从 18.21% 增加到 22.96%；全国人工林面积达到 12 亿亩，居世界首位。根据全国绿化委员会办公室印发的《2022 年中国国土绿化状况公报》，国土绿化的历史性成就主要表现为：

（1）国土绿化成效显著。2022 年中国完成造林 383 万公顷，种草改良 321.4 万公顷、治理沙化石漠化土地 184.73 万公顷。2022 年，中国统筹推进山水林田湖草沙系统治理，科学开展大规模国土绿化行动，取得明显成效。目前，中国森林面积 2.31 亿公顷，森林覆盖率达 24.02%，草地面积 2.65 亿公顷，草原综合植被盖度达 50.32%。草原持续退化趋势得到初步遏制；完成防沙治沙 3 亿亩，土地沙化程度和风沙危害持续减轻，生态系统质量和稳定性不断提高，全社会生态意识明显增强。

（2）国土绿化规划日臻完善。2022 年，我国印发《全国国土绿化规划纲要（2022—2030 年）》，开展造林绿化空间适宜性评估。全年完成人工造林 120 万公顷，飞播造林 17 万公顷，封山育林 104 万公顷，退化林修复 142 万公顷。新增水土流失治理面积 6.3 万平方千米，打造生态清洁小流域 496 个。在 7 省（自治区、直辖市）开展防沙治沙综合示范区建设。

（3）城乡绿化美化同步推进。2022 年，26 个城市获“国家森林城市”称号，全国国家森林城市数量达 218 个。100 余个城市开展了国家园林城市建设，全国各地建设“口袋

① 1 亩≈ 0.0667 公顷。

公园”3520个。印发《“十四五”乡村绿化美化行动方案》。全年完成公路绿化里程近10万千米，铁路线路绿化率达87.32%。沿河沿湖绿色生态廊道建设持续推进。

（4）中国绿化质量和管理水平逐步提升。2022年，全面落实天然林管护责任，使1.72亿公顷天然林得到有效保护。完成国家储备林建设任务46.2万公顷。落实310家森林可持续经营试点单位，2023年试点任务面积17.2万公顷。全年生产林木种子1634万千克，绿化良种使用率达到65%。开展林业碳汇试点市（县）和国有林场森林碳汇试点建设。全面建立林长制，各级林长近120万名。

（5）中国成为全球森林资源增长最多的国家。全国森林覆盖率和森林蓄积量连续多年保持“双增长”，荒漠化和沙化土地面积连续多年实现“双缩减”。21世纪以来，全球新增绿化面积约1/4来自中国。联合国粮食及农业组织2020年发布的《全球森林资源评估报告》显示中国森林面积净增加最多（表4–1）。“中国绿”赢得世界赞誉。塞罕坝林场建设者、内蒙古库布其播绿治沙人，获得联合国最高环境荣誉“地球卫士奖”。

表4–1 联合国：中国近十年森林面积年均净增加最多

排名	国家	年净变化	
		1000公顷/年	%
1	中国	1937	0.93
2	澳大利亚	446	0.34
3	印度	266	0.38
4	智利	149	0.85
5	越南	126	0.90
6	土耳其	114	0.53
7	美国	108	0.03
8	法国	83	0.50
9	意大利	54	0.58
10	罗马尼亚	41	0.62

注：变化率（%）计算为复合年变化率

国土绿化历史性成就的取得首先得益于中国共产党的高度重视，是党领导全国人民长期坚持的结果，是习近平生态文明思想引领的成果。2022年习近平总书记在参加首都义务植树活动时指出，“森林是水库、钱库、粮库，现在应该再加上一个‘碳库’”，首次提出“林草兴则生态兴”。这些重要讲话引领人们不断提升对国土绿化基础性、战略性作用的认识，增强参与和贡献植树造林的自觉性。

二、国土绿化的发展未来

“扩绿”是党的二十大确立的加快发展方式绿色转型，实施全面节约战略，发展绿色低碳产业，倡导绿色消费，推动形成绿色低碳的生产方式和生活方式等的重要战略任务之一。根据《中华人民共和国国民经济和社会发展第十四个五年规划和2035年远景目标纲要》和党的二十大报告精神，2022年3月义务植树时，习近平总书记为国土绿化赋予新的时代内涵。既要做好降碳的“减法”，也要做好“扩绿”的加法。作为《巴黎协定》的积极践行者，中国向全世界承诺：到2030年，森林蓄积量将比2005年增加60亿立方米。2022年3月，国家林业和草原局生态保护修复司《关于做好2023年国土绿化工作的通知》要求不折不扣高质量完成2023年国土绿化计划任务，同时编制实施《科学开展大规模国土绿化三年行动计划（2023—2025年）》。因此，科学开展大规模国土绿化是当前和今后相当长的一个时期内实现高质量发展、推进人与自然和谐共生现代化的重要任务。

根据2022年9月全国绿化委员会编制印发的《全国国土绿化规划纲要（2022—2030年）》，在2030年前，国土绿化的重点：做好合理安排绿化空间、持续开展造林绿化、全面加强城乡绿化、强化草原生态修复、推进防沙治沙和石漠化治理、巩固提升绿化质量、提升生态系统的碳汇能力、强化支撑能力建设八个方面工作，全面推行林长制，充分调动各方力量，通过加强组织领导、严格督导考核、完善政策机制、营造良好氛围等保障措施，协同推进国土绿化。

国土绿化的要求：注重落实科学绿化要求，坚持走科学、生态、节俭的绿化之路，着力解决“在哪造”“造什么”“怎么造”“怎么管”的关键问题；注重统筹山水林田湖草沙系统治理，推进系统治理从单要素单系统向多要素多系统转变，着力提升生态系统质量和稳定性；注重做好与国家“十四五”规划、“双重”规划以及相关专项规划紧密衔接，着力构建布局合理、体系完善、协调推进的国土绿化新格局；注重协同推进部门绿化，统筹安排部署各有关部门和系统绿化任务，着力形成国土绿化工作合力。

《全国国土绿化规划纲要（2022—2030年）》为深入践行习近平生态文明思想，贯彻落实党中央、国务院关于开展大规模国土绿化行动的部署要求，全面部署了当前和今后一个时期我国国土绿化工作，为科学推进国土绿化事业高质量发展制定了“时间表”“路线图”。

第二节　全民义务植树的创新发展

全民义务植树活动是推进国土绿化的有效途径，是传播生态文明理念的重要载体，是建设美丽中国的具体举措。

一、全民义务植树的优秀传统

早在新中国成立之前，毛泽东就意识到了植树造林问题的重要性。1932年3月，《中华苏维埃共和国临时中央政府人民委员会对于植树运动的决议案》中指出：“由各级政府向群众作植树运动广大宣传，说明植树的利益，并发动群众来种各种树木。”“在栽树时，由各乡区政府考察某地某山适合栽种某种树木，通知群众选择种子。”

新中国成立后，我国在政治上走向稳定，为植树造林、绿化祖国创造了条件。改革开放后，面对经济的快速发展对自然生态的破坏趋于严重，1977—1981 年森林覆盖率仅有 12% 的现实，邓小平在坚持以经济建设为中心的同时，高度重视人口、资源和环境保护，高度关注中国的林业建设。在邓小平等老一辈领导人的提议下，1979 年 2 月召开的第五届全国人大常委会第六次会议原则通过了《中华人民共和国森林法（试行）》，并确定每年的 3 月 12 日为中国的植树节。1981 年 12 月 13 日第五届全国人民代表大会第四次会议通过了《关于开展全民义务植树运动的决议》，从此，全民义务植树是中华人民共和国公民依法应当完成的、一定数量的、无报酬的植树劳动。1982 年 2 月 27 日国务院发布《关于开展全民义务植树运动的实施办法》，1982 年的春节，邓小平在北京玉泉山种下全民义务植树运动的第一棵树。同年 11 月，他为全军植树造林总结经验表彰先进大会题词：“植树造林，绿化祖国，造福后代”。1991 年 3 月 7 日，他为全民义务植树十周年再次挥毫：“绿化祖国，造福万代”。江泽民、胡锦涛等党和国家领导人也率先垂范、身体力行，年年带头参加义务植树，对全民义务植树运动的深入开展起到了巨大的示范和带动作用。

党的十八大以来，习近平始终亲力亲为，同群众一起参加义务植树活动。2022 年，习近平在参加首都义务植树时指出：“实现中华民族永续发展，始终是我们孜孜不倦追求的目标。”新中国成立以来，党团结带领全国各族人民植树造林、绿化祖国，取得了历史性成就，创造了令世人瞩目的生态奇迹（表 4–2）。

表 4–2　2010 年与 2021 年我国义务植树活动发展状况对比

数据类型	年份	
	2010	2021
植树人次（亿人）	5.90	/
植树株数（亿株）	26.03	/
累计植树人次（亿人）	127	175
累计植树株数（亿株）	589	781
植树量增长率（%）	32.598	

数据来源：2010 年与 2021 年中国国土绿化状况公报。

目前，全民义务植树运动以其特有的法定性、全民性、公益性、义务性，已成为世界上参加人数最多、持续时间最长、声势最浩大、影响最深远的一项群众性运动。义务植树优良传统的发扬光大，使城乡人居环境不断改善，美丽中国不断变为现实。当然，生态系统保护和修复、生态环境根本改善不可能一蹴而就，仍然需要付出长期艰苦努力，必须锲而不舍、驰而不息。

二、全民义务植树的多维创新

党的十八大以来，我国义务植树的实现形式不断创新，加快了国土绿化步伐，扩大和巩固了生态文明建设成果，形成了宝贵的精神财富，促进了绿色理念和绿化工作格局的形成，促进了爱绿、植绿、护绿的良好社会风尚的形成，促进了全社会生态文明观念的树立，促进了国家形象和国际影响力的提升。

第一，创新全民义务植树尽责形式。2010 年，江西、广东等省份的一些地方将尽责形式拓展为义务从事绿化宣传教育活动、单位节日摆花、屋顶绿化、购买碳汇、古树认养等许多方面，义务植树的实现形式更加丰富，地点、时间更加灵活，方便了广大适龄公民参加义务植树。2010 年我国承办世界博览会，上海市开展了“共建绿色家园、同庆世博盛会”“绿化你我阳台、扮靓幸福家园”等义务植树主题活动，使绿化进社区、进校区、进营区、进园区、进村宅、进楼宇。2017 年，我国创新丰富义务植树尽责形式，全国绿化委员会印发《全民义务植树尽责形式管理办法》，义务植树的尽责形式进一步拓展到造林绿化、抚育管护、自然保护、认种认养、设施修建、捐资捐物、志愿服务、其他形式等八大类 50 多种，拓展了义务植树的内涵。2021 年，为贯彻落实习近平在参加首都义务植树时提出的“创新义务植树尽责形式”的重要讲话精神，充分发挥义务植树在推进国土绿化、建设生态文明、促进绿色发展中的重要作用，全国绿化委员会办公室印发《全民义务植树尽责管理办法（试行）》，从制度层面对创新全面义务植树尽责形式进行了规范，也因地制宜、因时制宜对义务植树的内涵进行了拓展延伸。

第二，逐步推进开展“互联网 + 全民义务植树”活动。2016 年，国家林业信息化工作领导小组会议召开，会议审议通过了《“互联网 +”林业行动计划——全国林业信息化“十三五”发展规划》等顶层设计文件，开始全面推进“互联网 + 林业建设”并逐渐取得丰硕成果。经过“十三五”时期的不断发展，2021 年，北京、内蒙古、安徽、陕西四省（自治区、直辖市）开展“互联网 + 全民义务植树”试点，北京市、内蒙古自治区建立了“互联网 + 全民义务植树”基地。北京市推出八大类 37 种义务植树尽责方式。黑龙江省发布网络捐款项目、举办树木认养活动等。2021 年正值全民义务植树 40 周年，全国绿化委员会办公室部署开展全民义务植树 40 周年系列活动，启动全民义务植树立法工作，深入推进“互联网 + 全民义务植树”。北京市推出八大类 37 种义务植树尽责方式。福建省线上推出 43 个劳动尽责活动。随着信息技术的不断发展，2021 年“互联网 + 全民义务植树”已经在全国各地如火如荼地推开，将很好推动义务植树向常态化发展，不断提高全民义务植树的尽责率，共建美丽中国。2023 年 1 月 1 日至 4 月 7 日，全国全民义务植树网络平台已上线发布尽责活动 3883 个。首都绿化委员会办公室建立了五级“互联网 + 全民义务植树”基地 64 个，并创建首都全民义务植树微信公众号，为市民就近就地参加义务植树提供服务和便利。

第三，全民义务植树的管理制度与法律保障不断创新完善。截至 2013 年年底，全国已有 12 个省（自治区、直辖市）由省级人大颁布实施了《义务植树条例》，对全民义务植树做了相应规定。各省（自治区、直辖市）相继出台具有地方特色的义务植树办法，丰富并规范了义务植树尽责形式。2014 年，义务植树的机制创新得以推进，公民参加义务植树的渠道和方式得以拓宽，全民义务植树的法制保障机制进一步健全；2021 年，国家林业和草原局发布《关于进一步推进全民义务植树运动的提案》复文，强调了全民义务植树中关于强化组织领导、健全管理制度的问题，指出：“随着新的形势发展，义务植树工作在组织更广泛力量、丰富尽责形式、充分发挥各级绿化委作用上还存在短板和不足，要从国家和地方层面调整完善新时代全民义务植树的制度安排”。

第四，义务植树宣传工作不断创新深入。2010 年，全国绿化委员会、国家林业局、河南省人民政府成功举办第二届中国绿化博览会，充分展示和宣传国土绿化取得的新成就，激发了人们参与生态建设的热情。2011 年，全国绿化委员会、国家林业局以全民义务植树 30 周年为契机，组织开展了一系列纪念活动，利用电视、广播、报刊、网络等媒体广泛宣传义务植树 30 年的辉煌成就、基本经验和先进典型，与人力资源和社会保障部联合表彰奖励一批全国绿化先进集体、劳动模范和先进工作者。2021 年，中国人民政治协商会议全国委员会（以下简称“全国政协”）召开“全民义务植树行动的优化提升”网络议政远程协商会。全国人民代表大会、全国政协、中央军委分别开展“全国人大机关义务植树”“全国政协机关义务植树”“百名将军义务植树”活动。全国绿化委员会组织开展第 20 次共和国部长义务植树活动。全国 31 个省（自治区、直辖市）和新疆生产建设兵团领导以不同方式参加义务植树。

2023 年 4 月，习近平在参加首都义务植树活动时进一步强调，当前和今后一个时期，绿色发展是我国发展的重大战略。开展全民义务植树是推进国土绿化、建设美丽中国的生动实践。各地区各部门都要结合实际，组织开展义务植树。要创新组织方式、丰富尽责形式，为广大公众参与义务植树提供更多便利，实现“全年尽责、多样尽责、方便尽责”。

小贴士

2023 年是全民义务植树开展 42 周年。1981 年 12 月 13 日，第五届全国人民代表大会第四次会议通过《关于开展全民义务植树运动的决议》，植树造林、绿化祖国成为每一位适龄公民的法定义务。根据《全民义务植树尽责形式管理办法（试行）》，全民义务植树，是指中华人民共和国公民，男 11 岁至 60 岁，女 11 岁至 55 岁，除丧失劳动能力者外，按照有关规划、标准和技术要求，无报酬地以直接或者间接方式履行植树义务的行为。

第三节 林业重点工程的持续实施

林业重点工程项目是推进山水林田湖草沙生态保护和修复、维护生物多样性的基础。多年来，我国持续实施三北防护林、天然林保护、退耕还林还草、京津风沙源治理等生态工程，不断优化生态安全屏障体系，对推进生态文明建设、保障国家生态安全发挥了重要作用。

一、三北防护林建设的历史性成就

三北防护林建设工程是世界最大的林业生态工程，地跨西北、华北、东北13个省份。三北防护林体系的工程规划从1978年开始到2050年结束，历时73年，分三个阶段、八期工程进行建设。1978—2000年为第一阶段，分三期工程：1978—1985年为一期工程，1986—1995年为二期工程，1996—2000年为三期工程；2001—2020年为第二阶段，分两期工程：2001—2010年为四期工程，2011—2020年为五期工程；2021—2050年为第三阶段，分三期工程：2021—2030年为六期工程，2031—2040年为七期工程，2041—2050年为八期工程。

45年来，三北防护林建设工程取得积极进展。截至目前，三北防护林工程共完成造林4.8亿亩，治理退化草原12.8亿亩、沙化土地5亿亩，工程区森林覆盖率由1978年的5.05%提高到目前的13.84%，重点治理区实现了由“沙进人退”到“绿进沙退”的历史性转变，工程建设取得了显著的生态、经济、社会效益。

通过采取造林种草、封禁保护等多种措施，在三北防护林工程区内，荒漠化和土地沙化实现“双缩减”。工程区林草植被抑沙能力显著增强，易起沙尘土地面积由2000年的48.1%降至2020年的40.4%。华北、东北等粮食主产区依托农田防护林网，4.5亿亩农田得到有效庇护，为确保粮食稳产高产发挥了重要的生态屏障作用。

二、天然林保护的全局性贡献

天然林资源是中国森林资源的主体和精华，加强天然林资源的保护，对保护生物多样性、维护国土生态安全、促进经济社会可持续发展具有十分重要的作用。

天然林资源保护工程（以下简称天保工程）是国家保护、培育和发展森林资源，改善生态环境，保障国民经济和社会可持续发展的重要举措。目的在于从根本上遏制生态环境恶化，保护生物多样性，促进社会、经济的可持续发展。

我国天保工程1998年开始试点，2000年全面展开。天保工程通过严格森林管护、有序停伐减产、培育后备资源、科学开展修复、有力保障民生等措施，历经试点和两个10年期建设。到2020年年底中央财政累计投入资金5000多亿元，工程建设范围由重点区域扩大到全国31个省（自治区、直辖市），天然林商业性采伐由停伐减产转为全面停止，累计减少天然林采伐3.32亿立方米，天然林保护修复体系和制度体系全面建立。

我国天保工程是世界上第一个也是唯一一个以保护天然林为主的超级生态工程。天保工程的启动实施，是我国林业从以木材生产为主向以生态建设为主转变的历史性标志。天保工程坚持把所有天然林都保护起来作为维护国家生态安全的重要基础来抓，到21世纪中叶，将实现天然林红线安全、质量显著提升。

我国现有天然林资源面积29.66亿亩，天然林蓄积量136.7亿立方米，作为占全国森林面积64%、森林蓄积量80%以上的天然林资源，在维护自然生态平衡和国土安全中处于无法替代的主体地位。因此，进入新时代以来，中国全面加强天然林保护。2017年，中央一号文件中对“完善全面停止天然林商业性采伐补助政策”作出部署，将全国所有国有天然林都纳入停伐补助范围，非国有天然商品林的停伐分步骤纳入管护补助范围。中央财政对国有林按照每立方米补助1000元的标准，对重点国有林区每个林业局安排社会运行支出补助1500万元。历时3年，完成了对天然林由区域性、阶段性保护到全面保护的跨越式转变。2019年7月12日，中共中央办公厅、国务院办公厅印发了《天然林保护修复制度方案》明确了对天然林保护修复工作的总体要求，提出了建立全面保护、系统恢复、用途管控、权责明确的天然林保护修复制度体系的重大举措和支持保障政策。2020年7月1日，新修订的《中华人民共和国森林法》第32条明确规定："国家实行天然林全面保护制度，严格限制天然林采伐，加强天然林管护能力建设，保护和修复天然乔木林资源，逐步提高天然林生态功能。"目前，《全国天然林保护修复中长期规划（2021—2035年）》已编制完成，今后一个时期，天然林保护修复的主要任务之一是有效提升天然林质量效益。

经过长期努力，工程建设取得了显著的生态、经济、社会效益，实现了预期目标。一是天然林资源持续增长。较天保工程启动前天然林面积增加3.23亿亩、蓄积量增加53亿立方米。二是生态功能显著提升。天然林单位面积年涵养水源量、固沙固土量分别比天保工程启动前提高了53%和46%。天然林生态系统有效恢复，有力促进了野生动物栖息地环境的改善。三是国有林区经济社会转型发展加快。国有林区总产值由1997年82.25亿元增加到2020年491.72亿元，一、二、三产业产值比例由1997年19：69：12调整到2020年37：28：35，经济结构不断优化，林区民生得到持续改善，人民群众植绿护绿，生态保护意识明显提升。四是天保工程建设得到国际社会的广泛关注和高度评价。依托天保工程，与欧盟、全球环境基金、联合国开发计划署等多个国际组织实施合作项目，为全球生态保护和治理提供了中国方案，为全球应对气候变化作出了前瞻性和战略性的贡献。

三、"十三五"国家林业重点工程项目的实效

2016年5月，国家林业局正式印发《林业发展"十三五"规划》，确定了"一圈三区五带"的林业发展格局。"一圈"为京津冀生态协同圈。"三区"为东北生态保育区、青藏生态屏障区、南方经营修复区。"五带"为北方防沙带、丝绸之路生态防护带、长江（经济带）生态涵养带、黄土高原—川滇生态修复带、沿海防护减灾带。

围绕林业发展新格局，"十三五"时期，我国按照实施一批、谋划一批、储备一批林业重点工程项目的原则，实施、规划、储备了一批林业重点工程项目。其中，在国家层面，谋划和实施对筑牢屏障和富国惠民作用显著、对经济发展和结构调整全局带动性强的9项林业重大工程，分别是：国土绿化行动工程、森林质量精准提升工程、天然林资源保护工程、新一轮退耕还林工程、湿地保护与恢复工程、濒危野生动植物抢救性保护及自然保护区建设工程、防沙治沙工程、林业产业建设工程、林业支撑保障体系建设工程。在此基础上，全国规划100个区域重点生态保护修复项目。

通过项目的实施，"十三五"期间，全国累计完成造林5.45亿亩，森林抚育6.37亿亩，建设国家储备林4805万亩，森林覆盖率提高到23.04%，森林蓄积量超过175亿立方米，连续30年保持"双增长"，成为森林资源增长最多的国家。新增国家森林城市98个，城乡人居环境明显改善。草原保护修复重大工程项目深入实施，天然林保护范围扩大到全

国，全面停止商业性采伐，19.44 亿亩天然乔木林得到休养生息，形成了国家、省、县三级林地保护利用规划体系，建立了全国森林资源管理平台。人工种草生态修复试点正式启动，落实草原禁牧 12 亿亩、草畜平衡 26 亿亩，天然草原综合植被盖度达到 56.1%，天然草原鲜草总产量突破 11 亿吨。开展红树林保护修复专项行动，新增湿地面积 300 多万亩，湿地保护率超过 50%。累计治理沙化和石漠化土地 1.8 亿亩，沙化土地封禁保护区面积扩大到 2660 万亩，荒漠化沙化面积和程度持续降低，沙尘暴天气次数明显减少。这些新成效为“十四五”林业保护发展新格局的打造奠定了良好基础。

四、林业重点工程的未来

根据 2020 年 6 月国家发展和改革委员会、自然资源部联合印发的《全国重要生态系统保护和修复重大工程总体规划（2021—2035 年）》、2021 年 9 月国家林业和草原局印发的《“十四五”林业草原保护发展规划纲要》，未来林业重点工程将按照国土空间和全国重要生态系统保护和修复重大工程总布局，以国家重点生态功能区、生态保护红线、国家级自然保护地等为重点，实施重要生态系统保护和修复重大工程，加快推进青藏高原生态屏障区、黄河重点生态区、长江重点生态区和东北森林带、北方防沙带、南方丘陵山地带、海岸带等生态屏障建设。例如，青藏高原生态屏障区建设（表 4-3）。

表 4-3　青藏高原生态屏障区生态保护和修复重点工程

重点工程
1. 三江源生态保护和修复 加强草原、河湖、湿地、荒漠、冰川等生态保护，开展封山（沙）育林草、退牧还草，落实草原禁牧轮牧措施；加强人工草场建设，实施黑土滩型等退化草原综合治理，加强草原鼠害等有害生物治理，加强重点高原湖泊生态保护和综合治理，恢复退化湿地生态功能和周边植被，加强沙化土地与水土流失综合治理
2. 祁连山生态保护和修复 加强天然林保护和公益林管护，通过封山育林、人工辅助促进森林质量提升，开展退耕还林还草、退牧还草、土地综合整治和建设人工草场，实施草原禁牧轮牧、退化草原治理；加强源头滩地湿地恢复和退化湿地修复；实施水土流失、沙化土地综合治理；加强雪豹等重要物种栖息地保护和恢复，连通生态廊道
3. 若尔盖草原湿地—甘南黄河重要水源补给生态保护和修复 大力开展重点水源涵养区封育保护，加强高原湿地保护与修复，恢复退化湿地生态功能和周边植被，增强水源涵养功能；加强草原综合治理，全面推行草畜平衡、草原禁牧休牧轮牧，推动重点区域荒漠化、沙化土地和黑土滩型等退化草原治理，遏制草原沙化趋势，提升草原生态功能
4. 藏西北羌塘高原—阿尔金草原荒漠生态保护和修复 加强重要物种栖息地保护和恢复，扩大野生动物生存空间；采取自然和人工相结合方式，加强退化高寒草原草甸修复，实施草畜平衡、草原禁牧轮牧，恢复退化草原生态；治理沙化土地，加强高原湖泊、湿地保护恢复
5. 藏东南高原生态保护和修复 加强天然林保护和公益林管护，提升山地雨林、季雨林生态功能，恢复区域原生植被，加强中幼林抚育，在生态脆弱区开展退耕还林还草和土地综合整治，建设重要流域地带防护林体系；开展人工种草与天然草原改良；加强水土流失治理
6. 西藏“两江四河”造林绿化与综合整治 在雅鲁藏布江、怒江及拉萨河、年楚河、雅砻河、狮泉河等“两江四河”地区，坚持乔灌草相结合，构建以水土保持林、水源涵养林、护岸林等为主体的防护林体系；开展沙化土地综合整治，实施宽浅沙化河段生态治理；加强水土流失治理，恢复退化草场、退化湿地生态功能
7. 青藏高原矿山生态修复 围绕历史遗留矿山损毁土地植被资源，实施矿山地质环境恢复治理，重塑地形地貌，重建生态植被，恢复矿区生态

第四节 森林、草原、湿地和沙漠的统筹治理

加强生态环境保护和治理，要统筹山水林田湖草沙。草原、湿地、森林的保护修复和管理是生态文明建设中一项重要环节。

一、森林、草原、湿地统筹治理的进展和成效

党的十八大以来，森林、草原、湿地等生态系统的保护修复和管理既是大力推进生态文明建设的重要内容，也是山水林田湖草沙系统治理工作的有机组成部分。在习近平生态文明思想的指引下，森林、草原、湿地等生态系统的保护修复和管理开展了一系列根本性、开创性、长远性工作，也取得了前所未有的进展和成效。

1. 草原保护修复和管理的进展和成效

（1）提升草原综合植被覆盖度。例如，2018 年，全国草原综合植被覆盖度达到 55.7%，较前一年提高 0.4 个百分点。全国重点天然草原平均牲畜超载率为 10.2%，较前一年下降 1.1 个百分点。截至 2018 年年底，全国主要草原牧区都已实行禁牧休牧措施，全国草原禁牧休牧轮牧草原面积达 24.3 亿亩，约占全国草原面积的 41.2%。草原管理人员力量完备，专职草原管理员 12.85 万人，兼职草原管理员 15.88 万人。

（2）加大草原生态保护修复力度。例如，2019 年，国家林业和草原局在内蒙古自治区锡林浩特市召开全国草原工作会议，研究部署全面加强草原保护管理工作。稳步推进退牧还草工程，安排围栏建设 60 万公顷、退化草原改良 51.3 万公顷、人工种草 22.1 万公顷、黑土滩治理 9.9 万公顷、毒害草治理 14.5 万公顷。新一轮退耕还草安排任务 3.4 万公顷。京津风沙源草地治理安排人工种草 1.7 万公顷、围栏封育 23.9 万公顷、飞播牧草 9300 多公顷。下发《退化草原人工种草生态修复试点方案（2019—2020 年）》，在 8 省（自治区）启动实施了 13 个试点项目。组织各地深入开展以“依法保护草原、建设美丽中国”为主题的草原普法宣传月活动，通过举办现场宣讲等活动，接受宣传的群众达 9 万余人次。2020 年，编制《全国草原保护修复和草业发展规划》，印发《全国草原监测评价工作指南》。出台《草原征占用审核审批管理规范》，明确征占用生态保护红线内草原的限制条件，严格限制建设项目征占用基本草原。启动首批国家草原自然公园试点建设 39 处，覆盖 11 省（自治区）14.7 万公顷草原。启动人工种草生态修复试点。落实草原禁牧 8200 万公顷、草畜平衡 1.74 亿公顷，天然草原综合植被盖度达 56.1%，天然草原鲜草总产量突破 11 亿吨。在全国范围继续开展以“依法保护草原、建设美丽中国”为主题的草原普法宣传月活动。

（3）推动草原保护修复迈入新阶段。2021 年 3 月 12 日，国务院办公厅印发了《关于加强草原保护修复的若干意见》，提出要以完善草原保护修复制度、推进草原治理体系和治理能力现代化为主线，加强草原保护管理，推进草原生态修复，促进草原合理利用，改善草原生态状况，推动草原地区绿色发展，为建设生态文明和美丽中国奠定重要基础。这标志着草原进入加强保护修复的新阶段。根据《关于加强草原保护修复的若干意见》，15 个省份出台草原保护修复实施意见；国家林业和草原局先后印发了《第三轮草原生态保护补助奖励政策实施指导意见》《关于进一步科学规范草原围栏建设的通知》。

（4）推动草原精细化管理（表 4-4）。国家林业和草原局发布的《2020 年全国草原监测报告》，要求推动草原精细化管理。2023 年 5 月，国家林业和草原局林草调查规划院在北京组织召开了《2022 年全国草原监测报告》会商，会议认为，报告基于全国 1.83 万个监测样地，测算得出草原综合植被盖度、产草量等重要指标，为摸清我国草原资源和生态状况奠定了坚实基础。此外，持续开展草原执法监管专项检查督查，举办草原普法宣传月活动等。

表 4-4　2021 年国家林业和草原局林草生态综合监测评价取得重要成果

1. 加强草原样地布设研究，扩大样地覆盖范围和数量：监测范围扩展到全国 31 个省（自治区、直辖市）；全国共完成草原样地数量约是往年的 4 倍
2. 首次开展草原草班区划：在全国初步划定约 2000 万个草地小班中完成了全国草原小班数据的逻辑检查及数据入库
3. 开展多层级、全覆盖数据质检，确保数据质量；针对草原动态变化强，提出利用遥感数据、现地图片、数据逻辑关系等方法进行质量审核
4. 加强遥感技术，为草原综合植被盖度测算等提供了主要指标测算的重要支撑
5. 首次评估了重点生态区域草原资源状况，对五大草原分区、重点战略区等的生态质量进行了检测、测算与分析
6. 汇总产出 111 套草原监测报表，初步实现了全国草原一张图、一套数、一平台
7. 建立支撑草原监测全流程的数据信息系统：首次采用全国统一的 APP 开展外业调查，提高外业工作效率

2022 年，草原保护修复迈出新步伐，落实第三轮草原生态保护补助奖励政策，启动首批 18 处国有草场建设试点，推进国家草原公园建设试点，安排草种繁育基地建设任务 2.1 万公顷。

2. 湿地保护修复和管理的进展和成效

强化湿地保护是建设生态文明的一个重要环节，具有重要意义。党的十八大以来，湿地保护纳入推进生态文明建设的国家战略和规划，湿地保护投入加强，保障体系不断完善。

（1）湿地保护规划不断加强。先后制定了《全国湿地保护工程“十二五”实施规划》《全国湿地保护“十三五”实施规划》《全国湿地保护“十四五”实施规划》，确保湿地保护面积不断增加，湿地修改有序推进。

（2）湿地保护投入的成效增强。2018 年根据《全国湿地保护“十三五”实施规划》湿地保护工程中央预算内投资 3 亿元。到中期评估时，通过项目建设，修复退化湿地 66 万亩，实施退耕还湿 50 万亩。组织试点国家湿地公园的评估验收工作，112 处试点国家湿地公园通过验收。

（3）湿地分级管理扎实推进。2019 年，国家林业和草原局印发了《国家重要湿地认定和名录发布规定》，国家湿地公园总数达到899处。强化湿地宣传教育，发布《西宁宣言》和《海口倡议》，推动长江流域重要湿地和滨海湿地保护和修复。

（4）国家湿地公园建设成效明显。2020年，我国先后印发《中国国际重要湿地生态状况》白皮书，发布《2020年国家重要湿地名录》；加大云南抚仙湖国家湿地公园生态保护修复力度，使该湖的水质常年保持在Ⅰ类；加大广州海珠国家湿地公园投入力度，形成千亿级产业集群，成为绿水青山就是金山银山的生动实践。全国湿地保护率达50%以上。

（5）湿地保护修复迈出新步伐。强化生态效益补偿，2021年，湿地生态效益补偿面积2.35万公顷。指定64处国际重要湿地，建立602处湿地自然保护区、899处国家湿地公园。2022年，成功举办《湿地公约》第十四届缔约方大会，习近平以视频方式出席大会开幕式并致辞。正式施行《湿地保护法》，印发《全国湿地保护规划（2022—2030年）》。新增18处国际重要湿地和4处国家湿地公园，7个城市被评选为第二批国际湿地城市。2022年6月1日实施的《湿地保护法》使得湿地保护有法可依。

（6）湿地保护修复成效显著。"十三五"期间，我国累计安排中央投资98.7亿元，实施湿地生态效益补偿政策，对700多万亩退化湿地实现修复，新增湿地面积300多万亩。2021年我国又新增和修复湿地109万亩。初步建立了湿地保护体系，积极履行《湿地公约》，与国际湿地保护接轨。实施湿地生态效益补偿补助、退耕还湿、湿地保护与恢复补助项目2000余个，新增湿地面积20.26万公顷。湿地保护率达到50%以上。此外，印发《国家重要湿地认定和名录发布规定》，发布《2020年国家重要湿地名录》29处；指导各省份发布省级重要湿地142处；编制实施了《红树林保护修复专项行动计划（2020—2025年）》。目前，全国共有23个省（自治区、直辖市）发布省级重要湿地811处，25个省（自治区、直辖市）出台省级重要湿地认定标准（指标）。

在此期间，新增国家湿地公园201处，截至2020年国家湿地公园共899处。积极履行《湿地公约》，2018年我国提交的有关小微湿地保护决议草案成为公约决议，指导全球小微湿地保护修复工作；我国提名的6个城市获得全球首批"国际湿地城市"称号；2022年11月，成功举办《湿地公约》第十四届缔约方大会；新指定国际重要湿地15处，组织开展国际重要湿地生态状况年度监测，发布《中国国际重要湿地生态状况》白皮书。

十年来，我国统筹推进湿地保护与修复，增强湿地生态功能，维护湿地生物多样性，全面提升湿地保护与修复水平，湿地保护发展进入了"快车道"。

3. 森林保护修复和管理的进展和成效

森林保护修复和管理的进展和成效主要体现在既有森林工程的持续推进、新项目有序启动、森林质量不断提升和管理的制度化、法制化不断加强等方面。

（1）既有森林工程的持续推进、新项目有序启动。例如，2018年，天然林资源保护工程完成造林27.3万公顷，后备资源改造培育11.2万公顷，中幼林抚育101.3万公顷，管护森林面积1.3亿公顷。三北及长江流域等重点防护林体系工程完成造林80.5万公顷。2018年，启动第二批30个森林质量精准提升工程示范项目，全年完成退化林修复面积1994万亩，比2017年增长3.76%。2018年完成林木种子采集3.04万吨，育苗面积2140.35万亩，苗木产量646.38亿株。2019年，三北工程完成营造林58.3万公顷，新启动陕西子午岭和内蒙古呼伦贝尔沙地两个百万亩防护林基地建设，工程区基地建设数量达 13 个。长江、珠江、沿海和太行山绿化等重点防护林工程完成建设任务 30 万公顷。启动实施河北省张家口市及承德市坝上地区植树造林项目。2020 年，天然林保护范围扩大到全国，基本实现把所有天然林都保护起来的目标。退耕还林还草、退牧还草工程分别完成建设任务 82.7 万公顷和 168.5 万公顷，长江、珠江、沿海、太行山四项重点防护林工程完成营造林 32.9 万公顷，三北工程完成营造林 47.4 万公顷。探索出一条“封、造、改、迁、建、扶”的综合治理新路。支持地方开展红树林生态修复。因地制宜布设农田防护林网，提高农田抵御自然灾害的能力。

（2）大力实施森林质量精准提升工程。2019 年全国共完成森林抚育 773.3 万公顷。启动退化林本底调查与动态评估，开展退化林修复试点建设，全国共完成退化林修复 174.5 万公顷。森林资源结构不断优化、质量不断提高、功能不断增强，混交林面积比率提高 2.94 个百分点，达到 41.92%；乔木林每公顷蓄积量增加 5.04 立方米，达到 94.83 立方米。

（3）林草种质资源管理不断强化。2019 年，召开全国林草种苗工作会议，印发《国家林业和草原局关于推进种苗事业高质量发展的意见》，启动首次全国林草种质资源普查。公布第一批国家草品种区域试验站 30 处，审认定林木良种 34 个。林木种苗抽查的林木种苗生产经营单位持证率、标签使用率、建档率均达 100%，档案齐全率 90.1%，种苗自检率 97.6%。严厉打击制售假冒伪劣林木种苗行为，全国查处违法生产经营林木种苗案件 120 余起，罚没金额 50 万元。全年生产林木草种 3000 多万千克，生产可供造林苗木 377 亿株。

（4）森林保护的制度化法制化不断加强。例如，2019 年出台了《天然林保护修复制度方案》，实行天然林保护与公益林管理并轨，安排停伐补助的非国有天然商品林面积扩大到 1446.7 万公顷；进一步完善建设项目使用林地定额制度，确立了林地使用“总量控制、定额管理、节约用地、合理供地”的新机制；出台了建设项目使用林地审核审批管理办法等规范性文件，从严控制风电场、光伏电站、东北内蒙古重点国有林区矿产资源开发等建设项目使用林地；森林督查实现全覆盖；古树名木保护管理力度加大；组织完成全国古树名木资源普查，完成《全国古树名木普查结果报告》，完成山西、江苏、安徽、河南、广东、陕西六省的古树名木抢救复壮首批试点工作。

2021 年，全国完成造林 360 万公顷，实现“十四五”良好开局。国家首次实行造林任务直达到县、落地上图政策，造林完成任务上图率达 91.8%。2022 年林草资源保护管理取得明显成效。一是全面建立林长制，形成省、市、县、乡、村五级

原声再现

习近平指出：“着力提高森林质量，坚持封山育林、人工造林并举。完善天然林保护制度，宜封则封、宜造则造、宜林则林、宜灌则灌、宜草则草，实施森林质量精准提升工程。”

——2022 年 7 月，《习近平生态文明思想学习纲要》，学习出版社、人民出版社，第 76 页

林长组织体系，各级林长近120万名，初步建立起党委领导、党政同责、属地负责、部门协同、源头治理、全域覆盖的长效机制。二是首次产出统一标准、统一底图、统一时点的2021年度林草生态综合监测成果，林草生态网络感知系统建设和应用持续深化。三是印发《关于全面加强新形势下森林草原防灭火工作的意见》。建立包片蹲点机制，全年森林草原火灾受害率持续保持历史低位。

进入新时代以来，我国在草原、湿地、森林修复和管理方面的进展和成效表明，在绿色发展理念的引领下，草原、湿地、森林保护修复和管理的统筹治理水平不断提升，治理体系更加健全和完善，治理能力日益加强，提高了中国式现代化的“含绿量”。

二、森林、草原、湿地统筹治理的中长期目标和任务

目前，我国已全面进入林业草原和国家公园融合发展新阶段。2021年8月，《“十四五”林业草原保护发展规划纲要》印发，2021年12月国家发展和改革委会员、科技部等部门联合印发《生态保护和修复支撑体系重大工程建设规划》(2021—2035年)。这些文件为我国全面进入林业草原和国家公园融合发展新阶段确立了中长期目标和任务。

其中，《“十四五”林业草原保护发展规划纲要》，针对我国林草资源总量不足、质量不高、承载力不强、生态系统不稳定；山水林田湖草沙系统治理尚不到位，西部、北部干旱半干旱地区自然条件恶劣，国土绿化难度大；林草改革有待深化，执法体系和基层队伍弱化，政策支撑体系尚不健全，生态产品价值实现机制尚未建立，科技创新和技术装备暂时落后等挑战，确立了森林、草原、湿地、荒漠四大生态系统保护修复的中长期目标。到2025年，森林覆盖率达到24.1%，森林蓄积量达到180亿立方米，草原综合植被盖度达到57%，湿地保护率达到180亿立方米，草原综合植被盖度达到57%，湿地保护率达到55%；到2035年，全国森林、草原、湿地、荒漠生态系统质量和稳定性全面提升，生态系统碳汇增量明显增加，林草对碳达峰碳中和贡献显著增强，建成以国家公园为主体的自然保护地体系，野生动植物及生物多样性保护显著增强，优质生态产品供给能力极大提升，国家生态安全屏障坚实牢固，生态环境根本好转，美丽中国建设目标基本实现。

习近平指出：“林草兴则生态兴，森林和草原对国家生态安全具有基础性、战略性作用。”为了全面提升草原、湿地、森林的保护修复和管理，国家有关部门还就草原、湿地、森林的保护修复和管理分别制定了专项规划或确立了具体的目标任务。如《全国湿地保护规划(2022—2030年)》，明确在今后一段时期内：一是全力推进湿地保护立法。继续配合全国人大全力推进湿地保护立法进程。2021年12月24日第十三届全国人民代表大会常务委员会第三十二次会议通过《中华人民共和国湿地保护法》并于2022年6月1日起正式施行。二是不断完善湿地保护修复制度建设。组织落实《湿地保护修复制度方案》，制修订《国家重要湿地管理办法》和《国家重要湿地认定和名录发布规定》等湿地保护管理的配套法规、制度和标准规范。三是加强重要湿地系统治理。组织实施《全国湿地保护“十四五”实施规划》，在国际重要湿地、国家重要湿地、国家级自然保护区、国家湿地公园和生态区位重要的湿地等重点区域，组织实施一批湿地保护修复工程，修复退化湿地，增强湿地生态功能和生物多样性，促进湿地生态系统健康和永续利用，让良好的湿地生态转变为最普惠的民生福祉。四是不断加强湿地监督管理。着力提升湿地公园保护修复成效，选树一批

国家湿地公园建设管理典型，配合完成自然保护地整合优化、范围和功能区调整。在进一步明确湿地监测分工的基础上，组织开展我局负责的湿地监测工作，重点做好国际和国家重要湿地监测工作，构建国家、省级和湿地地点的三级监测体系。五是强化湿地履约和国际合作。深度参与《湿地公约》履约事务，贡献湿地保护中国方案，做好《湿地公约》第十四届缔约方大会筹备工作（已如期顺利召开）；结合“一带一路”倡议，深化双多边湿地合作，强化与发展中国家的合作与交流，实施全球环境基金“中国候鸟迁飞路线湿地保护”项目，积极探索湿地保护与合理利用的有效模式，引导人们转变生产生活方式，促进改善湿地所在地民生，提高可持续发展能力。六是加强湿地宣传。结合世界湿地日及各类重要国际会议，充分利用新媒体手段开展湿地保护宣传和科普宣教；定期举办长江、黄河、沿海湿地保护网络年会暨湿地管理培训班，提升公众保护意识，动员全社会珍爱湿地、保护湿地，共享绿意空间。

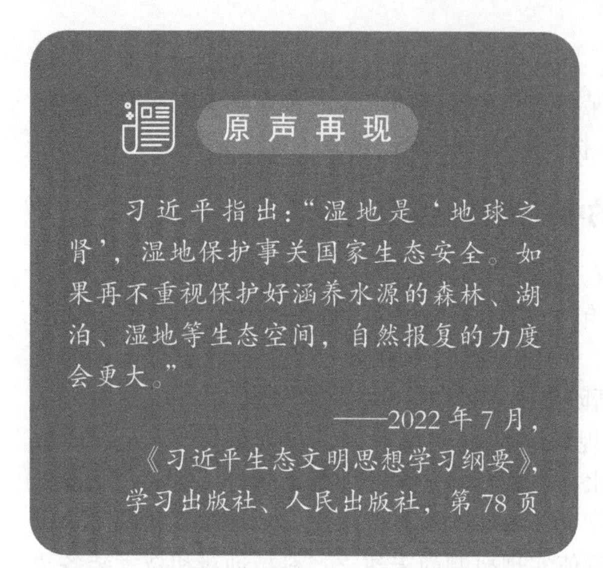

原声再现

习近平指出：“湿地是‘地球之肾’，湿地保护事关国家生态安全。如果再不重视保护好涵养水源的森林、湖泊、湿地等生态空间，自然报复的力度会更大。”

——2022 年 7 月，《习近平生态文明思想学习纲要》，学习出版社、人民出版社，第 78 页

三、不断创新和完善防沙治沙模式

荒漠化是影响人类生存和发展的全球性重大生态问题，我国是世界上荒漠化最严重的国家之一。2023 年 6 月，习近平总书记在内蒙古巴彦淖尔考察时，就加强荒漠化综合防治和推进三北等重点生态工程建设发表了重要讲话。

我国荒漠化土地主要分布在三北地区，而且荒漠化地区与经济欠发达区、少数民族聚居区等高度耦合。荒漠化、风沙危害和水土流失导致的生态灾害，制约着三北地区经济社会发展，对当地居民的生存和发展构成威胁。

1. 防沙治沙态势良好

党的十八大以来，我国高度重视防沙治沙，使当前我国荒漠化、沙化土地治理呈现出“整体好转、改善加速”的良好态势。

第一，沙化区域生态环境逐步好转。通过深化防沙治沙改革，实行严格的荒漠生态保护制度，荒漠生态系统得以维持稳定、完整与原真；通过实施三北防护林建设等国家重点工程，荒漠地区生态状况实现由点到面的好转。据国家林业和草原局统计，十年来，我国累计完成防沙治沙任务 2.82 亿亩、封禁保护沙化土地 2658 万亩，全国一半以上可治理沙化土地得到治理。全国沙化土地面积减少 6490 多万亩，沙区生态环境得到明显改善。全国荒漠化、沙化、石漠化土地面积比十年前分别减少 7500 万亩、6488 万亩和 7895 万亩，沙区、石漠化地区植被平均盖度分别增加 2.6 个、5.78 个百分点。年均沙尘暴日数由 6.8 天下降到 2.4 天，沙尘天气次数年均减少 20.3%，可吸入颗粒物总量由 2005 年的 115.5 微克 / 立方米下降至 96 微克 / 立方米，沙区生态环境逐步好转。据《全国防沙治沙规划（2021—

2030年）》发布的第六次全国荒漠化沙化调查和岩溶地区第四次石漠化调查结果，在七省（自治区）开展防沙治沙综合示范区建设，新建、续建6个沙化土地封禁保护区。

第二，水土流失治理成效显著。经过坚持不懈推动水土流失综合治理，我国水土流失持续呈现面积强度“双下降”、水蚀风蚀“双减少”趋势。根据第六次全国荒漠化和沙化调查结果显示，全国荒漠化土地面积257.37万平方千米，沙化土地面积168.78万平方千米。据2021年水土流失动态监测成果显示，全国水土流失面积为267.42万平方千米，以轻度水土流失为主（64.4%）。党的十八大以来的十年是我国水土流失治理力度最大、速度最快、效益最好的十年，为生态文明建设奠定了坚实基础。

第三，森林草原功能稳步提升。坚持造林数量与质量并重，持续开展造林绿化，不断扩大森林面积，提升森林质量。据国家林业和草原局数据统计，十年来，我国完成造林9.6亿亩，森林抚育12.4亿亩，森林覆盖率由21.63%提高到24.02%，森林蓄积量从151.37亿立方米增加到194.93亿立方米。森林植被生物量达218.86亿吨。林草植被总碳储量达到114.43亿吨，年碳汇量12.8亿吨。我国的大规模国土绿化工程为全球新增约1/4的绿化面积，成为全球森林资源增长速度与面积最多的国家。全国草地面积39.68亿亩，划定基本草原37亿亩。扎实推进草原保护修复，国家实施退牧还草等草原生态修复工程，通过人工种草等措施完成生态修复5.14亿亩，重点天然草原牲畜超载率由23%下降至10.09%，草原生态退化、无序利用、过度开发放牧的状况基本得到遏制。

第四，民生得到有效改善。坚持把防沙治沙同发展沙区经济、促进农民脱贫相结合，在沙区培育各种沙生植物，初步形成了一系列各具重点特色的沙区产业。同时，将沙区建档立卡贫困人口纳入生态管护政策支持范围。沙区特色产业发展推动了农村产业结构调整，增加了农民就业，拓展了增收渠道，推进了精准扶贫、精准脱贫。十年来，在严格保护和治理的基础上，我国积极推动沙产业发展，利用沙区天然资源的充足优势，适度发展沙区特色产业，推动沙区群众治沙与致富的良性循环。

2. 不断创新和完善治沙模式，提高治沙综合效益

在现代化新征程上，我国荒漠化防治和防沙治沙工作形势依然严峻。面临沙化土地面积大、分布广、程度重、治理难的基本面尚未根本改变等情况。同时，近两年受气候变化异常等因素影响，我国北方沙尘天气次数有所增加。在充分认识防沙治沙工作的长期性、艰巨性、反复性和不确定性的基础上，明确发展目标和任务。

2021年12月30日，国家林业和草原局、国家发展和改革委员会、自然资源部和水利部联合印发《北方防沙带生态保护和修复重大工程建设规划（2021—2035年）》（以下简称《规划》）。北方防沙带是我国防治沙化和荒漠化的核心区，纳入全国重要生态系统保护和修复重大工程的总体布局。《规划》指出我国未来防沙治沙总体目标与北方防沙带建设主要任务：到2035年，各项重点工程全面实施，完成沙化土地治理1380万公顷，退化草原治理740万公顷，营造林610万公顷，水土流失治理1120万公顷。区域森林覆盖率达到15.5%左右，森林蓄积量达到7.4亿立方米，草原综合植被盖度达到45.9%左右，天然林和自然湿地面积不减少。有效遏制区域风沙危害，明显改善河湖、湿地生态状况，要使可治理沙化土地得到基本治理，全面治理水土流失，显著提升自然生态系统生态服务功能，助力“双碳”，实现美丽中国目标。在2021—2035年要完成的主要建设任务：

第一，加强沙区生态保护，推进人与自然和谐共生。牢固树立和践行绿水青山就是金山银山的理念，实施沙区生态保护行动，对重点生态区域实行最严格的保护措施。扎实稳定推进对沙化土地的保护和沙漠公园的建设，维护荒漠生态稳定。

第二，大规模推进国土绿化工程，强化荒漠化石漠化治理。沙区既是新时代国土绿化的重难点，也具有巨大的发展潜力。要在现有治理工程的基础上，探索推进因地制宜的治理措施，加快绿化速度，在国内建样板，为国外搞示范，加快我国“一带一路”沿线省区防治荒漠化进程。

第三，发展沙区特色产业，推动实施乡村振兴战略。充分发挥沙区的土地以及光、热资源优势，实施沙区特色产业富民工程。按照“多采光、少用水、新技术、高效益”的沙产业发展理念，有针对性地培育特色种植、养殖、加工基地，发展沙区特色生态旅游，建设一批沙区特色产业乡村，实现沙区资源可持续利用，有效增加沙区群众收入。通过精准用沙，促进沙区精准扶贫、精准脱贫，为乡村振兴作出贡献。

第四，深化防沙治沙改革，推进治理能力现代化。建立和完善荒漠生态补偿政策，对因保护、修复荒漠生态而造成的损失及损失的机会成本等予以补偿。创新金融支持政策，鼓励金融企业开发面向防沙治沙和沙产业开发的金融服务和产品。强化科技创新，提高治理能力和管理水平。落实《沙化土地封禁保护修复制度方案》，形成系统规范的沙化土地封禁保护修复制度体系。全面落实目标责任制，建立专项督察机制，强化考核和追责。

第五，积极履行国际公约，推动构建人类命运共同体。发挥主席国作用，深度参与防治荒漠化公约谈判，承担并履行好作为缔约国的相关责任。加强与世界各国、区域和国际组织在防治荒漠化领域的务实合作，编制《“一带一路”防治荒漠化合作机制行动计划》，推动“一带一路”防治荒漠化合作机制框架下的实质性合作，为解决全球性荒漠化问题、推动人类命运共同体建设，提供中国智慧和中国方案。

总之，要坚持系统治理，扎实推进山水林田湖草沙一体化保护和系统治理；要突出治理重点，全力打好三大标志性战役；持续实施三北工程是国家重大战略，2021—2030 年是三北工程六期工程建设期，是巩固拓展防沙治沙成果的关键期，是推动三北工程高质量发展的攻坚期。

要保持战略定力，完整、准确、全面贯彻新发展理念，按照 2023 年习近平在内蒙古巴彦淖尔市考察时所强调的任务和工作，统筹山水林田湖草沙综合治理，精心组织实施京津风沙源治理、三北防护林

小贴士

三大标志性战役：全力打好黄河“几”字弯攻坚战，以毛乌素沙地、库布齐沙漠、贺兰山等为重点，全面实施区域性系统治理项目，加快沙化土地治理，保护修复河套平原河湖湿地和天然草原，增强防沙治沙和水源涵养能力。全力打好科尔沁、浑善达克两大沙地歼灭战，科学部署重大生态保护修复工程项目，集中力量打歼灭战。全力打好河西走廊—塔克拉玛干沙漠边缘阻击战，全面抓好祁连山、天山、阿尔泰山、贺兰山、六盘山等区域天然林草植被的封育封禁保护，加强退化林和退化草原修复，确保沙源不扩散。

体系建设等重点工程，加强生态保护红线管理，落实退耕还林、退牧还草、草畜平衡、禁牧休牧，强化天然林保护和水土保持，持之以恒推行草原森林河流湖泊湿地休养生息，加快呼伦湖、乌梁素海、岱海等水生态综合治理，加强荒漠化治理和湿地保护，加强大气、水、土壤污染防治，在祖国北疆构筑起万里绿色长城。要进一步巩固和发展“绿进沙退”的好势头，分类施策、集中力量开展重点地区规模化防沙治沙，不断创新完善治沙模式，提高治沙综合效益。

本讲小结

党的十八大以来，我国草原、湿地、森林的保护修复和管理成效显著，森林、草原、湿地保护修复面积不断扩大，森林、草原、湿地等生态系统的多样性、稳定性有所增强，森林、草原、湿地的统筹治理水平和能力得到提升。截至2020年年底，三北工程累计完成营造林保存面积达3174.29万公顷，在我国北方筑起一道抵御风沙、保持水土的绿色长城，成为生态文明和美丽中国建设的生动实践。防沙治沙法律法规体系日益健全，绿色惠民成效显著，走出了一条符合自然规律、符合国情地情的中国特色防沙治沙道路。为“十四五”期间迈入新征程奠定了良好基础，为参与、贡献和引领全球生态治理做出了示范。

中长期规划正在有效实施。2023年6月，《国家林业和草原局公告》（2023年第14号）显示，中国于2022年10月28日指定北京野鸭湖、黑龙江大兴安岭九曲十八湾、黑龙江大兴安岭双河源、江苏淮安白马湖、浙江平阳南麂列岛、福建闽江河口、湖北公安崇湖、湖北仙桃沙湖、湖南春陵、湖南毛里湖、广东广州海珠、广东深圳福田红树林、广西桂林会仙喀斯特、广西北海金海湾红树林、四川色达泥拉坝、云南会泽念湖、甘肃敦煌西湖、青海隆宝滩共18处湿地列入《国际重要湿地名录》。截至2023年6月，中国国际重要湿地数量达到82处。通过深入践行习近平生态文明思想，统筹推进山水林田湖草沙一体化保护和系统治理，从2013年到2022年，我国累计完成营造林1.27亿亩、种草2.89亿亩、防沙治沙1.25亿亩，全区生态环境实现了“整体遏制、局部好转”的重大转变，森林覆盖率、草原植被盖度持续提高，沙化土地面积持续减少。

案例讨论

浙江省衢州市中央财政国土绿化试点示范项目
入选2022年度浙江国土绿化和生态修复扎实推进市县典型

2021年，浙江省衢州市诗画浙江大花园核心区国土绿化试点示范项目被列入国家首批中央财政支持国土绿化试点示范项目，获得中央财政资金1.5亿元，成为有史以来浙江省获得中央财政资金支持体量最大的单个林业项目。

衢州市国土绿化试点示范项目建设总规模14.843万亩，总投资3.746亿元，按照“集中连片、综合治理，突出重点、整体推进”的原则，集成做好植绿提质、护绿防灾和点绿成金三大任务，为全国国土绿化系统一体化综合治理提供衢州样板。该项目建设实行统一规划设计、工程化实施、数字化监管，建设布局紧扣“衢州有礼”诗画风光带。截至2023年2月已完成建设投资2.79亿元，人工造林2.3万亩，森林抚育8.31万亩，退化林修复1.98万亩，油茶营造2.22万亩，林区道路55.7千米，一村万树示范村建成26个，完成各项项目主体任务目标。自2021年项目实施以来，衢州市坚持科学绿化理念，强化质量管理，不断提升森林质量和生态服务功能，增加林业碳汇储量，基本实现市域、区域困难造林地复绿全覆盖，带动就业人数3万人，受益农户15000余户，有效助力浙江、安徽、江西、福建四省边际共同富裕示范区建设。创新“浙里种树”和农业碳账户。青田县加快瓯江山水诗路美丽生态廊道建设，全面提升森林景观质量和生态价值；象山县将国土绿化与国土空间规划全域旅游规划融合，积极创建国家森林城市，全域推进国土绿化美化。

国家林业和草原局对衢州市诗画浙江大花园核心区国土绿化试点示范项目进行验收

衢州市国土绿化试点示范项目是“十四五”期间“森林衢州”建设的重要载体，是浙江省贯彻落实党中央、国务院关于开展大规模国土绿化行动和科学绿化的重大举措。在绘就全域绿色生态图景方面交出了一张漂亮的答卷。

问题讨论

1. 如何准确把握生态文明建设与国土绿化的关系？
2. 结合案例，谈一谈你对国土绿化具体实践的认识。
3. 你认为在生态文明建设中应如何统筹山水林田湖草沙？

推荐阅读

1. 论坚持人与自然和谐共生 . 习近平 . 中央文献出版社，2022.
2. 习近平生态文明思想学习纲要 . 中共中央宣传部，中华人民共和国生态环境部 . 学习出版社、人民出版社，2022.
3. 新时代中国特色社会主义生态文明思想研究 . 黑晓卉，尹洁 . 人民出版社，2022.

第五讲

新时代生态文明建设与自然保护地保护

自然保护地是由各级政府依法划定或确认的，对重要的自然生态系统、自然遗迹、自然景观及其所承载的自然资源、生态功能和文化价值实施长期保护的陆域或海域。在新时代中国特色社会主义生态文明建设中，自然保护地是生态文明建设的核心载体、美丽中国的重要象征，在维护国家生态安全中处于重要地位。同时，自然保护地系统的构建是生态文明建设战略中重要的空间手段，对实现“两个一百年”的奋斗目标和中华民族伟大复兴具有关键性的意义。

第一节 以国家公园为主体的自然保护地体系建设

恩格斯指出:“我们不要过分陶醉于我们人类对自然界的胜利。对于每一次这样的胜利，自然界都对我们进行报复。”为大力推进生态文明建设，我国提出建立以国家公园为主体的自然保护地体系，明确“为加强生物多样性保护，中国正加快构建以国家公园为主体的自然保护地体系，逐步把自然生态系统最重要、自然景观最独特、自然遗产最精华、生物多样性最富集的区域纳入国家公园体系。”这是国家治理体系现代化的一项重大的创新。

一、自然保护地的基本内涵和类型

自然保护地体系建设在保护野生动植物生长地、维护生物多样性、确保生态环境安全等方面具有重要意义。不过，每个国家对自然保护地的理解并不相同。世界自然保护联盟（IUCN）对自然保护地的界定是指“一个明确界定的地理空间，经由法律或其他有效方式得到认可、承诺和管理，以实现对自然及其生态系统服务和文化价值的长期保护的陆域或海域”。作为全球资源保护的核心部分，自然保护地已成为全球生物多样性保护的第一道防线。目前，世界上有180多个国家（地区）参照IUCN的自然保护地分类体系划定了自己国家（地区）的生态保护地范围，同时参照该体系对保护地进行分类并实行分区管理，通过成立管理机构、制定法律法规、划分边界等方式强化自然保护地的保护。

中国从自然生态系统原真性、整体性、系统性及其内在规律，依据管理目标与效能并借鉴国际经验，将自然保护地按生态价值和保护强度高低依次分为国家公园、自然保护区、自然公园三类。

（1）国家公园。国家公园是指以保护具有国家代表性的自然生态系统为主要目的，实现自然资源科学保护和合理利用的特定陆域或海域，是中国自然生态系统中最重要、自然景观最独特、自然遗产最精华、生物多样性最富集的部分。国家公园保护范围大，生态过程完整，具有全球价值和国家象征，国民认同度高。

（2）自然保护区。自然保护区是指保护典型的自然生态系统、珍稀濒危野生动植物物种的天然集中分布区、有特殊意义的自然遗迹的区域。具有较大面积，确保主要保护对象安全，维持和恢复珍稀濒危野生动植物种群数量及赖以生存的栖息环境。

（3）自然公园。自然公园是指保护重要的自然生态系统、自然遗迹和自然景观，具有生态、观赏、文化和科学价值，可持续利用的区域。确保森林、海洋、湿地、水域、冰川、草原、生物等珍贵自然资源，以及所承载的景观、地质地貌和文化多样性得到有效保护。自然公园主要包括森林公园、地质公园、海洋公园、湿地公园。

2019 年 6 月 27 日，中共中央办公厅、国务院办公厅《关于建立以国家公园为主体的自然保护地体系的指导意见》的发布，明确了建成中国特色的以国家公园为主体的自然保护地体系的总体目标，提出按三个阶段推进国家公园建设的目标任务。即到 2020 年，构建统一的自然保护地分类分级管理体制；到 2025 年，初步建成以国家公园为主体的自然保护地体系；到 2035 年，自然保护地规模和管理达到世界先进水平，全面建成中国特色自然保护地体系。自然保护地占陆域国土面积 18% 以上。这意味着国家公园在自然保护地体系建设中主体地位的确立，也意味着在未来相当长的一段时间内，自然保护地体系的建构将会以国家公园建设为重中之重。

二、自然保护地体系建设的历程

自然保护地体系建设的历程可以追溯到 20 世纪 50 年代。长期的战争使新中国经济社会发展面临“一穷二白”的困境，生态环境也遭受严重破坏。在极其艰难困苦的条件下，以毛泽东同志为主要代表的中国共产党人带领全国人民一方面恢复国民经济，另一方面相继提出并采取了一系列有益于环境保护的重要措施，在 1956 年建立了我国第一个自然保护区。

60 多年来，我国自然保护地建设不断加强，逐渐形成了由自然保护区、风景名胜区、森林公园和湿地公园等构成的自然保护地体系。其建设历程大致可划分为四个阶段。

一是起步阶段（1956—1978 年）。20 世纪 50 年代，全国人大代表、中国科学院学部委员、华南植物研究所第一任所长陈焕镛教授发现鼎湖山动植物种类丰富，向上级力争设立保护区。1956 年广东鼎湖山自然保护区建立，这是我国建立的第一个自然保护区。同年 10 月，第七次全国林业大会通过了《关于天然林禁伐区（自然保护区）划定草案》。由此，我国从国家层面启动了自然保护区建设工作。到 1978 年年底，全国共建立自然保护区 34 个，总面积 126.5 万公顷，约占国土面积的 0.13%。

二是法制化建设阶段（1979—1993 年）。改革开放使我国自然保护地建设进入了法制化建设的阶段。1979 年颁布了《中华人民共和国森林法》、1985 年颁布了《中华人民共和国草原法》和《森林和野生动物类型自然保护区管理办法》，其中《森林和野生动物类型自然保护区管理办法》的颁布为规范建立自然保护地体系提供了重要法律依据。1895 年 5 月，国务院环境委员会颁布了我国第一个保护自然资源和自然环境的宏观指导性文件——《中国自然保护纲要》。这个纲要明确了我国政府对保护自然资源和环境资源的政策。到 1993 年年底，全国共建立各类自然保护区 763 处，总面积 66.18 万平方千米，占国土面积的 6.84%。

三是工程化建设阶段（1994—2009 年）。1994 年，为了加强自然保护区的建设和管理，促进自然环境和自然资源的保护，国务院发布了第一部自然保护区专门法规——《中华人民共和国自然保护区条例》，为全国自然保护区管理体制开启了综合管理与部门管理相结合的新模式。1998 年，长江、嫩江爆发了特大洪灾，使人们进一步认识到经济快速发展给生态环境造成了严重的影响，国家启动了一系列生态环境建设的重大工程。1999 年开始，国家陆续开启了退耕还林、天然林保护等一系列的生态环境保护工程。2001 年，正式启动了全国野生动植物保护和自然保护区工程，大熊猫、老虎、亚洲象、苏铁等十五大类重要物种和一批典型生态系统就地保护纳入了工程建设重点，自然保护区事业呈现快速发展势头。到2009年年底，全国（不含香港、澳门特别行政区和台湾省）已建立各种类型、不同级别的自然保护区2541个，保护区总面积约14700万公顷，陆地自然保护区面积约占国土面积的14.7%。

四是治理与建设发生历史性转折，取得全局性优化的阶段（2010年至今）。2010年，国务院针对全国自然保护与开发矛盾日益突出等问题，出台了《关于做好自然保护区管理有关问题的通知》。2015年，为了严肃查处自然保护区典型违法违规活动，环境保护部等十部门印发《关于进一步加强涉及自然保护区开发建设活动监督管理的通知》，国家林业局开展"绿剑行动"，坚决查处涉及自然保护区的各类违法建设活动。2018年机构改革后，由国家林业和草原局统一保护监管各类自然保护地，推动印发了《关于建立以国家公园为主体的自然保护地体系的指导意见》和《关于在国土空间规划中统筹划定落实三条控制线的指导意见》，强化了自然保护地监管。2019年国务院印发的《关于建立国家公园为主体的自然保护地体系的指导意见》强调要实施自然保护地统一设置、分级管理、分类保护、分区管控，形成以国家公园为主体、自然保护区为基础、各类自然公园为补充的自然保护地体系。

自1956年建立第一个自然保护区以来，经过多年努力，我国已建立各级各类自然保护地近万个，占陆域国土面积的18%。自然保护地体系的形成从数量（从无到有到多）、面积（小范围到大面积）、类型（单一类型到多种类型）上发生了巨大变化，这是长期坚持保护与发展协同共进的成果。

三、国家公园在自然保护地体系中主体地位的确立

在自然保护地体系中，最重要的自然保护地类型是国家公园。国家公园是有生命的国家宝藏，国家公园所包含的区域有着我国最重要的自然生态系统、最独特的自然景观、最宝贵的自然遗产和最富集的生物多样性，饱含着我国人民对美丽中国、美好生活的向往。世界上第一个国家公园——1872年美国黄石公园问世虽然已距今150多年，但人们运用国家公园方式来更好保护自然、促进生态文明建设发展的方式仍没有变。

国家公园在我国生态文明建设中是重要的突破口和着力点。国家公园是众多自然保护地类型中的精华，是国家最珍贵的自然瑰宝。建立国家公园的首要目标是保护自然生物多样性及其所依赖的生态系统结构和生态过程，推动环境教育和游憩，提供包括当代和子孙后代的"全民福祉"。确立公园在自然保护地体系中的主体地位，是贯彻落实新时代中国特色社会主义生态文明思想的重要举措，是落实为中国人民谋幸福、为中国民族谋复兴的具体行动。

经过60多年的发展，我国探索出了一条以自然保护区为主体的自然保护之路，对保护野生动植物、自然遗迹和我国生态系统发挥了重大作用。不过，由于大部分的自然保护区是在"抢救性"保护情况之下建立的，存在着法律法规不完善、空间布局不合理、资源产权不清晰、资金管护短缺、公共参与机制不健全以及过于追求数量而放弃了质量等问题。因此，建立国家公园体制已成革除自然保护地管理体系弊端、推进我国生态文明建设的突破口。也正因如此，党的十八届三中全会提出，划定生态保护红线，坚定不移实施主体功

能区制度，建立国土空间开发保护制度，严格按照主体功能区定位推动发展，建立国家公园体制。开始从国家视角将具有国家代表性的自然保护区域纳进国家公园之中。

建立国家公园体制，是以习近平同志为核心的党中央所做出的重大战略决策。国家公园体制在2013年11月首次被提出。2015年1月，国家发展和改革委员会等13个部门联合发布《建立国家公园体制试点方案》并提出在9个省份开展“国家公园体制试点”。2017年9月，国务院印发《建立国家公园体制总体方案》，2018年4月，新组建的国家林业和草原局加挂国家公园管理局牌子。2019年6月，中共中央办公厅、国务院办公厅印发了《关于建立以国家公园为主体的自然保护地体系的指导意见》。其中，《建立国家公园体制总体方案》《关于建立以国家公园为主体的自然保护地体系的指导意见》使国家公园的地位得到了很大提升，确立了“建立以国家公园为主体的自然保护地体系”的建设进路，以国家公园为主体的自然保护地体系建设目标得以明确，即“到2020年，完成国家公园体制试点，设立一批国家公园，构建统一的自然保护地分类分级管理体制；到2025年，健全国家公园体制，完成自然保护地整合归并优化，初步建成以国家公园为主体的自然保护地体系；到2035年，显著提高自然保护地管理效能和生态产品供给能力，全面建成中国特色自然保护地体系。自然保护地占陆域国土面积18%以上。”

加快推进国家公园高质量发展是全面提升生态文明建设的新要求。2022年，党的二十大报告提出要推进以国家公园为主体的自然保护地体系建设。为加快推进国家公园高质量发展，努力建设全世界最大的国家公园体系。2022年年底，国家林业和草原局、财政部、自然资源部、生态环境部联合印发了《国家公园空间布局方案》，明确了中国国家公园体系建设的时间表、路线图，遴选出了49个国家公园候选区，总面积约110万平方千米，其中陆域面积约99万平方千米、海域面积约11万平方千米。全部建成后，中国国家公园保护面积的总规模将居世界首位。其中，青藏高原国家公园群占国家公园候选区总面积的70%，在黄河、长江流域分别布局9个、11个国家公园候选区。直接涉及省份28个，涉及现有自然保护地700多个，保护了超80%的国家重点保护野生动植物物种及其栖息地。

国务院关于国家公园空间布局方案的批复

国家公园在自然保护地体系中主体地位的确立，对于理顺管理体制，创新运行机制，强化监督管理，完善政策支撑，加快建立分类科学、布局合理、保护有力、管理有效的以国家公园为主体的自然保护地体系，确保重要自然生态系统、自然遗迹、自然景观和生物多样性得到系统性保护，提升生态产品供给能力，维护国家生态安全等具有重要意义。为建设美丽中国、实现中华民族永续发展提供了生态支撑。

四、首批国家公园的示范意义

2021年10月12日，习近平同志宣布，中国正式设立三江源、大熊猫、东北虎豹、海南热带雨林、武夷山第一批国家公园，其前提是国家公园体制试点的成功。2016年以来，我国陆续建立了三江源、大熊猫、东北虎豹、祁连山、海南热带雨林、武夷山、神农架、香格里拉普达措、钱江源、南山10个国家公园体制试点，在管理体制创新、生态保护、社区融合发展等方面取得了积极成效。第一批国家公园涉及保护面积 23 万平方千米，涵盖了我国近 30% 的陆域国家重点保护野生动植物种类，其设立具有重大示范意义。

1. 三江源国家公园

三江源国家公园是我国第一个得到批复的国家公园体制试点，三江源国家公园地处青藏高原腹地，保护面积 19.07 万平方千米。三江源是长江、黄河和澜沧江的源头地区，同时也是重要的生态安全屏障和高原生物资源库。作为“中华水塔”的三江源，对我国乃至全球都有着重大的意义，不仅是我国重要的淡水供给地，同时也维系着全国乃至亚洲水生态安全命脉。

三江源国家公园的设立实现了长江、黄河、澜沧江源头整体保护。园内广泛分布冰川雪山、高海拔湿地、荒漠戈壁、高寒草原草甸，生态类型丰富，结构功能完整，是地球第三极青藏高原高寒生态系统大尺度保护的典范。

2. 大熊猫国家公园

大熊猫国家公园跨四川、陕西和甘肃三省，是国家生态安全“两屏三带”重要区域。公园保护面积 2.2 万平方千米，是野生大熊猫集中分布区和主要繁衍栖息地，试点规划中的大熊猫国家公园保护了全国 70% 以上的野生大熊猫。

大熊猫国家公园生物多样性十分丰富，具有独特的自然文化景观，是生物多样性保护示范区、生态价值实现先行区和世界生态教育样板。

3. 东北虎豹国家公园

东北虎豹国家公园跨吉林、黑龙江两省，与俄罗斯、朝鲜毗邻，保护面积 1.41 万平方千米，分布着我国境内规模最大、唯一具有繁殖家族的野生东北虎、东北豹种群。

园内植被类型多样，生态结构相对完整，是温带森林生态系统的典型代表，成为跨境合作保护的典范。

4. 海南热带雨林国家公园

海南热带雨林国家公园位于海南岛中部山区，占地面积 4269 平方千米，横跨海南岛中部 9 个市、县，涵盖海南岛 95% 以上的原始林和 55% 以上的天然林，是我国分布最集中、保存最完好的岛屿型热带雨林。这里是全球最濒危的灵长类动物——海南长臂猿唯一分布地，是热带生物多样性和遗传资源的宝库。

海南热带雨林国家公园是世界热带雨林的重要组成部分，是岛屿型热带雨林珍贵自然资源传承和生物多样性保护典范，具有国家代表性和全球性保护意义。

5. 武夷山国家公园

武夷山国家公园跨福建、江西两省，保护面积 1280 平方千米，分布有全球同纬度最完整、面积最大的中亚热带原生性常绿阔叶林生态系统，是我国东南动植物宝库。武夷山有着无与伦比的生态人文资源，拥有世界文化和自然“双遗产”，是文化和自然世代传承、人与自然和谐共生的典范。

首批国家公园建设，充分体现了我国“生态保护第一、国家代表性、全民公益性”的国家公园理念，保护了最具影响力的旗舰物种、典型自然生态系统和珍贵的自然景观、自然文化遗产，实现了重要生态区域大尺度整体保护，对建立以国家公园为主体的自然保护地体系具有重要的示范引领作用。

国家公园是生态文明建设的"国之重器"。建设国家公园，就是要把自然生态系统最重要、自然景观最独特、自然遗产最精华、生物多样性最富集的部分保护起来，保持自然生态系统的原真性和完整性，体现全球价值、国家象征、国民认同，给子孙后代留下珍贵的自然资产。因此，国家公园体系的建立在理念和目标上必须坚持生态保护第一、国家代表性、全民公益性的国家公园理念，实现自然生态系统的原真性、完整性保护，维护国家生态安全，为建设美丽中国和人与自然和谐共生的现代化筑牢生态根基。

第二节　全面加强野生动植物保护

自第一次工业革命以来，人类不断提高对自然的利用能力，但对自然的过度开发也导致一系列的问题，包括野生动物栖息地转变为工业用地，迫使野生动物迁徙。一方面增加野生动物体内病原的扩散传播，另一方面由于环境、疾病等问题导致了生物多样性锐减等问题。对人类而言，只有与自然和谐共生，平衡人与自然的关系，维护生态系统平衡，人类的健康才能得以守护。因此，要深化对人与自然生命共同体的规律性认识，必须高扬生态文明这面旗帜，全面加快生态文明建设。

一、中国野生动植物保护的现状

我国地域辽阔，是世界上野生动植物物种最丰富的国家之一。我国野生动植物物种最鲜明的特点体现在：一是保存有大量的特有野生生物物种；二是珍稀野生动物物种多；三是经济野生动物种类多（可以肉用、毛羽用、观赏用和药用），这些和我国独特的地理环境分不开。

改革开放后，我国政府把保护野生动植物自然资源、改善生态环境列为基本国策，为野生动植物的保护采取了一系列实践举措，取得了一系列成就。但是，随着经济的高速发展，对野生动植物的资源需求不断增大，使得野生动植物的整体生存状态令人担忧。主要存在以下两个方面的问题：一是部分野生动植物物种仍受威胁。中国野生动植物资源受威胁的物种数量不容小觑。根据全国 34450 种已知高等植物的评估结果显示，需要重点关注和保护的高等植物 10102 种，占评估物种总数的 29.3%，其中受威胁的 3767 种、近危等级的 2723 种、数据缺乏等级的 3612 种。二是部分野生动植物的生境改善面临生存困难。

党的十八大以来，习近平高度重视野生动植物保护工作，从关心推动大熊猫、东北虎等珍稀濒危野生动物保护工作，到研究部署国家公园和自然保护地体系建设，为进一步加

强野生动植物保护工作指明了努力方向，提供了根本遵循。

近年来，中国将生物多样性保护作为生态文明建设的重要内容，纳入国家和地方经济社会发展规划，生物多样性保护不断取得新成效，90% 的典型陆地生态系统类型和 74% 的国家重点保护野生动植物物种得到有效保护。野生大熊猫种群从 20 世纪七八十年代的 1114 只，增加到 1864 只；亚洲象野外种群从 1985 年的约 180 只，增长至 300 只左右；朱鹮从 1981 年发现时仅存的 7 只，发展至野外种群超过 6000 只；藏羚羊野外种群由 20 世纪 90 年代末不足 7 万只，恢复到 30 万只以上；多地监测发现穿山甲活动，中华穿山甲种群逐步恢复。我国朱鹮、亚洲象、藏羚羊等 100 多种珍贵、濒危野生动物的种群数量，已基本扭转持续下降的态势，呈现出稳中有升的发展态势。

中国科学院生物多样性委员会 2023 年 5 月 22 日发布《中国生物物种名录》2023 版，共收录物种及种下单元 148674 个，较 2022 版新增 10381 个物种及种下单元。其中，动物部分 69658 个，植物部分 47100 个，真菌界 25695 个，原生动物界 2566 个，色素界 2381 个，细菌界 469 个，病毒 805 个。

目前，中国已成为世界上生物多样性最丰富的 12 个国家之一，涵盖世界上几乎所有生态系统类型，高等植物种数、脊椎动物种数分别占世界的 10% 和 13.7%。在国际舞台上，认真落实中卡两国元首共识，启动中东地区首个大熊猫国际交流合作项目，“京京”“四海”两只大熊猫成为卡塔尔世界杯的特殊嘉宾、友好使者，向全世界生动讲述了野生动物保护的中国故事。

二、全面保护野生动植物

野生动物，顾名思义为在野外环境生长繁殖的动物。一般而言，野生动物具有野外独立生存的特征，即不依靠其他外部因素（如人类力量）存活，此外还具有种群及排他性。野生动物资源是生态环境资源中重要的一部分，每个物种在生态环境中都扮演着重要的角色。野生植物指原生地天然生长的珍贵植物和原生地天然生长并具有重要经济、科学研究、文化价值的植物。野生植物是宝贵的自然资源和战略资源，在保护生物多样性、维持生态平衡、发展生物产业、满足人类物质文化需求等多个方面发挥着重要作用。因此，野生动植物是自然生态系统的重要组成部分，是保障经济社会可持续发展不可缺少的战略资源。保护濒危动植物资源、维护生态平衡，关乎人类生存和发展，也是衡量一个国家和民族文明进步的重要标志。

《“十四五”林业草原保护发展规划纲要》强调要贯彻落实习近平总书记“全面保护野生动植物”重要指示批示精神，构建野生动植物保护和监管体系，维护生物多样性和生物安全。党的二十大报告明确提出要提升生态系统多样性、稳定性、持续性，要实施生物多样性保护重大工程。因此，“十四五”时期，我国已迈入全面保护野生动植物的新时期。

全面加强对野生动植物保护的主要目标和任务：一是将加强珍稀濒危野生动植物保护，实施大熊猫、亚洲象、海南长臂猿、东北虎、中华穿山甲、四爪陆龟等 48 种极度濒危野生动物及其栖息地抢救性保护。二是划定并严格保护重要栖息地，连通生态廊道，重要栖息地面积增长 10%。严禁野生动物非法交易和食用，从严查处违法违规行为，革除滥食野生动物陋习。三是加大禁食野生动物处置利用的指导、服务和监管力度。保护繁育珍稀濒危野生植物，开展50种极小种群野生植物抢救性保护，对分布极度狭窄、种群数量稀少或生境破坏严重的100种植物，开展迁地保护和最小人工种群保留。四是完善35处珍稀濒危野生植物扩繁和迁地保护研究中心。五是建设国家重点保护和极小种群野生植物种质资源库。六是加强药用野生植物资源人工培植。七是强化疫源疫病监测预警和防控。八是加强外来物种管控，开展外来物种入侵物种普查，结合现有监测站点布局入侵物种监测站点1500个。

目前，中国全面加强野生动植物保护的各项工作正在顺利开展。例如，2023年5月9日，《中华人民共和国濒危物种进出口管理办公室公告》（2023年第2号）公布了《中华人民共和国缔结或者参加的国际公约禁止或者限制贸易的野生动物或者其制品名录》，同时废止2019年第4号公告。在国际合作方面，2022年完成全球环境基金赠款“长江经济带生物多样性就地保护项目”设计文件等。

三、全面依法保护野生动物

为了保护野生动物，拯救珍贵、濒危野生动物，维护生物多样性和生态平衡，推进生态文明建设，全国人民代表大会常务委员会对1988年的《中华人民共和国野生动物保护法》进行了三次修正和两次修订。其中，两次修订和第三次修正都发生在2016年以来。既反映了中国对野生动物保护的高度重视，又反映了野生动物保护对生态文明建设的重要性。依据2022年12月30日第十三届全国人民代表大会常务委员会第三十八次会议第二次修订、2023年5月1日起正式施行的《中华人民共和国野生动物保护法》，依法保护野生动物成为促进人与自然和谐共生的重要法律。全面依法保护野生物体现在以下五个方面。

第一，在范围和对象方面，全面依法保护中华人民共和国领域及管辖的其他海域的野生动物，以及从事野生动物保护及相关活动；涉及珍贵、濒危的陆生、水生野生动物和有重要生态、科学、社会价值的陆生野生动物，以及法定的野生动物及其制品。

第二，在野生动物的所有权性质方面，明确规定野生动物资源属于国家所有。国家保障依法从事野生动物科学研究、人工繁育等保护及相关活动的组织和个人的合法权益。

第三，在保护和使用方面，一是国家加强重要生态系统保护和修复，对野生动物实行保护优先、规范利用、严格监管的原则，鼓励和支持开展野生动物科学研究与应用，秉持生态文明理念，推动绿色发展。二是国家保护野生动物及其栖息地。县级以上人民政府应当制定野生动物及其栖息地相关保护规划和措施，并将野生动物保护经费纳入预算。三是国家鼓励公民、法人和其他组织依法通过捐赠、资助、志愿服务等方式参与野生动物保护活动，支持野生动物保护公益事业。

第四，在保护义务方面，一是任何组织和个人有保护野生动物及其栖息地的义务。禁止违法猎捕、运输、交易野生动物，禁止破坏野生动物栖息地。二是社会公众应当增强保护野生动物和维护公共卫生安全的意识，防止野生动物源性传染病传播，抵制违法食用野生动物，养成文明健康的生活方式。三是任何组织和个人有权举报违反本法的行为，接到举报的县级以上人民政府野生动物保护主管部门和其他有关部门应当及时依法处理。

第五，在保护的职责方面，规定国务院林业草原、渔业主管部门分别主管全国陆生、水生野生动物保护工作。同时，规定县级以上地方人民政府对本行政区域内野生动物保护工作负责，其林业草原、渔业主管部门分别主管本行政区域内陆生、水生野生动物保护工作。

除了总则，野生动物保护法还对野生动物及其栖息地保护、野生动物管理、法律责任等作出了详细规定。

随着法律保护的加强，新时代中国珍稀濒危野生动植物及其栖息地拯救保护持续加强，大量珍贵濒危野生动植物种群实现恢复性增长，国家重点野生动植物保护率达到74%，生物多样性更加丰富。我国是世界上野生动植物种类最丰富的国家之一。

本讲小结

2012年以来，以国家公园为主体的自然保护地体系建设、野生动植物保护等取得前所未有的进展和成就。在新征程上，我们需要站在人与自然和谐共生的高度，正确认识和把握以国家公园为主体的自然保护地体系建设在提升生态系统的多样性、稳定性、持续性方面的重要地位和作用，自觉推进以国家公园为主体的自然保护地体系建设，全面加强对野生动植物的保护，为全面提升生态文明建设作出新的更大贡献。

案例讨论

国家公园建设的"海南样本"：打造生态保护与社区发展共赢

海南热带雨林国家公园是我国分布最集中、保存最完好、连片面积最大的大陆性岛屿型热带雨林，也是我国乃至全球生物多样性保护的热点地区。加大保护力度、创新保护机制，近年来，随着国家公园体制试点建设的深入开展，这片雨林绘就出一幅生态环境持续向好、人与自然和谐共生的美好画卷。

1. 旗舰物种稳定恢复

海南热带雨林国家公园是海南长臂猿全球唯一栖息地。作为海南热带雨林的旗舰物种，海南长臂猿曾广泛分布于岛上的热带雨林中，但近代以来热带雨林人为破坏严重，其种群数量急剧下降。20世纪70年代已不到10只，只在霸王岭片区的斧头岭等局部区域活动，处于极度濒危状态。

近些年，自从开展长臂猿种群数量恢复工作开展以来，海南将长臂猿等珍稀物种的保护工作列入海南省政府工作报告，依托海南国家公园研究院设立了国家林业和草原局海南长臂猿保护研究中心，组建海南长臂猿保护国家长期科研基地，建立起一套保护研究的长效机制。海南长臂猿栖息地环境逐渐恢复。据海南省林业部门统计，2003年第一次开展海南长臂猿野外种群数量大调查时，海南长臂猿只有2群13只；2013年上升到3群23只；2020年继续上升至5群33只；如今再添两只婴猿。海南国家公园研究院相关负责人表示，种群数量稳定增长，表明海南长臂猿繁殖状况良好，生存环境和生存状态在稳步改善，海南热带雨林等自然生态空间得到修复和扩大。不久之前，在法国马赛举办的第七届世界自然保护大会上，海南长臂猿种群数量稳步恢复的“中国案例”在会议现场作为重大成果进行展示。

2. 体制机制有特色

一只野生猕猴从枝头一跃而下，体型健硕的野猪跑起来摇头晃脑，还有松鼠、小爪水獭和各种鸟儿也纷纷亮相……几天前，海南热带雨林国家公园管理局吊罗山分局工作人员邢金宝和往常一样，打开该片区的“电子围栏”，实时监控平台导出海量照片，霎时间拼凑成一幅生机盎然的“雨林百兽图”。这得益于海南热带雨林国家公园“智慧雨林”项目建设。

雨林片区于海南岛中部山区，规划总面积4400余平方千米，约占海南岛陆域面积的1/7，涵盖五指山、鹦哥岭、尖峰岭、霸王岭、吊罗山、黎母山多个自然保护区。统筹建设国家公园，海南的做法是什么？

“试点两年来，海南从理顺管理体制、创新运营机制、健全支撑保障、强化监督管理四个方面，积极探索建设中国特色国家公园模式，全力推进热带雨林国家公园建设。”海南热带雨林国家公园管理局局长黄金城说。

2021年9月，历时近一年的《海南热带雨林国家公园生态系统生产总值（GEP）核算研究报告》正式通过了专家组验收，并对外正式公布。通过科学的测算，海南热带雨林估值为2047亿元，单位面积GEP为0.46亿元每平方千米，海南热带雨林国家公园也成了中国首个发布GEP核算成果的国家公园体制试点区。

海南热带雨林国家公园管理体制也在不断升级完善。建立国家公园管理局、管理分局两级管理体制，市县派驻国家公园管理局执法大队、森林公安双重执法机制；建立部省、省市县协同管理机制，印发试点方案和总体规划，出台10多项制度、办法和规范，将国家公园管理纳入法治化轨道；构建起覆盖试点区的森林动态监测“大样地+卫星样地+随机样地+公里网格样地”四位一体的热带雨林生物多样性系统……

随着管理体制的理顺，海南省着手开始对热带雨林国家公园范围内的各类已有开发项目进行排查和清退。截至去年年底，海南已出台和编制完成《海南热带雨林国家公园内矿业退出工作方案》《海南省小水电站清理整治方案》和《海南热带雨林国家公园范围内现有开发项目对生态影响的复核评估报告》。现已落实了国家公园范围内需退出的9座小水电站补偿资金。

3. 把空间“退还”雨林

“拿起猎枪打猴子，放火烧山种稻子，砍下大树换票子。”这是山里人以前常说的顺口溜。符惠全在海南省白沙县南开乡长大，2011年，22岁的他从部队退伍，父亲说：“回家吧，我们一起护着家里的山山水水。”就这样，符惠全回到了南开乡，成为鹦哥岭保护区南开管理站的一名护林员。11年来，上山巡护、下乡科普，风雨无阻。现在最让符惠全高兴的是，随着规范管理、转变发展方式和长期的科普宣教，本地居民的环保意识不断提升，保护雨林的本土力量不断壮大。目前，鹦哥岭共有村民巡护员490人，分别来自10个乡镇39个村委会，他们中不乏老猎手、伐木工。

从过度开采破坏到主动参与保护，如今，居民们还将曾经侵占的空间“退还”给雨林。2019年，海南省委省政府印发《海南热带雨林国家公园生态搬迁方案》，开展处于主要江河

源头等核心保护区的生态搬迁。高峰村整村搬迁，每户在新村分得1套115平方米的房子和人均10亩的橡胶地，原址将恢复自然生态。

2020年年底，高峰老村118户498人全部搬出，海南热带雨林国家公园管理局鹦哥岭分局管辖下的核心保护区生态搬迁工作基本完成。至今年年底，热带雨林核心区全部470户1885人生态搬迁将全部完成。搬出大山，村民们的生活变得越来越好，野生动植物也有了更多生存栖息的空间。据统计，仅2019年至2020年，海南热带雨林国家公园内便有9个植物新种、5个动物新种、5个大型真菌新种被发现。

海南以生态立省，海南热带雨林国家公园建设是重中之重，同时海南国家公园建设需要站在实现人与自然和谐共生的中国式现代化的高度加以认识和建设。因此，2022年4月习近平到海南考察时强调海南要跳出海南看待热带雨林国家公园建设这项工作，要视之为“国之大者”，充分认识其对国家的战略意义，抓实抓好。

问题讨论

1. 海南国家公园建设为什么是“国之大者”？有哪些经验启示？

2. 谈谈你对国家公园建设与生态文明建设的关系的认识。

3. 结合首批国家公园的建设，谈谈该怎样推进以国家公园为主体的自然保护地体系建设？

推荐阅读

1. 习近平谈治国理政（第三卷）. 习近平 . 外文出版社，2022.

2. 中国国家公园治理体系研究 . 刘金龙 . 中国环境出版社，2018.

3. 地球上最孤单的动物：43种濒危动物插画集 .［英］米莉·玛洛塔·后浪 . 四川美术出版社，2019.

第六讲

新时代生态文明建设与绿色富民

绿色富民体现了中国生态文明建设的独特价值追求，是在习近平生态文明思想引领下，着力发展绿色富民产业，坚持在保护绿水青山的同时，也将生态资源优势转化为经济优势，彰显的是绿水青山就是金山银山的发展理念和生态惠民的价值追求。

第一节　生态扶贫和生态富民

在追求可持续发展的当今世界，要破解发展中人对物质利益的追求与人赖以生存的生态环境的关系这一难题，意味着扶贫开发不能以牺牲生态为代价，必须探索生态脱贫新路子，让贫困人口从生态建设与修复中得到更多实惠。早在 1981 年 12 月第五届全国人民代表大会第四次会议通过的《关于开展全民义务植树运动的决议》中就明确指出了:“发达的林业，是国家富足，民族繁荣，社会文明的标志之一。”我国正在探索生态扶贫的新路，并取得了显著的效果。

一、大力推进生态扶贫

党的十八大以来，国家林业和草原局发挥林草行业区位优势、资源优势、产业优势和技术优势，深入践行绿水青山就是金山银山的理念，大力推进生态扶贫。

第一，以生态补偿助力扶贫。2016 年，国家林业和草原局会同财政部和国务院扶贫开发领导小组办公室创新思路、主动作为，充分发挥林草资源丰富的独特优势，在中西部 22 个省（自治区、直辖市）有劳动能力的建档立卡贫困人口中选聘了 110.2 万名生态护林员，带动 300 多万贫困人口脱贫增收，新增林草资源管护面积近 9 亿亩，有效保护了森林、草原、湿地、沙地等林草资源，实现了生态保护和脱贫增收“双赢”。

第二，以国土绿化推进扶贫。弥补地理差距，向中西部地区倾斜生态资源。为中西部地区安排生态任务，推广优秀生态脱贫模式，创新生态工程运作，吸纳贫困人口。

第三，以生态产业推进扶贫。既要保护生态，又要发挥贫困地区林草资源优势，大力支持发展具有当地特色的生态产业，带动贫困人口脱贫增收。

第四，推进定点帮扶，助力脱贫摘帽。认真履行脱贫主体责任，设立生态脱贫专项基金，帮扶定点县打造产业扶贫示范项目，组织开展产业帮扶、人才帮扶、党建帮扶等，在人力、物力等各方面给予大力支持。

生态扶贫在脱贫攻坚战中发挥了重要作用，不仅使一部分地区和一部分人口摆脱了绝对贫困，也使一部分地区和一部分贫困人改变了面貌、转变了观念、走了经济社会转型的绿色发展之路。例如，入选美丽中国先锋榜的云南贡山县独龙江乡。过去，因受特殊的自然条件和社会发育程度制约，独龙江乡独龙族群众靠“轮歇烧荒、刀耕火种、广种薄收”等生产生活方式艰难度日。“树越砍越少，山越烧越秃”，群众却一直在“贫困线”上挣扎。国家实施天然林保护、退耕还林政策后，正确处理好生态环境保护与群众脱贫致富之间的关系，一场“护山‘复’林”的行动在21世纪初的独龙江畔持续展开。独龙江乡面积194 326公顷，其中，划分为高黎贡山国家级自然保护区的面积有171 513公顷。2001年以来，独龙江乡实施退耕还林和全面停止对天然林的商品性采伐政策。林业二类调查报告显示，从2007年至2016年，独龙江乡林地面积从20 306.87公顷增至21 597.70公顷，森林覆盖率从89.03%增至93.10%。

然而，独龙江乡山绿了、水清了，换来的却是生态的“富翁”，经济的“负翁”，直到2011年年底独龙族群众还处在居住茅草屋、出行溜索道、吃饭退耕粮、花钱靠低保，农民人均纯收入仅为1255元。资源禀赋和贫穷落后这对“落差”极大的词语同时交织成了独龙江乡经济社会的主要特征。独龙江乡生态环境保护与群众脱贫致富之间的矛盾日益突出。

党的十八大以来，绿水青山就是金山银山理念的广泛传播和大力推进生态文明建设实践的展开，使独龙江乡确立了在保护中发展、在发展中脱贫的破解生态保护与群众脱贫致富矛盾的基本思路。在保护优先的前提下发展林下特色产业和实施生态补偿政策，并通过外部力量的帮助，激发当地群众的内生动力，实现了一批就地脱贫；通过科学论证，因地制宜选择草果、重楼、中蜂、独龙牛等名特优产业，实现群众收入可持续；通过招聘生态护林员、成立生态合作社等，让群众通过参与生态保护、生态修复工程建设和发展生态产业，实现工资性和劳务性的稳定收入，从而实现独龙族群众“在保护中发展、在发展中脱贫”的目标。通过干部群众的共同努力，2018年年底，独龙江乡独龙族实现整族脱贫。同时，形成了“生态立乡、产业富乡、科教兴乡、边境民族文化旅游活乡”的发展思路，探索出了一条生态保护与脱贫“双赢”的路子，为其他地区贫困人口的生态脱贫积累了可复制、可推广的经验。

生态扶贫在脱贫攻坚战中的成效正如2018年2月习近平总书记在打好精准脱贫攻坚战座谈会上所指出的那样：“通过生态扶贫、易地扶贫搬迁、退耕还林等，贫困地区生态环境明显改善，实现了生态保护和扶贫脱贫一个战场、两场战役的双赢。”2021年2月25日，习近平总书记在全国脱贫攻坚总结表彰大会上庄严宣告，在迎来中国共产党成立一百周年的重要时刻，我国脱贫攻坚战取得了全面胜利，完成了消除绝对贫困的艰巨任务。在党领导人民实施脱贫攻坚战的过程中，生态扶贫、生态富民起到了不可磨灭的作用。

二、推动生态扶贫有效迈向生态富民

生态扶贫包括两大核心思想：一是在贫困地区实施可持续型、环境友好型扶贫开发项目，最大限度地帮助地区经济实现发展，做到对生态环境不伤害、不破坏。二是将生态环境看成是一种能够得到有效利用的扶贫资源加以开发，从而实现当地经济发展、人民生活水平提高和生态环境保护的高度统一。由此可见，生态扶贫与生态富民在本质上都指向以生态向好促进经济发展，两者内在统一。

2018年1月，国家发展和改革委员会印发《生态扶贫工作方案》，该方案明确要求推动生态扶贫有效迈向生态富民。提出推动贫困地区扶贫开发与生态保护相协调、脱贫致富与可持续发展相促进的原则，使贫困人口从生态保护与修复中得到更多实惠，实现脱贫攻坚与生态文明建设“双赢”。在历史性解决了绝对贫困问题的基础上，要防止返贫，“亟须把准绿色标尺、摸清生态家底、明确生态空间、厘清转化通道、探明生态富民模式，推动生态扶贫有效迈向生态富民”。

第一，把准绿色标尺，守住山水林田湖草沙“金饭碗”。坚持“生态优先，绿色发展”，通过保护与修复生态环境，提升生态资产，增强生态产品供给能力；鼓励市场化运作，全社会参与，通过政策引导和机制协调，建设和培育市场，引导多元主体参与，发挥市场在资源配置中的决定性作用，鼓励社会力量参与生态建设、环境保护和生态产品提供；积极探索生态产品价值实现的多元路径。不断完善政策法规，健全技术标准。

第二，摸清“生态家底”，明确绿水青山的整体价值。摸清“生态家底”，建立“生态账册”。全面普查生态功能区在吸收二氧化碳、制造氧气、涵养水源、保持水土、净化水质、防风固沙、调节气候、清洁空气、减少噪声、吸附粉尘、保护生物多样性、减轻自然灾害等方面提供的生态产品；明确绿水青山、冰天雪地的潜在价值，实现“绿水青山资本化”“生态产业实体化”“生态资产金融化”。

第三，明确“生态空间”，夯实生态“存量”，做优生态“增量”。强化“生态空间”管控。构建国土空间规划体系，强化国土空间用途管制，完善国土空间监管和立法保障，建立差异化绩效考核机制，提升国土空间治理能力，实现生态、生产、生活空间协调发展；保障生态产品高质量供给，守好“生态存量”底线。

第四，厘清“转化通道”，让“生态 GEP”变现为“生产 GDP”。有效打通生态产品价值转化的制度通道、市场通道、交易通道和产业通道，探索技术创新、品牌打造、文化资源挖掘等路径；厘清生态价值实现逻辑。编制顶层规划纲要，厘清生态产品，构建价值实现机制，搭建产品供需平台，配套价值实现措施。推动“生态资源”转化为“生态产品”，形成“生态产业”，建设“生态品牌”，支撑“生态富民”；推动“生态产品”价值实现。创新自然资源资产产权确权、生态补偿、生态产品认证和市场交易、绿色金融服务等机制，推动绿水青山成为百姓富、生态美的重要载体。

第五，探索“富民模式”，让绿水青山释放富民效应。构建生态富民制度体系、构建生态富民长效机制。规范生态资源开发秩序，厘清生态产品价格形成机制，构建合理的跨域生态补偿机制和利益分享机制，制定出台生态产业扶持机制；让绿水青山兑现富民效应。探索生态富民的保障机制，提供更多优质生态产品，满足人民日益增长的优美生态环境需要。

在生态扶贫迈向生态富民的进程中，陕西镇坪县视美好生态为贫困山区的核心竞争力，发挥优势，转变思路，将“靠山吃山、靠水吃水”变为“养山吃山、养水吃水”，初步探索出了一条以生态立县为根本的美丽经济之路。镇坪地处陕西省最南部，辖 7 镇 58 村，总面积 1503 平方千米，总人口 5.96 万人。这里山好、水好、空气好，绿水青山赋予了这方土地丰富的生态资源，森林覆盖率高达 88.6%，南江河水质保持在Ⅱ类以上，空气质量全年优良天数 350 天以上，年均气温 12.1 摄氏度，冬无严寒，夏无酷暑。与绿水青山、丰富资源形成强烈反差的，是镇坪的贫困：20 世纪 80 年代，全县努力只为一口饱饭；直到 2013 年，仍然是国家扶贫重点县，贫困面大，贫困程度深，建档立卡贫困村 43 个，占行政村总数的 74%，建档立卡贫困人口 5673 户 16 099 人，贫困发生率高达 32%。为彻底改变“靠山吃山不养山，靠水吃水不护水”的发展方式，党的十八大以来，镇坪确立生态立县、旅游兴县的发展路径，探索美丽经济富民强县之路。2014 年县委县政府出台《关于坚持生态立县推进美丽镇坪建设的意见》，县人民代表大会通过《关于加强资源保护实施生态立县的决定》，坚定绿色决策，守护绿水青山，有序根治生态问题，优化绿色空间，厚积生态基础，实施绿色招商，开发绿水青山，走上了生态立县的新路。2018 年镇坪成为安康市第一个整县脱贫摘帽县。同时，为其他地区迈向生态富积累了坚持保护优先是发展美丽经济带动脱贫攻坚的基础、建立生态自信是发展美丽经济带动脱贫攻坚的前提、找准结合点是发展美丽经济带动脱贫攻坚的关键、群众增收体系的建立是发展美丽经济带动脱贫攻坚的核心等经验，使全县在生态扶贫迈向生态富民的进程中经济活起来、群众钱袋子鼓起来。

三、加快发展绿色富民产业

习近平总书记多次强调，良好生态环境是最公平的公共产品，是最普惠的民生福祉；绿水青山既是自然财富、生态财富，又是社会财富、经济财富；绿水青山和金山银山绝不是对立的，关键在人，关键在思路。

党的二十大报告提出，建立生态产品价值实现机制，完善生态保护补偿制度。这一重要部署，对林草生态产品供给能力提出了更高要求。当前，经济发展和生态保护的关系理解把握不到位、林草产业产品附加值低等因素制约着林草绿色富民产业发展。在中国式现代化新征程上，中国将深入贯彻落实习近平生态文明思想和党的二十大作出的重要部署，坚持生态优先、绿色发展，做大做强林草绿色富民产业，更好助力实现生态美百姓富。一是妥善处理好保护和利用的关系，坚持在保护中发展、在发展中保护，坚决摒弃以牺牲生态环境为代价换取一时一地经济增长的做法，同时也要转变观念、主动作为，调整优化林草资源利用政策，在保护的基础上，鼓励科学合理利用林草资源，将资源优势不断转化为经济优势。二是以产业发展规划为引领，大力发展经济林、木竹加工、森林康养、林下经济、花卉种苗、林草中药材、木本油料、草产业、沙产业等特色产业，助推乡村振兴。三是持续优化林草产业结构，做精一产、做强二产、扩大三产，促进产业深度融合，提高林草产品附加值。四是发挥示范带动作用，深入推进现代林业产业示范省区建设，培育壮大国家林业产业示范园区、国家林业重点龙头企业、国家林下经济示范基地，持续加大宣传推介力度，办好义乌国际森林产品博览会、中国新疆特色林果产品博览会等国家级林业重点展会。五是创新林草投融资机制模式，引进更多金融资本、社会资本参与生态保护修复和林草产业发展，探索建立市场化多元化的生态保护补偿机制，保持生态扶贫政策持续稳定，助力乡村振兴和共同富裕。

四、以绿色产业贡献共同富裕

大力发展绿色产业，践行新发展理念，将生态资源绿色优势有效转化为产业可持续发展与经济可持续发展优势，以绿色产业贡献共同富裕，这是中国式现代化的内在要求。

以绿色产业贡献共同富裕的主要内容：

一是要协调东西部产业发展促进共同富裕。我国东西部区域发展不平衡不充分问题较为突出，从全国主体功能区分布来看，优化开发区、重点开发区集中在东部，对自然资源的需求远远超过其供给；西部是重点生态功能区，自然资源丰富，承担着水源涵养、水土保持、生物多样性保护等重要生态功能，为维护国家生态安全作出了重要贡献。进入社会主义现代化建设新征程，推动共同富裕高质量发展，要立足高质量发展推动东西部绿色产业协作。大力发展绿色产业推动区域高质量发展是一项系统性工程，是实现东西部共同富裕的内在要求。西部贫困地区首先要充分发挥比较优势，利用当地良好的生态环境发展精品农林业、绿色工业和生态旅游业等区域特色经济。加快构建绿色产业链与供应链，提供优质生态产品，将生态环境优势高质量转化为经济优势，缩小东西部差距。在平等协商、自愿合作的基础上，将西部地区的自然资源、生态环境与东部地区资金、人才、技术、平台等要素进行优势互补，优化东西部产业空间配置，稳步提升资源要素的利用水平，深化东西部的交流协作，加快产业集聚集群发展，推动绿色产业协作向广度和深度进军，提高东西部经济发展的质量和效益，实现互利共赢。

二是要推进生态产业化和产业生态化发展。坚持系统观念，突出问题导向，按照生态系统的内在规律，统筹考虑自然生态各要素；推进农业结构调整，优化农业生产力布局，加强数字技术的推广应用力度，促进农业向绿色、有机、生态方向发展；引入新材料、新装备、新技术，大力发展环境敏感型产业，以清洁生产为技术创新的导向，加快推进传统乡村工业实现绿色循环低碳发展；依靠技术创新和管理创新，对乡村服务业进行生态化改造，大力发展生态商业、生态物流等现代服务业新业态。

“千万工程”调研行：一片绿色生发百变业态——“千万工程”引领浙江乡村绿色产业勃发

三是要推动制造业绿色化、智能化转型。党的二十大报告中指出，实施产业基础再造工程和重大技术装备攻关工程，支持专精特新企业发展，推动制造业高端化、智能化、绿色化发展。步入新时代的十年来，我国制造业的高端化、智能化、绿色化发展取得新成效。只有紧扣高质量发展的要求，优化制造业结构，做大做强新兴产业，推动质量变革、效率变革、动力变革，才能继续推动高端化迈进取得新突破、智能化升级迈出新步伐。以高质量绿色转型推动产业可持续发展，助力共同富裕。

2023 年 1 月，国务院新闻办公室发布《新时代的中国绿色发展》白皮书，经济发展的含金量和含绿量显著提升。战略性新兴产业成为经济发展的重要引擎，绿色产业蓬勃发展，截至 2022 年年底，全国风电、光伏发电装机突破 7 亿千瓦，均处于世界第一。绿色生产方式广泛推行。2012 年以来，我国以年均 3% 的能源消费增速支撑了年均 6.6% 的经济增长，中国成为全球能耗强度降低最快的国家之一。全国各地认真践行绿水青山就是金山银山理念，坚持生态优先、绿色发展，坚持生态为民、合理利用，守护绿水青山，做大金山银山，推动广大山区、林区、沙区、草原利用资源优势，发展绿色富民产业。林业产业年产值十年增长 1 倍、已超过 8 万亿元，林产品进出口贸易额超过 1900 亿美元，东北的森林食品、新疆的林果、南方的油茶、云南的菌子，丰富了百姓餐桌，鼓起了农民腰包。林草生态扶贫带动 2000 多万人增收脱贫，从建档立卡贫困人口中选聘生态护林员 110 万名，带动 300 多万人精准脱贫，生态美与百姓富取得了阶段性成果，林草产业富民能力逐步增强。

第二节 在“双循环”新发展格局中谋求绿色富民

森林和草原是重要的可再生资源。合理利用林草资源，是遵循自然规律、实现森林和草原生态系统良性循环与自然资产保值增值的内在要求，是推动产业兴旺、促进农牧民增收致富的有效途径，是深化供给侧结构性改革、满足社会对优质林草产品需求的重要举措，是激发社会力量参与林业和草原生态建设内生动力的必然要求。党的十八大以来，我国践行习近平生态文明思想，深化供给侧结构性改革，大力培育和合理利用林草资源，充分发挥森林和草原生态系统多种功能，促进资源可持续经营和产业高质量发展，有效增加优质林草产品供给。在国内国际“双循环”新发展格局中打造林草富民产业，提升生态文明建设的水平。

一、以林产品贸易拉动林业富民

2012 年以来，中国林产品贸易取得长足进展，为在国内国际“双循环”新发展格局中拉动林草富民产业的发展奠定了良好基础。

第一，林产品贸易市场活力逐步提升，贸易成果稳中有进。2012 年，林产品贸易市场景气指数下滑，出口增速大幅回落至个位数，进口下降；木材产品市场总供给（总消费）减少。从 2013 年起，林产品贸易市场景气指数回升。从进出口贸易来看，2016 年林产品进出口贸易总额为 1351.03 亿美元，其中，林产品出口 726.77 亿美元，林产品进口 624.26 亿美元，林产品贸易顺差为 102.51 亿美元。林产品进出口贸易中木质林产品占绝对比重。从主要贸易伙伴看，中国林产品贸易以亚洲、北美洲和欧洲市场为主。前 5 位出口贸易伙伴依次是美国、中国香港、日本、越南和英国；前 5 位进口贸易伙伴分别为美国、泰国、印度尼西亚、俄罗斯和加拿大。2018 年，林产品出口和进口较快增长，但出口增速低于进口增速，贸易逆差有所扩大；木材产品总供给小幅下降；原木与锯材产品总体价格水平环比稳中微降，同比先涨后跌、总体小幅上扬。

第二，对外合作实现深化，逐步走向国际经济舞台贡献中国智慧。十年来，美国、日本为我国主要的林产品贸易出口市场。进入 2018 年以来，我国深入开展林产品贸易对外合作，取得显著成效。2018 年，政府间林草国际合作积极服务国家外交大局，林业内容被纳入第七届中非合作论坛北京峰会、第七次中日韩领导人会议、第七次中国 - 中东欧国家领导人会晤、第五轮中德政府磋商、第 20 次中欧领导人会晤的成果文件以及我国与尼泊尔、巴基斯坦等国领导人共同发表的联合声明。2018 年，全年完成部长级高层会晤 30 余场，签署了 10 份林业领域合作协议，召开了 16 次机制性合作会议。国际贷款项目成果丰富，世界银行、欧洲投资银行联合融资"长江经济带珍稀树种保护与发展项目"准备工作进展顺利。亚洲开发银行贷款"西北三省区林业生态发展项目"进入竣工准备阶段。项目营造经济林 3.89 万公顷、生态林 0.50 万公顷，培训人员 14.5 万人次，累积使用贷款 8710 万美元、赠款 420 万美元。欧洲投资银行贷款林业打捆项目继续实施。截至 2018 年年底，项目累计完成营造林任务 4.6 万公顷，其中，人工造林 3.3 万公顷，改造培育 1.3 万公顷；完成项目总投资 7.5 亿元，其中，欧洲投资银行贷款（报账金额）1.5 亿元，协调落实配套资金 6 亿元。

第三，扩大宣传，提升林业产业影响力。2019 年，我国林业产业发展进入"硬核时代"。搭建交易平台，推动产业进步。同年，国家林业和草原局与有关省（区）政府联合举办了第十六届中国林产品交易会、第十二届中国义乌国际森林产品博览会、第二届中国新疆特色林果产品博览会，充分展示林业产业发展在推动经济社会发展、促进乡村振兴、助力精准脱贫等方面的成就和贡献，进一步扩大林业产业的社会影响力，助力林产业贸易。2019 年 9 月 19~22 日，国家林业和草原局与山东省人民政府在山东省菏泽市联合举办了第十六届中国林产品交易会。这届林交会以"绿色梦想，全新启航"为主题，参展产品包括人造板、木家具、定制家居、林业机械、种苗花卉、木本粮油、森林食品、森林旅游和森林康养等。主会场和分会场展示面积 6.1 万平方米，来自 22 个省（自治区、直辖市）和澳大利亚、韩国、日本、泰国等国的客商共 22.1 万余人次参展参会，创历届林交会规模之最。展会期间交易总额达 27.6 亿元，其中，签订销售合同及协议 1536 个、金额 25.5 亿元，现场交易额 2.1 亿元。"十三五"期间，与 25 个国家签署合作协议 33 份，在中国 - 中东欧、中国 - 东盟等高层对话机制下建立林业常态化交流机制 3 个。

近十年来，中国已成为全球木材进口的重要国家，从北半球的西伯利亚到南半球的新西兰皆有进口。我国也是林产品出口大国，包括木质家具、人造板、纸和纸制品，影响着世界木质林产品出口市场。随着林产品贸易的快速增长，国际社会对中国关注度不断提升，也出现了一些国际热点和争议，主要集中在非法采伐、大量天然林资源消失威胁生物多样性和增加温室效应、出口倾销和补贴争端等方面。如果处理不好这些问题，将会影响我国的国际形象。

二、林产品贸易"双循环"格局的打造

近年来，中国林产品贸易迅速发展，贸易额不断攀升，在世界林产品贸易中的地位更加重要。"把实施扩大内需战略同深化供给侧结构性改革有机结合起来"成为林产品贸易新格局打造的必然选择。

第一，林产品贸易面临新形势、新要求。一是要增强林产品供给能力。在绿色可持续的新发展理念的引领下，实施创新驱动发展战略，林产品供给实现绿色转型，质量和水平都实现提高。二是要通过改革，加快构建林产品贸易全国统一市场，促进林产品市场化配置，激发了林产品贸易市场主体活力。三是要面对疫情对全球贸易的冲击，始终坚持对外开放，坚持深度参与林产品贸易和全球分工。

第二，我国林产品贸易市场具有巨大潜力，多样化、高品质的林产品为利用国际市场提供巨大机遇。我国大力实施生态文明建设，实施新发展格局战略，生态环境持续向好，高质量发展前景广阔，也需要充分利用国际循环使我们的优质林产品走向全球，反过来助推国内林产要素调整整合，提升林产发展质量。

第三，打造林产品贸易“双循环”格局的战略重点是发展林业产业。一是发展林业产业可为国内带来上十万亿的投资需求，如林区道路、森林抚育、森林旅游、森林康养等林业第一、二、三产业，至少可创造上十万亿元的投资需求。二是发展林业产业可为国家储备十分重要的战略资源。特别是随着生物技术的不断创新，森林资源已成为生物质能源。三是发展林业产业可以为实现乡村振兴注入强大动力。可为农民创造兴林致富的就业岗位，极大地带动农村的消费需求，促进国内需求的良性循环。

三、在“双循环”新发展格局中加强林业富民

一方面，要进一步发挥林产品贸易在“双循环”新发展格局中拉动林业富民的作用。另一方面，开拓林业富民的国际合作空间和路径。林业产业是全球规模最大的绿色经济体，作为被国际社会认可的应对气候变化的战略途径，历次气候大会已相继将森林碳汇、湿地碳汇和林产品碳汇列为应对气候变化的重要举措。因此，一是要加强林业产业的国际合作。发展林业产业具有巨大的国际市场空间，经济发展对林产品需求是一种刚性需求，要抓住一切机遇修复国际供应链并拓展新的市场渠道，逐步恢复林产品的进口水平，保持我国在全球林产品贸易中的地位。例如，木材与木制品贸易，目前中国已与100多个国家和地区建立了木材和木制品贸易关系。这有利于推动全球绿色发展，有利于消除贫困和应对气候变化。在国际合作中，2022年，扎实开展履约示范，提升履约影响力。例如，一方面，国家林业和草原局领导视频会见联合国森林论坛（UNFF）新任秘书长，进一步促进与UNFF秘书处的良好合作关系；扎实推进履行《联合国森林文书》示范单位建设等。另一方面，强化境外非政府组织管理，巩固民间渠道合作。贯彻落实《境外非政府组织境内活动管理法》并依法开展项目管理，组织开展40次专家评估论证，落实项目资金9470万元人民币。同时，认真实施国际金融组织赠贷款项目，加快新项目开发。指导世界银行和欧洲投资银行联合贷款“长江经济带珍稀树种保护与发展项目”，累计完成营造林14.65万公顷，完成省、县、国有林场各层级共86个森林经营方案。推进全球环境基金赠款“中国森林可持续管理提高森林应对气候变化能力项目”示范活动。2023年2月，国家林业和草原局与法国欧洲和外交部探讨中法林草合作，双方同意继续在现有合作框架下加强交流，推动政策对话、技术交流以及两国自然保护地结对等合作。国家林业和草原局东盟林业合作研究中心参加中国–东盟首期林业国际合作大讲堂，交流和推动中国和东盟的林业合作。二是要搭建更加便捷和高效的林产品贸易平台。例如，2023年6月1日中国（大连）林产品国际交易中心正式启动。该交易中心涵盖大宗进口木材、木制品、森林食品等林产品现货交易，将与大连商品交易所形成期货、现货交易联手的市场体系，推动进口原木、锯材等产品期货上市，为大连林产品的国际贸易提供更加便捷和高效的平台。目前，已有两个期货品种上市，其中胶合板2022年成交额127.98亿元。随着中国（大连）林产品国际交易中心的正式启动、中国（国际）林产品高峰论坛的顺利召开以及中国（大连）国际林产品进出口

博览会的火热开启，将正式形成大连国际林产品中心“1+2”项目新格局，助推大连打造成为具有一定影响力的国际木业中心。三是要以林业产业新发展有效促进绿色“一带一路”合作。2019 年 4 月 26 日，习近平主席在第二届“一带一路”国际合作高峰论坛开幕式的主旨演讲中指出：“要秉持共赢、共建、共享原则，坚持开放、绿色、廉洁理念，努力实现高标准、惠民生、可持续目标。”发展林业产业是推进绿色发展的关键。经过多年的艰苦努力，我国已经极大地提升了森林资源的利用效率。加强林业高新技术与“一带一路”国家的合作，必将为推进“一带一路”国家绿色发展作出新贡献。2022 年，推进欧洲投资银行“黄河流域沙化土地可持续治理项目”和亚洲开发银行贷款“丝绸之路沿线地区生态治理与保护项目”准备与谈判签约工作。

四、加快林业碳汇的绿色富民步伐

以气候变暖为特征的全球气候变化问题受到国际社会和各国政府的高度重视，已成为当今国际政治、经济、环境和外交领域的热点问题，更是涉及各国经济社会发展的重大战略问题。而森林作为陆地生态系统的主体，具有强大的吸收和储存二氧化碳的功能，对减缓和适应气候变化有着不可替代的作用。

林业碳汇则是森林生态系统吸收大气中的二氧化碳并将其固定在植被和土壤中，从而减少大气中二氧化碳浓度的过程、活动或机制。这其中包括了通过营造林措施恢复森林植被和加强森林经营增加碳汇；通过减少毁林、保护森林和湿地等减少碳排放以及促进碳汇交易等活动和机制。政府间气候变化专门委员会（IPCC）第四次评估报告指出：林业具有多种效益，兼具减缓和适应气候变化的双重功能，是未来 30~50 年增加碳汇、减少排放的成本较低、经济可行的重要措施。专家认为，如果在 2050 年前将森林砍伐速度降低 50%，并将这一水平维持到 2100 年，能减少碳排放约 500 亿吨。

长期以来，中国政府一直坚持把发展林业作为应对气候变化的有效手段，通过大规模推进国土绿化、森林资源保护以及加强森林经营提高森林质量等措施来增加林业碳汇。目前，中国是全球森林面积增加最快、人工林最多的国家。林业碳汇呈不断增加趋势。

> **知识链接**
>
> 2009 年中国政府向国际社会承诺了三个碳减排目标，其中森林“双增”目标：2020 年中国森林面积要比 2005 年增加 4000 万公顷，森林蓄积量增加 13 亿立方米；2015 年，中国在巴黎气候大会发布了国家自主贡献目标，其中，2030 年比 2005 年增加森林蓄积量 45 亿立方米。

林业碳汇交易随着国内碳市场试点的启动日益受到社会各界的关注，更多的林业碳汇减排量进入了国内外碳市场交易。

在国内，2012 年中国开展了 7 省（市）碳交易试点。2015 年，全国首个 CCER 林业碳汇项目——广东长隆碳汇造林项目获得国家发展和改革委员会减排量备案签发。中国绿色碳汇基金会积极推动应对气候变化的国内外政策的宣传和碳汇科学知识的普及，促进全社会积极参与减缓气候变化的行动。依据现有的科技手段和技术要求，碳汇基金会组织实施了

“联合国气候变化天津会议碳中和林”。截至2018年7月，已经实施碳中和林项目47个。2022年，国家林业和草原局启动林业碳汇试点建设。这是深入贯彻落实党中央、国务院关于碳达峰碳中和重大战略决策，巩固提升林草生态系统碳汇能力，充分发挥森林“碳库”作用的重要举措，也是建立林业生态产品价值实现机制的有效途径。选出了18个林业碳汇试点城市和21个国有林场森林碳汇试点。2023年5月12日，中国林业产业联合会林业碳汇分会在北京成立，旨在推动林业碳汇产业规范化、标准化、程序化，并为加快构建“政府+协会+企业+专业组织”为一体的碳汇产业化发展新格局注入了新活力。

在国际交流合作方面，目前全球的林业碳汇交易项目可分为国际项目与国内项目两大类。国际项目是按国际规则开发的项目，如占市场份额较多的CDM项目、国际自愿碳标准（Voluntary Carbon Standard，以下简称VCS）碳汇项目以及新西兰、美国加州森林碳汇项目和其他国家和地区的林业碳汇项目。CDM造林再造林碳汇项目是《京都议定书》规则下，发达国家与发展中国家合作开展的助力发达国家实现部分温室气体减排义务，同时帮助发展中国家实现可持续发展的一种合作机制。2006年，在世界银行的支持下，全球首个成功注册的CDM林业碳汇项目——“中国广西珠江流域再造林项目”在广西实施。该项目完成造林面积3008.8公顷，到2035年项目预期可实现温室气体减排量约77万吨。“退化土地再造林方法学AR-AM0001”项目是全球首个被批准的CDM林业碳汇项目方法学，为全球开展CDM碳汇项目提供了示范，在国际上产生了积极影响。近年来，在全球森林资源总体减少的背景下，中国实现森林面积和蓄积量连续30多年保持“双增长”，成为全球森林资源增长最多的国家，森林质量稳步提高、功能不断增强，生物多样性更加丰富，碳储量和碳汇量显著提升。按照联合国政府间气候变化专门委员会（IPCC）的相关规则，做好林草碳汇计量监测和国家温室气体清单编制工作，同时总结林草碳汇工作经验，努力参与国际规则制定和谈判，争取国际话语权，为国际社会应对气候变化提供中国经验等成为努力的方向。

本讲小结

党的十八大以来，我国历史性地完成了脱贫攻坚的任务，为防止脱贫后返贫，党和国家及时提出由生态脱贫转向生态富民。林产发展“双循环”格局的打造，拓展了林草发展的空间格局，为畅通国民经济循环、科技创新、深化改革、高水平对外开放、共建共治共享等发挥着更大作用。

案例讨论

久久为功、利在长远：山西右玉实现黄土高原上的生态奇迹

山西省右玉县位于山西省西北端，地处毛乌素沙漠风口地带。新中国成立初期，全右玉

图 6-1 “塞上绿洲”山西右玉
（辛泰 摄，2023 年 06 月 19 日）

县仅有残次林 8000 亩，林木绿化率不足 0.3%，土地沙化面积达 76%，自然环境状况极其恶劣。而如今的右玉县宛如一座不屈的绿洲，倔强地压住了沙地侵袭，“十三五”以来，右玉县以每年 10 万亩以上的规模推进造林绿化，实现了黄土高原上的生态奇迹（图 6-1）。

1949 年，右玉县首任县委书记张荣怀上任，通过 4 个月的全县徒步考察，确立了“右玉要想富，就得风沙住；要想风沙住，就得多种树”这一改变右玉县“十山九秃头”生态困境的治理共识。1950 年春到第二年秋天，张荣怀带领右玉干部群众挖树坑、插杨树条，造林 2.4 万多亩，从此开启了右玉人民久久为功，70 余年的生态治理征程。70 多年来，右玉县换过 20 多任领导干部，但不换的是生态治理的蓝图。70 多年的接续坚守，促进了右玉县林业生态建设和防沙治沙的有力、有序开展。右玉县创新造林绿化机制，通过谁治理谁开发、谁管护谁受益，带动发展民营林业大户 120 多个，每年以 2 万亩的速度实施退化林分修复改造，培养功能完备的森林生态系统。以风沙严重地带、风蚀严重地区为重点，打破乡村地域界限，实行连片治理、集中建设，带动全县造林水平整体提高。在这片 290 多万亩的土地上，90% 多的沙化土地得到有效治理，生态环境显著改善。

右玉县实现荒漠变青山后又面临着由“绿”转“富”的难题。早在 1983 年年底，右玉县就已经成为山西省的生态典型，却依然面临经济落后的窘境。为了生态保护，右玉县痛下决心关停了当地一家合资压板厂，走了另一条绿色发展的产业道路。1984 年，右玉县开始开发利用沙棘，从研究入手，逐步发展起沙棘产业。为防风固沙、保持水土而种下的沙棘林成为当地人民增收致富的“黄金果”。沙棘产业不仅带动了经济发展，也带动当地农户积极持续参与国土绿化之中。这种在保护中开发、在开发中保护的绿色发展模式，使右玉走上了生态美、产业兴、百姓富的可持续发展之路。2022 年，右玉县已经发展起 12 家沙棘加工企业，年产饮料、罐头、原浆、果酱、酵素、沙棘油等各类产品 3 万吨，年产值达 2 亿元左右，取得林业增效、企业增产、农民增收的良好效果。此外，除了沙棘产业，右玉县同样探索其他绿色产业体系与模式，依托优美的生态环境，右玉县建成苍头河国家湿地公园、黄沙洼国家沙漠公园、南山森林公园等一批生态观光旅游景区，大力发展森林旅游、森林康养等森林文化旅游产业。成功完成由“绿”到“富”的转变。

2012 年 9 月，习近平总书记将右玉县 70 余年生态治理、绿色致富的事迹总结为“右玉精神”，强调“右玉精神体现的是全心全意为人民服务，是迎难而上、艰苦奋斗，是久久为功、利在长远”。在生态文明建设进程中，我们要大力弘扬“右玉精神”，牢固树立绿水青山就是金山银山的理念，坚持绿色发展，锚定生态建设，久久为功，艰苦奋斗，实现建设美丽中国。

问题讨论

1. 我国防沙治沙发生了怎样的历史性、转折性变化?

2. 从“右玉精神”中，你认为如何才能使绿色产业成为人民增收致富的“黄金果”?

3. 如何在“双循环”新发展格局的打造中谋求绿色富民?

推荐阅读

1. 生态林业蓝皮书：中国特色生态文明建设与林业发展报告（2020—2021）. 王浩，李群 . 社会科学文献出版社，2021.

2. 生态文明绿皮书：中国特色生态文明建设报告（2022）. 南京林业大学中国特色生态文明智库、中国特色生态文明建设与林业发展研究院 . 社会科学文献出版社，2022.

第七讲

新时代生态文明建设与绿色生活

大力推进生活方式的转变使绿色低碳循环的生活方式为新时代我国生态环境发生历史性、转折性、全局性变化作出了不可替代的贡献。绿色消费理念形成广泛共识，绿色低碳出行成为大势所趋，生活垃圾分类处理的系统性设施建设基本形成，公民生态环境保护意识和生态文明素养持续增强，生活方式绿色转型的成效十分显著。中共中央《关于制定国民经济和社会发展第十四个五年规划和二〇三五年远景目标的建议》明确提出“开展绿色生活创建活动”，为迈入新征程的绿色生活方式的创建指明了方向、提供了遵循。

第一节　生态文明与生活方式的转变

现当代的生态环境问题追根溯源是由于不合理的发展方式导致的，发展方式主要由生产方式和生活方式构成。因此，中国高度重视生活方式的转变对于新时代中国特色社会主义生态文明建设的重要性。党的二十大报告明确指出，要加快发展方式绿色转型，实施全面节约战略，发展绿色低碳产业，倡导绿色消费，推动形成绿色低碳的生产方式和生活方式。

一、绿色生活方式的丰富内涵

绿色生活方式旨在改变生活和出行中的资源能源消费、垃圾处理、碳排放和出行方式等，以绿色生活方式“倒逼”或促进绿色低碳高质量的生产方式的形成，是实现人与自然和谐共生的应有之义。其深刻内涵至少包含以下四个方面。

第一，绿色生活方式是资源节约和环境友好的生活方式。“一粥一饭，当思来之不易；半丝半缕，恒念物力维艰。”勤俭节约是中华民族的传统美德，节约资源、保护环境更是绿色生活方式的首要前提和本质要求。中国是资源大国，也是人口大国，资源总量大、品类丰富，但人均占有量偏少，这一客观事实决定了节约资源是我国的基本国策，是创建绿色生活、推进生态文明建设、推动高质量发展的一项重大任务。改革开放以来，我国经济社会蓬勃发展，在加速工业化和城镇化过程中消耗了大量能源、水、粮食、土地、矿产等资源和原材料，“高投入、高消耗、低产出”的粗放发展方式长期得不到彻底扭转，生产生活中资源浪费现象持续存在，导致资源消费总量居高不下，高质量发展面临着资源约束长期偏紧，安全保障压力增大。进入新发展阶段，实现高质量发展、推动产业转型升级、创建绿色生活、更好满足优美生态环境需要，都对资源节约和高效利用提出了更高要求。

第二，绿色生活方式是以绿色消费为核心的生活方式。绿色消费以保护消费者健康权益为主旨，以保护生态环境为出发点，其消费行为和消费方式符合人的健康和环境保护标准的规范要求。近年来，中国政府高度重视绿色消费，共发布了101项与推进居民绿色生活相关的政策。其中，中共中央和国务院共发布26项，主要为推进绿色消费的通知、意见和方案，占26%；各部委发布相关政策共计75项，主要为落实国家决策而开展的具体措施行动，占74%。可以发现，党中央关于推动形成绿色生活方式的重要讲话或政策文件都是与生产方式或消费方式一起倡导、对应出现的。因而，积极培育绿色消费方式是构建绿色生活方式的关键所在。绿色生活方式主要是人们在衣、食、住、行、游等日常生活领域的活动方式和消费方式，符合绿色化的要求，符合节约资源、保护环境的要求，符合绿色低碳、文明健康的要求。绿色消费活动将绿色低碳的理念和要求传递和渗透到公众生活的各个方面，引导和带动公众积极践行绿色低碳的理念和要求，开展绿色生活全民创建行动。因此，绿色消费是绿色生活方式理念的重要支撑，是绿色生活方式行动的本质体现，是促进绿色生活方式形成的核心内容，是绿色生活方式的应有之义。

原声再现

"取之有度，用之有节"，是生态文明的真谛。我们要倡导简约适度、绿色低碳的生活方式，拒绝奢华和浪费，形成文明健康的生活风尚。

——2019 年 4 月 28 日，习近平总书记在 2019 年中国北京世界园艺博览会开幕式上的讲话

第三，绿色生活方式是扬弃资本主义的消费主义生活方式。消费主义作为一种舶来价值观，背离了"满足生存和发展所需"的本真价值。为了满足不断被制造出来、被刺激起来的欲望，为了追求一种体面的消费，人们渴望无节制的物质享受和消遣娱乐，并把这些当作人生的价值和生活的目的。这种消费主义是与中华民族量入为出、勤俭节约等价值观相背离的，既不利于构建反对奢侈浪费和不合理消费的绿色生活方式，也不利于社会的绿色低碳转型升级。推动形成绿色生活方式，就是要扬弃西方资本主义国家的消费主义和享乐主义，批判西方工业文明造成的资源严重浪费和生态环境的破坏，就是要求我国在推进社会主义现代化建设过程中以欧美国家为鉴，积极探索绿色现代化道路，实现现代化和绿色化的有机融合，就是要摒弃追求无节制的物质享受、掩盖人类真实性需求的生活方式，构建节约资源、保护环境的绿色生活方式，实现生产方式和生活方式的绿色化，就是要为人类生态文明作出贡献，实现世界的可持续发展。

第四，绿色生活方式是绿色低碳、文明健康的生活方式。前者是指通过减少碳排放、减少污染、减少资源能源消耗来推进绿色发展、循环发展、低碳发展的生活方式。生活消费端的碳排放涉及交通出行、快递餐饮、家居产品购买、垃圾分类处理、闲置资源利用等基本场景的碳排放，尤其是交通出行领域的碳排放占整体碳排放的 10%。可以说，如果不能实现生活消费端的碳减排，绿色低碳生活的创建行动难以深入展开。后者是指以文明实践、文明培育、文明创建为载体，传播普及健康理念，倡导良好卫生习惯，弘扬崇尚节约理念，树立绿色环保观念的生活方式。文明健康的生活方式既有益于人的身心健康，又有利于保护生态环境。通过开展各种文明实践活动，推进文明旅游、文明用餐、文明交通等文明风尚行动，推动各地城市、各类单位和各家庭以及各地学校的文明创建活动来倡导文明健康绿色环保的生活方式。绿色低碳、文明健康是绿色生活方式的重要要素之一，它直接关联到"双碳"目标的实现，要求公众在日常生活中秉持低碳理念，践行绿色、低碳、文明、健康的生活方式。

总之，我们所倡导的绿色生活方式是以新发展理念为指导，遵循社会主义生态文明原则和建设要求的崭新生活方式。它反对奢侈浪费，倡导适度消费和绿色消费，倡行无废少废和低碳出行。绿色生活方式要求摒弃消费主义和享乐主义的价值观，使绿色消费、绿色出行、绿色居住成为人们的自觉选择和行为习惯，让人们在充分享受绿色发展所带来的便

利和舒适的同时，积极贡献可持续发展和美丽中国建设，使人们在生活的点滴之间汇聚起生态环境保护的磅礴力量，形成绿色、低碳、文明、健康、简约、适度的生活方式。

二、绿色生活与生态文明建设

生态文明建设是一场思维方式、价值观念、生产方式、生活方式的颠覆性变革，是同每个人息息相关的。每个人都可以做生态文明建设的践行者、推动者。中国积极弘扬生态文明价值理念，推动全民持续提升节约意识、环保意识、生态意识，自觉践行简约适度、绿色低碳的生活方式，努力使资源开发利用不仅能够支撑起当代人的幸福生活，而且能够给后人留下生存根基。

这意味着，一方面，要以绿色低碳生活助推生态文明建设。以倡导绿色低碳生活、推动生活方式绿色化为生态文明建设凝聚民心、集中民智、汇聚民力，是形成人人、事事、时时崇尚生态文明社会新风尚的行动指南。公众既是污染的受害者，也是污染的制造者。在后工业经济社会，部分发达国家的居民直接或间接的能源消费已超过包括工业、商业、交通运输部门在内的产业部门，成为碳排放的主要增长点。在我国，居民能耗增速连续多年超过工业能耗增速，居民能耗占总能耗的比重基本维持在20%以上。预计未来进入工业化后期，居民碳排放在国家碳排放中的占比将会不断加大。实践表明，以低能耗、低排放、低污染水平实现经济的高质量发展绝非一日之功，也不是仅凭一己之力可以完成的，我们必须引导全社会广泛参与，有意识地多方面践行绿色低碳理念，切实解决好现有的生态环境问题，推动公众生活方式和消费模式向绿色化转变。这不仅可以创设出巨大的环境效益，也可以带来可观的经济效益。加快推动生活方式绿色化，可以“倒逼”生产方式绿色化，为社会需求提供更多的绿色产品；以倡导绿色生活为核心，从市民的衣、食、住、行、游等方面入手，对绿色生活的实践进行规范指导；积极构建绿色生活方式，可以引发人们的思想观念、消费观念和生活方式的全方位变革，为推动生态文明建设和美丽中国建设奠定坚实的社会群众基础；将倡导文明健康绿色环保的生活方式融入精神文明教育，可以大力促进生态文化建设和培育生态道德，广泛传播生态价值理念，充分发挥生态文化引领风尚、凝聚共识、精神支撑的重要作用，通过文化的导向、激励、凝聚等功能，将保护环境变成每个人自觉的社会责任、意识行为，以增强生态文明建设的综合实力。

另一方面，以生态文明建设铸塑绿色生活方式。经过多年的努力，我国走出了一条生产发展、生活富裕、生态良好的文明发展道路，逐步推动形成绿色发展方式和生活方式，成为全球生态文明建设的重要参与者、贡献者、引领者，人民群众生态环境获得感、幸福感、安全感显著提升。一是党的十八大以来，我国着力构建系统完整的生态文明制度体系，生态环境法律和制度建设进入了立法力度最大、制度出台最密集、监管执法尺度最严的时期。生态环境立法实现从量到质的全面提升。全国人民代表大会常务委员会制修订了20多部生态环境相关的法律，涵盖了大气、水、土壤、噪声等污染防治领域，以及长江、湿地、黑土地等重要生态系统和要素。生态环境领域现行法律达到30余部，初步形成了覆盖全面、务实管用、严格严厉的中国特色社会主义生态环境保护法律体系。迈入新征程的一项重要任务，是推动生态文明制度成果更好转化为生态环境治理效能，提供更多优质生态产品以满足人民日益增长的优美生态环境需要，以中华民族永续发展为目标推动绿色生活方式创建。生态环境部印发《“美丽中国，我是行动者”提升公民生态文明意识行动计划（2021—2025年）》《公民生态环境行为规范（试行）》，加强生态文明法律知识和科学知识宣传普及，引导全社会自觉履行生态环境保护法定义务，培养生态道德和环境友好型行为，自觉践行绿色生活方式。落实环境信息公开制度，印发《企业环境信息依法披露管理办法》，保障人民群众的知情权、参与权和监督权。完善信访投诉机制，推动实施生态环境违法行为有奖举报制度，鼓励群众用法律的武器保护生态环境。

生态文明建设以发展观的一场深刻革命推动形成绿色发展方式和生活方式。这场深刻革命涵盖了生产方式、生活方式和价值观念等多个方面，促使每一个人由认识向行为发生深刻变化，将是一场全面而彻底的革命，将是一场关系人民群众切身利益、关乎国家前途命运的伟大生态实践。习近平指出：“每个人都是生态环境的保护者、建设者、受益者，没有哪个人是旁观者、局外人、批评家，谁也不能只说不做、置身事外。”因此，我们必须以高度的责任感和使命感，大力推进生态文明建设，努力使人们的生产活动符合人与自然和谐相处的要求。要在全社会树立生态文明理念，深化全民节约、环境保护、生态意识，塑造生态伦理和行为规范，让蔚蓝天空、湛蓝大地、清澈碧水深深地烙印在人们的心中。开展全民绿色行动，倡导简约适度、绿色低碳的生活方式，反对奢侈浪费和不合理消费，塑造文明健康的生活方式。通过生活方式绿色革命，“倒逼”生产方式绿色转型，把建设美丽中国转化为全民自觉行动。

三、推动形成绿色生活方式的重要意义

大自然是人类赖以生存发展的基本条件。尊重自然、顺应自然、保护自然，是全面建设社会主义现代化国家的内在要求。要推进生态优先节约集约、绿色低碳发展；倡导绿色消费，推动形成绿色低碳的生产方式和生活方式。加快培育绿色生活方式对新时代中国特色社会主义生态文明建设和人与自然和谐共生的现代化建设具有十分重要的现实意义。

1. 推动形成绿色生活方式是实现人与自然和谐共生的应有之义

不合理的生活方式是造成生态环境问题的重要原因，也是制约人与自然关系的根本所在。自从人类进入工业文明时代，人们以消费主义为取向，发展出一种消费主义的异化生活方式。消费主义引发的不仅仅是消费量的迅速增长，也是整个消费模式的重构，是与“高投入－高产出－高消耗－高污染”的生产方式相呼应的高消费模式。生态学马克思主义者将这种模式的消费称为“异化消费”。这种“异化消费”异化了消费目的、消费行为和消费环境。消费成为幸福的同义词，决定消费的不再是需求，而是占有的欲望，无休止的欲望又随着消费品的不断获得而不断膨胀，永远得不到满足，陷入了“为消费而消费”的生活怪圈。最终，消费品的符号价值替代了它的实际使用价值和消费者的客观需求，成为如何消费的决定性因素。这种异化消费方式不仅加剧了自然资源的浪费、生态环境的破坏和生态系统的脆弱和退化，还污染和恶化了人们的日常生活环境，造成人类的生存性危机。例如，20世纪初，世界能源消费量不足10亿吨标准煤当量，到1950年就已达到25亿吨标准煤当量；地球森林面积历史上曾高达76亿公顷，到1975年已减少至26亿公顷；作为物质需求指标的金属总消耗量也迅速增长，1870—1970年的100年间，世界钢铁、铜、铅、锌、铝的消耗量分别增长了200%、2700%、6100%、110%、3000%。生产和消费产生的废

弃物大量随意排放，导致“八大公害事件”等环境事件频发，严重危及人类的生存与发展。此外，消费不平衡问题同样突出。有研究表明，以 2009 年为例，人口只占全球 14.77% 的 28 个发达经济体消耗了 48.54% 的全球能耗、38.88% 的金属矿产品，引致全球 44.53% 的二氧化碳排放和 28.8% 的硫化物排放。人类必须尊重自然、顺应自然、保护自然。只有更好平衡人与自然的关系，维护生态根基，才能使人类生活绵延不断。因此，为了实现人与自然的和谐发展，必须大力倡导生活方式绿色化转型。

2. 以生活方式绿色转型推进美丽中国建设

美丽中国是生态文明建设的目标和愿景。党的十八大首次明确“美丽中国”是生态文明建设的总体目标；党的十九大进一步将“美丽”写入社会主义现代化强国目标，提出“人与自然和谐共生”的基本方略，要求“加快生态文明体制改革，建设美丽中国”；党的十九届五中全会确定了到 2035 年基本实现社会主义现代化远景目标，提出要广泛形成绿色生产生活方式，碳排放达峰后稳中有降，生态环境根本好转，美丽中国建设目标基本实现。推动形成绿色生活方式，无疑是实现“美丽中国”愿景的重要举措。

以生活方式绿色转型推进美丽中国建设就要从人类活动出发，使人的生产、生活向着资源节约、环境友好的方向发展，使开发建设的强度、规模与资源环境的承载能力相适应，使生产、生活的空间布局与生态环境格局相协调，使生产、生活方式的变革与自然生态系统良性循环的要求相适应。建设美丽中国需要将绿色发展理念贯彻落实到日常的衣、食、住、行、游之中，摒弃奢侈浪费、过度消费、炫耀性消费等不良消费方式，因地制宜地实施全民绿色行动，从居民的衣食住行到休闲娱乐活动全方位地渗透绿色理念，努力使绿色生活常态化。以持续推动形成绿色生活方式继承勤俭节约、人与自然和谐共生的中华优秀传统美德，为提高生态文明建设水平、建设美丽中国奠定深厚的文化基础，使得“天蓝、地绿、水清、土净、气洁”的良好生态生活环境成为我们身边的常态。

3. 以绿色生活方式转型助力人的全面发展

绿色发展和绿色生活的主体是人，离开了人无所谓绿色生活，离开人的全面发展的绿色生活则是失去时代依据和终极追求的绿色生活。在以工业文明为特征的现代社会，人的独立性得以确立，人获得了前所未有的发展，并为由物的依赖性基础上的独立性向自由个性发展提供了基础。但同时这种发展是片面的、畸形的，物质占有成了一种普遍的社会现象。一方面，人们把物质占有看成是人生的最高理想，实际上是把物的价值置于人的价值之上，而在马克思看来，物的价值的升值意味着人的价值的贬值，物的价值的升值与人的价值的贬值成正比。另一方面，把物质占有看得高于一切，实际上是扼杀或取消了人的其他方面的丰富需求，从而把人的发展的全面性要求肢解开来，追求单一性的发展，使人成为“单向度的人”。绿色生活方式的构建过程也是培育公民生态道德理性，抛弃奢侈浪费、物欲膨胀的消费方式和生活方式的过程，其中在满足人们物质需求的基础上会更加注重发展型消费，更加关注自身品德与高尚人格的培养，更加追求精神层面的富足和人生价值的实现。推动形成绿色生活方式为提高公民生态文明意识和创造高品质生活提供了重要途径，为实现人的自由而全面发展提供了重要支撑。人的自由而全面发展意味着人与自然之间处于和谐共生的状态，推动形成绿色生活方式是通过促进人与自然的和谐共生与和谐发展乃至促进人的全面发展来加以实现的。

第二节 绿色生活方式的创建

在大力推进生态文明建设的进程中，绿色生活创建按照系统推进、广泛参与、突出重点、分类施策的原则，开展了节约型机关、绿色家庭、绿色学校、绿色社区、绿色出行、绿色商场、绿色建筑等创建行动，绿色生活的相关政策和管理制度得以建立和完善，绿色消费和绿色发展得到促进。公共机构尤其是党政机关也带头使用节能环保产品以推行绿色办公，创建节约型机关。因此，绿色生活方式的创建在多方面取得了重大进展。

一、绿色生活方式的创建路径

习近平总书记强调："推动形成绿色发展方式和生活方式，是发展观的一场深刻革命。"实现从传统工业文明生活方式向绿色生活方式的转型，这是一项具有长期性和复杂性的任务，需要从多个方面协调推进。

1. 公众参与是创建绿色生活方式的重要内驱力

习近平总书记在2018年全国生态环境保护大会上的讲话为生态环境全民共建共享擘画了方向，"每个人都是生态环境的保护者、建设者、受益者，没有哪个人是旁观者、局外人、批评家，谁也不能只说不做、置身事外。"注重激发群众参与热情，构建公众有序参与美丽中国的全民行动体系，成为党的十八大以来推进生态文明建设的一个鲜明特色。公众通过多元化参与机制转化成为创建绿色生活方式的内生动力。

第一，加大信息公开力度，适时公布各类环境质量信息并揭露环境违法典型案件，从而切实维护公众的环境知情权。例如，通过建立例行新闻发布机制，以专题形式向社会公布重要生态环境事件及相关情况，启用"生态环境部"政务新媒体，为社会公众提供更为全面、真实、权威、便捷的生态环境资讯服务；以深入一线的"伴随式采访"形式，围绕中央生态环保督察、打好污染防治攻坚战等重点任务开展生态文明建设的采访宣传工作；还通过出台重大政策法规、及时举行新闻发布会、组织专家解读热点问题等形式积极发挥社会监督作用。

第二，开展丰富多彩的"六·五"环境日国家主场活动，尤其是2022年习近平总书记亲致贺信，鼓舞公众共同参与生态文明建设，使广大公众通过参与环境日活动增强绿色生活创建的意识。同时，生态环境部与相关部门联合开展了主题为"美丽中国，我是行动者"的宣传教育活动，旨在通过推选最美生态环境志愿者等先进典型，不断激发社会各界参与美丽中国建设和绿色生活创建的热情。

第三，向公众开放设施单位并进行环境监督。生态环境部与住建部等联动合作，持续推进环境监测设施、城市污水处理设施、垃圾处理设施及危险废物或电子废弃物设施四类设施向公众开放，这一举措既使公众接受了环境科普教育，又能参与监督设施单位环境。目前，全国共计 2100 余家设施单位向公众开放，线上线下累计接待参访公众超过 1.6 亿人次，覆盖了全国所有地级及以上城市。

2. 以顶层设计和制度建构为生活方式绿色化提供引领和保障

十年来，在绿色发展理念的引领下，推动形成绿色发展方式和生活方式能成为各个行业、各个领域的自觉行动离不开顶层设计的引领和制度建设的保障。

绿色生活创造的顶层设计主要体现在国家层面相关方案和意见的出台与实施方面。例如，2019 年 10 月国家发展和改革委员会印发《绿色生活创建行动总体方案》，2020 年 3 月国家发展和改革委员会、司法部印发《关于加快建立绿色生产和消费法规政策体系的意见》，2021 年 2 月国务院发布《关于加快建立健全绿色低碳循环发展经济体系的指导意见》，2022 年 1 月，国家发展和改革委员会等七部门发布《促进绿色消费实施方案》等。这些方案和意见的发布，为全方位全过程全员创造绿色生产、绿色生活、绿色消费等指明了方向和目标。

为了加强绿色生活创建的行动力，促进绿色生活创新的成效，政府相关部委加强了联动合作。例如，2018 年 6 月，生态环境部等五部门联合发布编制《公民生态环境行为规范（试行）》，倡导公民绿色消费，推动公民选择绿色生活方式；2019 年 5 月，交通运输部、中央宣传部、国家发展和改革委员会等十二部门联合出台了《绿色出行行动计划（2019—2022 年）》，以增强公民绿色出行意识，进一步指导和提高城市绿色出行水平；2021 年 1 月，生态环境部等六部门联合发布《“美丽中国，我是行动者”提升公民生态文明意识行动计划（2021—2025 年）》，在进一步加强生态文明宣传教育，注重公民生态文明意识提升的同时，着力引导公众积极参与生态文明建设，从生产生活方式转变入手，鼓励从我做起。

生态环境部等五部门联合发布《公民生态环境行为规范（试行）》

与此同时，完善出台相关法规，逐步建立规范标准体系，使绿色生活创建有法可依。例如，《生活垃圾分类制度实施方案》的发布实施，让实现垃圾分类有法可依；《中华人民共和国固体废物污染环境防治法》的修订出台，使改善城乡生态环境工作有目标、有章法；《中华人民共和国反食品浪费法》的颁布为根治社会顽疾提供充足法律依据；《水效标识管理办法》使推广高效节水产品、提高用水效率有依据、有方向；《绿色建筑评价标准》的修订实施，重新构建起了安全耐久、健康舒适、生活便利、资源节约、环境宜居五大评价指标体系，推动绿色建筑转型提升，更加注重品质，注重提升人民群众获得感、幸福感和安全感。

3. 持续深化生态文明的宣传教育，大力倡导绿色生活方式

当前我国生态文明建设正处于关键期、攻坚期和窗口期，必须加强对公众的生态文明宣传教育，大力宣传倡导绿色生活方式。习近平提出要“把珍惜生态、保护资源、爱护环境等内容纳入国民教育和培训体系，纳入群众性精神文明创建活动”。十年来，宣传力度不断加大，生态文化不断培育，绿色消费市场不断扩大，全民参与的绿色行动体系日渐形成。

第一，深入宣传贯彻习近平生态文明思想，引导全社会严格遵循生态文明价值观念和

行为准则。过去十年，在习近平生态文明思想科学指引下，生态文明建设和生态环境保护发生历史性、转折性、全局性变化。2021 年 5 月，党中央批准生态环境部成立习近平生态文明思想研究中心，这是中共中央着眼于推动全党全社会深入学习贯彻习近平生态文明思想作出的重大战略举措。2022 年中央宣传部和生态环境部共同编写出版了《习近平生态文明思想学习纲要》等重要理论读物。党的十八大、十九大、二十大报告关于生态文明建设的思想理论和战略部署从上到下开展了广泛的宣传和教育，并且融入了各单位的宣传教育体系中。

第二，逐渐构建起以学校教育为基础、覆盖全社会的生态文明教育体系，协同推进绿色学校创建行动。主要以大中小学作为创建对象，开展生态文明教育，提升师生生态文明意识，中小学结合课堂教学、专家讲座、实践活动等开展生态文明教育，大学设立生态文明相关专业课程和通识课程，探索编制生态文明教材读本。打造节能环保绿色校园，积极采用节能、节水、环保、再生等绿色产品，提升校园绿化美化、清洁化水平。培育绿色校园文化，组织多种形式的校内外绿色生活主题宣传。推进绿色创新研究，有条件的大学要发挥自身学科优势，加强绿色科技创新和成果转化。在此基础上，2022 年 10 月，教育部印发了《绿色低碳发展国民教育体系建设实施方案》（以下简称《方案》），该《方案》提出把绿色低碳发展理念全面融入国民教育体系各个层次和各个领域培养，践行绿色低碳理念、适应绿色低碳社会、引领绿色低碳发展的新一代青少年，发挥好教育系统人才培养、科学研究、社会服务、文化传承的功能，为实现碳达峰、碳中和目标作出教育行业的特有贡献。

> **典型案例**
>
> 生态环境部成立研究中心推进建设领导小组，制定中长期建设的规划和方案，集中资源打造“三高地、两平台”，即习近平生态文明思想的理论研究高地、学习宣传高地、制度创新高地、实践推广平台和国际传播平台；连续 3 年成功举办深入学习贯彻习近平生态文明思想研讨会，创立《习近平生态文明思想研究与实践》专刊，依托 2020 年联合国生物多样性大会（COP15）等重要国际场合，积极宣传习近平生态文明思想，有力促进习近平生态文明思想学理化阐释、学术化表达、系统化构建、大众化宣传、国际化传播。

第三，充分运用科学技术，创新生态文明和绿色生活方式的宣传、推广方式。全国生态环境政务新媒体矩阵建设不断加强，各级各类媒体运用新闻报道、专栏专题、言论评论等方式，广泛宣传、深度报道倡导文明健康绿色环保生活方式的目的意义、工作举措、经验做法。例如，生态环境部宣传教育中心与能源基金会（美国）北京办事处共同策划的 2022“低碳中国行”主题系列宣传活动——低碳百家说，全面激活了公众用短视频的方式记录或讲述亲身参与或身边发生的践行绿色低碳生活方式、实施绿色生产方式、体现低碳理念的发现或故事；举办全国生态文明原创诗赋征文活动，拍摄制作“六·五”环境日主题宣传片《“美丽中国，我是行动者”》，等等。由此，逐步形成分众化、差异化的传播趋势，通过运用微博微信、社交媒体、视频网站、手机客户端等传播平台构建线上线下交互促进的宣传、推广体系，初步形成了全域化的生态文明和绿色生活宣传、推广模式。

4. 有力促进绿色低碳生活的数字化、智能化、便捷化

加快推动数字技术赋能生活方式绿色化转型是新时代推动形成绿色生活方式的重要举措。习近平在亚太经合组织第二十九次领导人非正式会议的重要讲话中强调:“我们要加强经济技术合作,加速数字化绿色化协同发展,推进能源资源、产业结构、消费结构转型升级,推动经济社会绿色发展。”

第一,生态环境部宣传教育中心联合蚂蚁集团,在支付宝平台正式推出绿色生活倡导小程序“绿色行动”。“绿色行动”依托互联网平台的广泛参与性和有趣有益的互动性,进一步打造成全民绿色生活倡导的专项生态文明宣教阵地。该小程序集纳了“绿色出行、节约粮食、节约用电、节约用水、变废为宝、减纸减塑”共 6 个大类、25 个绿色生活行为,参与者可以通过“每日打卡”的方式持续记录自己的绿色生活行为,随着行为的累积可获得相应的勋章,勋章数量的积累达到相应标准可以获得“美丽中国行动者”电子证书,证书分为一星、二星、三星三个等级。儿童还可以通过支付宝儿童手表客户端参与绿色行动,并将获得“美丽中国小小行动者”电子证书。“绿色行动”小程序的上线,唤起并激励了更多“美丽中国行动者”的积极参与。凭借互联网平台及其用户影响力得以向全社会持续倡导简约适度、绿色低碳的生活方式。

第二,利用数字技术推动消费者的减污降碳,促进绿色生活方式的形成。例如,生态环境部宣传教育中心联合中华环保联合会、中国互联网发展基金会、国家发展和改革委员会国际合作中心、中国生态文明研究与促进会共同发起创立了“碳普惠合作网络”(简称“合作网络”)。“碳普惠合作网络”是由 18 位院士和行业专家组成的智库以及 68 家政府、企业和社会机构作为首批参与单位加入的多元化、自发自愿、非营利的协作机制,以消费端减排为主要目标,以创新碳普惠机制为主要路径,以激励公民践行绿色低碳行为和助力实现双碳目标为主要方向,按照“众筹、共享、合作、多赢”的原则和“互不隶属,合作共赢”的运行方式,聚合社会各方力量,推动全民绿色低碳行动,为减污降碳协同增效注入新的活力。碳普惠是绿色低碳发展的创新机制,通过建立商业激励、政策鼓励和核证减排量交易等公众低碳行为正向引导机制,链接消费端和生产端的减排,将个人绿色行动的涓涓细流凝聚成低碳发展的洪流,开启了个人参与减排行动的一扇新窗口,是引导公众参与绿色生活的重要途径,也将成为碳金融创新的重要领域,成为落实中国实现碳达峰碳中和的重要抓手。

二、绿色生活创建的显著成效

党的十八大以来,以习近平同志为核心的党中央大力推进生态文明建设,推动形成绿色发展方式和生活方式,使生态文明建设和绿色生活创建呈现出力度大、举措实、推进快、成效好的新特点。十年来,持续加大生态环保宣传教育力度,推动绿色低碳环保理念在各行各业生根发芽,全社会生态文明素养切实提升,绿色生活创建行动取得显著成效,城乡人居环境显著改善,绿色生活相关的体制机制和政策体系进一步健全,人与自然和谐共生的现代化迈出了坚实步伐。

1. 绿色发展理念深入人心,公民生态环境素养不断增强

绿色发展理念是新发展理念的重要内容,完整、准确、全面贯彻新发展理念是我们立足新发展阶段、构建新发展格局的内在要求。我们努力引导公众认同并践行绿色发展理念,

增强公众保护生态环境的自觉性，引导公众尊重自然、顺应自然、保护自然，力图将绿色发展和绿色生活的思维方式和价值理念贯彻落实到社会生活的各方面、各领域。

党的十八大以来，我们把强化公民生态文明意识摆在更加突出的位置，系统推进生态文明宣传教育，倡导推动全社会牢固树立勤俭节约的消费理念和生活习惯。持续开展全国节能宣传周、中国水周、全国城市节约用水宣传周、全国低碳日、全民植树节、“六·五”环境日、国际生物多样性日、世界地球日等主题宣传活动，积极引导和动员全社会参与绿色发展，推进绿色生活理念进家庭、进社区、进工厂、进农村。把绿色发展有关内容纳入国民教育体系，编写生态环境保护读本，在中小学校开展森林、草原、河湖、土地、水、粮食等资源的基本国情教育，倡导尊重自然、爱护自然的绿色价值观念。2018 年，生态环境部、中央精神文明建设指导委员会办公室、教育部、团中央、中华全国妇女联合会五部门联合发布《公民生态环境行为规范（试行）》，引导社会公众关注生态环境、践行绿色消费、选择低碳出行、减少污染产生、呵护自然生态、参加环保实践、共建美丽中国等。今年 6 月 26 日，生态环境部环境与经济政策研究中心向社会公开发布《公民生态环境行为调查报告（2022 年）》显示，公众普遍具备较强环境行为意愿。八成左右受访者能基本做到“不食用陆生野生动物”或“拒绝购买毛皮、骨制品、药剂等珍稀野生动植物制品”；近八成受访者主动关注或传播交流过环境信息；八成左右受访者能在多数情况下做到“居家或公共场所控制音量不干扰他人”或“不露天焚烧”，超七成受访者能基本做到“不燃放烟花爆竹”；超七成受访者能通过及时关闭电器、电灯或水龙头的方式节约能源资源，六成左右受访者能经常做到“夏季空调温度设定不低于 26℃”；六到七成受访者能在前往不同距离目的地或远途旅行时优先选择低碳出行方式；六成以上受访者能够按要求分类投放各类生活垃圾等。

2. 绿色生活创建行动深入展开，绿色产品消费日益扩大

中国不断普及推广绿色生活理念，至今已渗透到衣、食、住、行、游、用等方方面面，绿色生活创建行动取得积极进展，绿色产品消费日益扩大，为全面建成小康社会铺就了绿色底色，为全社会共同推进绿色发展造就了良好氛围。

2012 年以来，中国广泛开展节约型机关、绿色家庭、绿色学校、绿色社区、绿色出行、绿色商场、绿色建筑等创建行动。截至目前，全国 70% 县级及以上党政机关建成节约型机关，近百所高校实现了水电能耗智能监管，109 个城市高质量参与绿色出行创建行动。在地级以上城市广泛开展生活垃圾分类工作，居民主动分类的习惯逐步形成，垃圾分类效果初步显现。颁布实施《中华人民共和国反食品浪费法》，大力推进粮食节约和反对食品浪费工作，广泛深入开展“光盘”行动，节约粮食蔚然成风、成效显著。

国家发展和改革委等部门关于印发《促进绿色消费实施方案》的通知（发改就业〔2022〕107 号）

我们积极推广新能源汽车、高能效家用电器等节能低碳产品。实施税收减免和财政补贴，持续完善充电基础设施，新能源汽车年销量从 2012 年的 1.3 万辆快速提升到 2021 年的 352 万辆，自 2015 年起产销量连续 7 年位居世界第一。同时，不断完善绿色产品认证采信推广机制，健全政府绿色采购制度，实施能效水效标识制度，引导促进绿色产品消费。推动绿色商

场等绿色流通主体建设，鼓励推动共享经济、二手交易等新模式蓬勃发展，绿色消费品类愈加丰富，绿色消费群体持续扩大。2022 年 1 月，为深入贯彻落实中共中央、国务院《关于完整准确全面贯彻新发展理念做好碳达峰碳中和工作的意见》和《2030 年前碳达峰行动方案》有关要求，相关部、局研究制定了《促进绿色消费实施方案》。

3. 城乡环境基础设施快速发展，人居环境将向高质量迈进

党的十八大以来，多地多部门加大城乡建设力度，提升城乡社区绿化水平、加大城镇污水处理设施建设力度、推进城乡生活垃圾治理，因地制宜、精准管理，城乡人居环境得到明显改善。

我国城市环境基础设施加速发展，城市人居环境建设取得了举世瞩目的成就。在宏观层面，构建了区域整体发展的战略格局，如港珠澳大桥的建成通车，为粤港澳大湾区一带的城镇群发展奠定了重大基础设施条件。在中观层面，促进了城市功能和空间的布局优化，如北京通州城市副中心、河北雄安新区等规划建设，标志着我国城市环境基础设施建设水平达到新高度。在微观层面，方便了社区居民的日常生活，如“15 分钟生活圈”导则的制定实施，促进环境基础设施全覆盖，解决了居民出行“最后一公里”难题。持续推进农村人居环境整治提升，生态环境不断改善，乡村面貌焕然一新。农村生活垃圾、污水处理能力稳步提高。2020 年全国 95% 以上的村庄开展了清洁活动，村容村貌明显改善。农村“厕所革命”取得积极进展，2018—2020 年累计改造农村户厕 4000 多万户，2021 年全国农村卫生厕所普及率超过 70%。到 2020 年年底，农村生活垃圾收运处置体系已覆盖全国 90% 以上的行政村，并逐渐完善“户分类、村收集、乡转运、县处理”农村生活垃圾收运处置体系；农村生活污水治理率提高到 25.5%。

4. 绿色生活体制机制逐步完善，生态文明顶层设计建设持续推进

生态环境部与中央精神文明建设指导委员会办公室等五部门联合发布了《公民生态环境行为规范（试行）》，从关注生态环境、节约能源资源、践行绿色消费、选择低碳出行等十个方面引导公众积极践行绿色生活方式，被媒体称为生态环境领域继大气、水、土壤三个“十条”以后的第四个“十条”——“公民十条”。“公民十条”总结了前三个“十条”中公众参与的经验，针对公民践行生态环境责任及绿色生活方式提出了指导性建议。

党的十八大以来，我国生态文明顶层设计和制度体系建设全面推动，绿色生活机制体制逐步完善，规范标准体系逐步建立，制修订三十多部生态环境领域法律和行政法规，十多部绿色生活相关的政策制度和保障措施不断推出。《关于加快推动生活方式绿色化的实施意见》《关于加快建立绿色生产和消费法规政策体系的意见》《绿色出行行动计划（2019—2022 年）》《生活垃圾分类制度实施方案》《中华人民共和国反食品浪费法》《中华人民共和国水效标识管理办法》等一系列政策措施相继出台。

总之，为了满足人民群众日益增长的美好生活需要和优美生态环境需要，为全球可持续发展作出重大贡献，十年来，全国上下始终坚持绿色发展理念，坚持绿水青山就是金山银山，扎实推进绿色低碳高质量发展，生态环境保护发生历史性、转折性、全局性变化。污染防治攻坚战成效显著，人民群众享受到更多蓝天、碧水、净土。碳达峰碳中和有序推进，全社会节能环保意识明显提高，绿色健康生产、生活方式逐步形成。在这个进程之中，绿色生产和绿色生活的转型虽然艰难，但还是取得了阶段性重大成果。

三、推动形成绿色低碳生活方式

“十四五”时期，我国的生态文明建设特别是绿色生产方式和绿色生活方式的创建，将站在新的起点，面对新的任务和挑战，开启新的征程。在习近平生态文明思想的指引下全面推进人与自然和谐共生的现代化建设，加快发展方式绿色转型，进一步把党的二十大报告要求的“倡导绿色消费，推动形成绿色低碳的生产方式和生活方式”落到实处。

1. 生态环境保护社会共治体系将不断完善，全民共建共治共享良好局面将逐步形成

随着政府主导、企业担责、社会参与、全民行动的生态环境保护大格局逐步构建起来，再接再厉做好下一步工作，仍然需要公众力量的持续支持。生态环保成果人人共享，生态环保事业人人有责。我国生态环境保护工作重点已从污染防治转为预防为主、源头治理，转向更深层次的生态环境质量提升。而在践行绿色消费、推动绿色低碳的生产、生活方式的行动中，没有人可以置身事外，我们每个人都应积极参与生态文明建设，全社会需要不断增进了解、凝聚共识、共同行动。下一阶段，我们将积极号召生态文明建设的全民参与、广泛开展全民行动，坚持培育绿色文化和生态文化，为推动形成绿色生活方式提供内生动力；不断强化生态文明宣传教育，进一步激励全社会企业、全体人民群众共同参与美好环境与幸福生活共同缔造活动；构建多元化环保投融资机制，鼓励引导社会资本参与生态文明建设；落实环保信用评价制度，持续激励约束企业主动落实环保责任等一系列行动。可以预见，2035 年左右我国将广泛形成较为先进的绿色生产、生活方式，形成“环境情况社会知悉、环境保护广泛参与、环境问题共同解决、环境服务全民共享”的良好局面。

2. 绿色生活创建行动将进一步深化，将保持常态化、长效化

各地区各城市大力倡导简约适度、绿色低碳的生活方式，开展创建节约型机关、绿色家庭、绿色学校、绿色社区和绿色出行等行动取得显著效果和积极进展，今后我们将进一步深化绿色生活创建行动，将各项创建行动常态化、长效化。

中国人民不断深入学习贯彻落实党的二十大精神，牢固树立和践行绿水青山就是金山银山的理念，实施全面节约战略，倡导绿色消费。修订《节约型机关评价导则》国家标准，制定《节约型机关管理办法》，加强动态管理，广泛宣传引导，常态化、长效化推进节约型机关创建行动；持续推出践行绿色生活方式的家庭典型，印发省级绿色家庭创建实施方案，因地制宜制定本地绿色家庭创建标准和工作举措，常态化、长效化推进绿色家庭创建行动；将绿色发展理念贯穿社区设计、建设、管理和服务等活动的全过程，将生活垃圾分类处理系统覆盖各大城市的居民小区，常态化、长效化推进绿色社区创建行动；加快构建以公交、地铁为主的城市绿色交通运输体系，加快推广运用新能源汽车，常态化、长效化推进绿色出行创建行动；坚持生态优先、节约优先，加大建筑节能、绿色建筑和绿色建造推广力度，加快城乡建设绿色低碳转型发展，让“中国建造”贴上绿色标签，常态化、长效化推进绿色建筑创建行动。

3. 城乡环境基础设施建设将进一步加强，人居环境将显著改善

城乡人居环境得到整治和显著改善、环境基础设施建设水平不断提升是推动形成绿色生活方式和绿色发展方式的基础条件和重要任务。我国人口规模巨大、城镇数量众多、区域发展不平衡，同时人们对于生活品质的要求日益变得高标准多样化，变得更加注重享受

发展型的消费，我国农村人居环境总体质量水平不高，还存在区域发展不平衡、基本生活设施不完善、管护机制不健全等问题，要实现“人口规模巨大的现代化”的高质量人居环境建设可以说任重而道远。

“十四五”时期，我们将着力消除发展的不平衡、不充分，为持续改善城乡人居环境，高质量实施基础设施和人居环境建设，创造人民美好生活注入不竭动力。一是我国将以实施城市更新行动为抓手，着力打造宜居、韧性、智慧城市。聚焦居民所思、所想、所盼、所急，持续在解决突出民生难题、创造高品质生活上下更大力气、花更大功夫；二是我国将以农村厕所革命、生活污水垃圾治理、村容村貌整治提升、长效管护机制建立健全为重点，推动全国农村人居环境从基本达标迈向提质升级。在保障措施上将更加突出构建系统化、规范化、长效化的政策制度，提升农村人居环境治理水平，以确保到2025年，农村人居环境显著改善，生态宜居美丽乡村建设取得新进步。

4. 绿色生活相关政策和管理制度将不断建立健全，生产生活领域制度保障将进一步完善

推进绿色发展和绿色生活方式需要绿色生活相关政策和管理制度作为制度保障和重要支撑，尤其是要建立健全绿色低碳循环发展的消费体系。党的十八大以来，我国相继出台多项绿色消费和绿色生活的相关政策和管理制度，初步解决了生产、生活领域约束机制不足、政策制度缺少等问题。但我国当前关于绿色消费、绿色生活的法律法规与制度规定零散存在于各部门各行业，还没有形成完整体系。今后一个时期，面对更为复杂的经济形势，生产、生活方式绿色转型应以全面提升生活方式监管效能和监管水平为目标，一是要推动完善提高资源利用效率、扩大绿色消费、提倡绿色出行等方面法律法规制度；二是要建立健全生活垃圾处理收费制度，各地区可根据本地实际情况，实行分类计价、计量收费等差别化管理；三是要完善居民用水、用电、用气阶梯价格政策，引导居民错峰用电储能；四是要加快绿色产品认证制度建设、加大绿色产品采购力度，给予购买绿色建材、智能家电等产品的企业和居民适当补贴或贷款贴息；五是要建立多层次、差别化的交通价格体系，引导人们优先选择公共交通出行。

第三节　绿色生活与绿色生产的协同共进

习近平指出：“要把绿色发展理念贯穿到生态保护、环境建设、生产制造、城市发展、人民生活等各个方面，加快建设美丽中国。”绿色发展不仅是技术层面的革新，更是对生产方式、生活方式、思维方式和价值观念的全方位、革命性变革。新时代以来的十年，我国

推动发展方式转型成效显著。实现经济社会发展全面绿色转型，决策层意识到需要在生产端和生活消费端协同推进减污降碳。生活方式的绿色转型“倒逼”生产方式的绿色转型，绿色生产方式也促进着绿色生活方式的形成。两者实际上是相辅相成、相互促进、共生共荣的，关联生活消费端和生产端，促进形成绿色生活与绿色生产的协同机制是推动绿色发展、促进人与自然和谐共生必不可少的一环。绿色消费是绿色生活的核心内容，引领着生产、生活方式转型，需求端的有力拉动将带动消费品全生命周期的绿色低碳转型，实现需求牵引供给、供给创造需求的更高水平动态平衡。

一、以生活方式绿色革命倒逼生产方式绿色转型

1. 建立健全绿色低碳循环发展的消费体系

2022 年 1 月，国家发展和改革委员会、商务部等部门印发的《促进绿色消费实施方案》指出，到 2025 年，重点领域消费绿色转型取得明显成效，绿色消费方式得到普遍推行，绿色低碳循环发展的消费体系初步形成。到 2030 年，绿色消费方式成为公众自觉选择，绿色消费制度政策体系和体制机制基本健全。《促进绿色消费实施方案》对加快提升食品消费绿色化水平、鼓励推行绿色衣着消费、积极推广绿色居住消费、大力发展绿色交通消费、全面促进绿色用品消费等八个重点领域的消费绿色转型进行了有序部署；从推广应用先进绿色低碳技术、推动产供销全链条衔接畅通、加快发展绿色物流配送、拓宽闲置资源共享利用和二手交易渠道、构建废旧物资循环利用体系等方面来强化绿色消费科技和服务支撑；从加快健全法律制度、优化完善标准认证体系、探索建立统计监测评价体系、推动建立绿色消费信息平台等路径来建立健全绿色消费制度保障体系，完善绿色消费激励约束政策；从加大金融支持力度、充分发挥价格机制作用、推广更多市场化激励措施、强化对违法违规等行为处罚约束等方法来增强财政支持精准性。

2. 构建绿色低碳出行的服务体系

交通运输部在深入贯彻落实党中央、国务院决策部署的进程中，统筹推进交通运输节能减排和环境保护工作，加快推动行业绿色低碳转型，先后印发了《绿色出行行动计划（2019—2022 年）》《绿色出行创建行动方案》，对各地开展绿色出行创建行动作出部署安排，倡导简约适度、绿色低碳的生活方式，引导公众优先选择公共交通、步行和自行车等绿色出行方式，降低小汽车通行量，整体提升我国绿色出行水平；会同公安部、国家机关事务管理局、中华全国总工会连续多年组织开展绿色出行宣传月和公交出行宣传周活动。分三批在全国 87 个城市开展国家公交都市建设示范工程，全面落实城市公共交通优先发展战略，推动形成城市公共交通引领城市发展的模式，加快确立城市公共交通的主体地位。全国城市公共交通机动化出行分担率持续提升，基础设施不断完善。

绿色出行创建行动方案

绿色出行是绿色生活方式的必要组成部分，共享单车及电单车出行所具有的显著减污降碳效果，对推动我国交通领域绿色转型有着非常积极的作用。2021 年，共享单车在营车辆 1900 余万辆，日均订单量 4500 余万单。另外，新能源汽车呈现爆发式增长，2021 年末，新能源汽车保有量达 784 万辆，比 2016 年末增长约 5.6 倍；

新能源汽车占比达2.6%，提高2个百分点；新能源汽车销量达352万辆，增长约5.9倍。2023年5月，国家发展和改革委员会新闻发布会宣布，截至2022年末我国新能源汽车保有量超过全球总量一半。从2020年下半年、2021年、2022年新能源汽车下乡车型消费看，销量同比分别增长80%、169%、87%，保持了较快的增长势头。

3. 推进资源全面节约和循环利用体系

节约资源是我国的基本国策，是维护国家资源安全、推进生态文明建设、推动高质量发展的一项重大任务。习近平总书记在党的二十大报告中提出“推进各类资源节约集约利用”“健全资源环境要素市场化配置体系”。推进资源全面节约和循环利用、建设资源节约型社会，要强化能源消耗总量和强度双控制度，完善立法，严格执行《中华人民共和国节约能源法》，加大违法惩罚力度；严格税收制度，对于资源消耗型的粗放式企业征收高税收，通过税收手段调节排放行为；完善市场化节能减排机制，推行阶梯电价、水价、气价，拉大阶梯价格差距，“倒逼”企业节约资源；逐步提高能效标准，更新能效标识，做好市场导向，鼓励消费者选择高能效产品，逐步实现消费产品换代升级。要增强全民节约意识，推动资源节约集约高效利用，创新发展循环经济，有序推进共享经济、二手交易等新业态、新模式的发展。2022年9月，在中央全面深化改革委员会第二十七次会议上，习近平强调：“要完整、准确、全面贯彻新发展理念，坚持把节约资源贯穿于经济社会发展全过程、各领域，推进资源总量管理、科学配置、全面节约、循环利用。”

4. 构建生活垃圾全程分类体系

生活垃圾分类和处理设施是城镇环境基础设施的重要组成部分，是推动实施生活垃圾分类制度，实现生活垃圾减量化、资源化、无害化处理的基础保障，是推进生态文明建设和绿色发展的重要支撑。国家发展和改革委员会等部门先后发布了《“十四五”城镇生活垃圾分类和处理设施发展规划》《关于加快推进城镇环境基础设施建设的指导意见》，对构建科学完善的生活垃圾分类和处理体系作出了部署，为全国生活垃圾分类和处理设施建设指明了发展方向。党的十八大以来，中国因地制宜地推进生活垃圾分类收集处置，生活垃圾分类和处理能力大幅提升。各地和有关部门认真落实党中央、国务院决策部署，加大规划引导和政策支持力度，稳步推进生活垃圾分类，积极开展分类投放、分类收集、分类运输和分类处理设施建设，大力推行焚烧处理，进一步健全收转运体系，推动生活垃圾处理能力显著提升，处理结构明显优化，为推动行业高质量发展打下坚实基础。2021年，全国城镇生活垃圾无害化处理率接近100%，比2012年上升24个百分点。同时，积极挖掘生活垃圾“资源”属性，大力提升焚烧处理能力。目前，我国城镇生活垃圾焚烧处理率超过50%，已成为生活垃圾处理的主要方式。

二、以绿色生产促进绿色生活

1. 建立健全绿色低碳循环发展的供应链体系

绿色供应链是以绿色发展为引领，强调经济活动与环境保护的协调一致。通过打造供应端、物流端、数据端和消费端的闭合环链，实现种植、采购、运输、销售、回收再利用的绿色化、智能化、便捷化、精准化，让生产、服务企业获得最佳效益，让消费者第一时间享用到安全、优质、放心的生态产品。国务院印发的《关于加快建立健全绿色低碳循环发展经济体系的指导意见》为建立健全绿色低碳循环发展经济体系和构建绿色供应链作出了以下部署：鼓励企业开展绿色设计、选择绿色材料、实施绿色采购、打造绿色制造工艺、推行绿色包装、开展绿色运输、做好废弃产品回收处理，实现产品全周期的绿色环保。选择100家左右积极性高、社会影响大、带动作用强的企业开展绿色供应链试点，探索建立绿色供应链制度体系。鼓励行业协会通过制定规范、咨询服务、行业自律等方式提高行业供应链绿色化水平。绿色包装是绿色供应链管理的一部分。2012年以来，随着《快递业绿色包装指南（试行）》《邮件快件绿色包装规范》《关于加快推进快递包装绿色转型的意见》等文件的相继出台，快递包装的绿色化、减量化、可循环取得积极进展。快递企业积极探索绿色化转型，推广应用电子运单、循环周转箱、45毫米以下瘦身胶带、可降解塑料包装袋等，研发无墨印刷纸箱等绿色包装，行业绿色发展水平显著提升。2021年，快递电子运单、循环中转袋等基本实现全覆盖，可循环快递箱（盒）投放量达630万个，电商快件不再二次包装率达80.5%，新增3.6万个设置包装废弃物回收装置的网点。

2. 构建市场导向的绿色科技创新体系

科学技术是第一生产力，绿色科技创新是破解资源环境约束的根本之计。构建市场导向的绿色技术创新体系，就是要“发挥市场对技术研发方向、路线选择、要素价格、各类创新要素配置的导向作用，让市场真正在创新资源配置中起决定性作用”。要面向市场需求促进绿色科技研发，设计技术研究路线，推动绿色技术转化；充分发挥企业在绿色科技创新中的主体地位和作用，真正使企业成为绿色科技创新决策、研发投入、科研组织和成果转化的主体，加快培育形成一批具有国际竞争力的绿色创新型领军企业；完善推进绿色科技创新的体制机制和配套政策。政府要更好发挥作用，加大对绿色科技领域基础研究的投入，做好科技创新风险兜底，完善知识产权保护制度，保护企业创新权益；搭建科研院校与企业绿色科技交流平台，打通绿色科技从实验室到企业再到市场的中梗阻；加快发展绿色金融，支持金融机构加大对绿色科技的投融资服务。

2022年，为进一步完善市场导向的绿色技术创新体系，加快节能降碳先进技术研发和推广应用，国家发展和改革委员会、科技部会同有关部门研究制定了《关于进一步完善市场导向的绿色技术创新体系实施方案（2023—2025年）》。该方案进一步明确了目标引领、创新驱动，市场主导、政府引导，研用并举、突出应用，压实责任、系统推进的工作原则，确立了构建市场导向的绿色科技创新体系的重点任务。

3. 推进各领域清洁生产系统性工程

推行清洁生产是贯彻落实节约资源和保护环境基本国策的重要举措，是实现减污降碳协同增效的重要手段，是加快形成绿色生产方式、促进经济社会发展全面绿色转型的有效途径。2021年10月，国家发展和改革委员会等十部门印发的《“十四五”全国清洁生产推行方案》，全面部署了推行清洁生产的总体要求、主要任务和组织保障，按照资源能源消耗、污染物排放水平确定开展清洁生产的重点领域、重点行业和重点工程，指明了“十四五”清洁生产推行路径，对于实现绿色低碳循环发展，助力实现碳达峰、碳中和目标意义重大。推行清洁生产是一项涉及面广、综合性强的系统性工程。该方案立足新发展阶段，系统推进工业、农业、建筑业、服务业等领域清洁生产，从生产、流通、消费各环节全过程对“十四五”时期促进清洁生产做了系统部署（参见专栏 7–1）。一是突出抓好工业清洁生产，加强高耗能、高排放建设项目清洁生产评价，推行工业产品绿色设计，加快燃料原材料清洁替代，大力推进重点行业清洁低碳改造。二是加快推行农业清洁生产，推动农业生产投入品减量，提升农业生产过程清洁化水平，加强农业废弃物资源化利用。三是积极推动建筑业、服务业、交通运输业等其他领域清洁生产。

专栏 7–1　农业清洁生产提升工程

实施节水灌溉。以粮食主产区、生态环境脆弱区、水资源开发过渡区等地区为重点，推进高效节水灌溉工程建设。

化肥减量替代。集成推广测土配方施肥、水肥一体化、化肥机械深施、增施有机肥等技术。在粮食和蔬菜主产区重点推广堆肥还田、商品有机肥使用、沼渣沼液还田等技术模式。

农药减量增效。支持一批有条件的县，重点推进绿色防控，推广物理、生物等农药减量技术模式。实施农作物病虫害统防统治，培育一批社会化服务组织和专业合作社。

秸秆综合利用。坚持整县推进、农用优先，发挥秸秆还田耕地保育功能、秸秆饲料种养结合功能、秸秆燃料节能减排功能。

农膜回收处理。以西北地区为重点，支持一批用膜大县推进农膜回收处理，探索农膜回收利用有效机制。

4. 推动能源体系绿色低碳转型

面对能源供需格局新变化、国际能源发展新趋势，以习近平同志为核心的党中央提出了“四个革命、一个合作”，即“能源消费革命、能源供给革命、能源技术革命、能源体制革命，并全方位加强国际合作”，为新时代能源高质量发展指明了方向。2022 年 1 月，国家发展和改革委员会和国家能源局发布了《关于完善能源绿色低碳转型体制机制和政策措施的意见》，该文件认为，能源生产和消费相关活动是最主要的二氧化碳排放源，大力推动能源领域碳减排是做好碳达峰碳中和工作，以及加快构建现代能源体系的重要举措，强调为深入贯彻落实《中共中央、国务院关于完整准确全面贯彻新发展理念做好碳达峰碳中和工作的意见》和《2030 年前碳达峰行动方案》有关要求，完善能源绿色低碳转型的体制机制和政策措施。同年 3 月，国家发展和改革委员会、国家能源局印发了《“十四五”现代能源体系规划》，从增强能源供应链安全性和稳定性、推动能源生产消费方式绿色低碳变革、提升能源产业链现代化水平三个方面，推动构建现代能源体系。

在推动能源体系绿色低碳转型的进程中，一方面，我国坚定落实节能优先方针，实行能源消费总量和强度“双控”制度，把节能指标纳入生态文明、绿色发展等绩效评价指标体系，不断健全节能法规标准，完善节能政策机制，持续淘汰落后产能，加快传统产业升级改造和培育新动能，切实推进工业、建筑、交通等重点领域节能减排，节能降耗取得显著成效；另一方面，能源供给侧结构性改革持续推进，能源安全保障能力不断增强，多轮驱动的供应体系基本建成，能源绿色低碳转型步伐加快，能效水平稳步提升，节能降耗成效显著，能源事业取得新进展。

三、以绿色消费引领生产生活方式转型

绿色消费是各类消费主体在消费活动全过程贯彻绿色低碳理念的消费行为，既满足人们生活生产需要，又满足生态环境健康发展需要，是促进人与自然和谐发展的有效途径。

绿色消费是推动形成绿色生活方式的核心内容，是人类社会经济活动的重要组成部分。践行绿色消费不仅可以引领社会新风尚，培育生态文化价值观和新的绿色行为与生活方式，还对兼顾当前经济稳增长和实现碳达峰碳中和目标具有重大意义。经济社会的绿色转型涉及生产、流通、交换、分配和消费等多个环节，倡导绿色消费旨在用需求侧倒逼供给侧改革，通过生产环节提高资源要素配置效率，在降低成本、降低能耗的同时扩大绿色产品的供给，从而实现绿色生产和绿色消费相得益彰。

1. 扩大绿色消费以促进绿色生活

生活方式是一个广泛而深刻的概念，它不仅包括人们的物质生活，如衣食住行、休闲娱乐等，还涵盖了精神生活的道德价值观，而消费方式则是构成生活方式的重要组成部分。随着经济发展水平不断提高以及环保意识的日益增强，绿色消费成为一种新文明形态的组成部分。通过绿色消费活动，我们可以将绿色理念和要求渗透到公众生活的方方面面，引导和带动公众积极践行绿色理念和要求，从而改善社会绿色转型的治理体系。

中国科学院报告显示，我国居民消费产生的碳排放量约占全社会总量的53%。生活消费端的碳排放虽然分散，但是总量巨大。我们要围绕公众衣、食、住、行、游、办公方面建立绿色出行、绿色家居、绿色餐饮、绿色快递、绿色出游、绿色观影、绿色办公等生活消费的碳减排的基本场景，我们要大力提倡绿色消费，反对奢侈浪费和过度消费，扩大绿色低碳产品供给和消费，完善有利于促进绿色消费的制度政策体系和体制机制，推进消费结构绿色转型升级，加快形成简约适度、绿色低碳、文明健康的生活方式和消费模式，为推动高质量发展和创造高品质生活提供重要支撑。

2. 绿色消费和绿色生产相互促进

消费一端联系着生活，一端联系着生产。马克思认为，消费不仅是生产的终点，也是生产的起点；消费不但实现生产，而且反过来促进生产，同时也影响交换和分配。消费的绿色化对生产的绿色化发挥着引导和倒逼的作用。绿色消费可以促使消费结构日益趋于合理，从而引起消费领域的变革，引导绿色生产和绿色产品市场的出现并促使其加快发展。绿色消费是从终端消费环节引导生产方式向绿色低碳方向发生改变，通过市场需求激励企业加大绿色技术投入与创新，优先选择绿色技术、绿色工艺，采用绿色能源和原材料，生产绿色产品，发展循环经济，更加注重对生态环境、自然资源的保护。形成以绿色低碳消费为主的消费需求是我国从工业文明转向生态文明的不可或缺的重要一环，也是检验绿色发展理念是否真正落实、落细的重要标志。

生产的绿色化对消费的绿色化有着促进和决定性作用。有效地推进供给侧结构性改革，其中包括培育绿色交易市场机制、加大环保信息公开力度等。通过传统制造业绿色化改造示范推广，资源循环利用绿色发展示范应用，绿色产品设计、净零碳绿色工厂、净零碳工业园区、绿色供应链、绿色制造服务平台试点示范等一系列措施，建立节能环保、绿色无污染的生产方式，加大绿色产品的创新与供给，提高绿色产品的质量。

绿色消费牵引着生产生活方式转型。随着消费者在衣、食、住、用、行等领域逐步形成绿色消费行为习惯，需求端的有力拉动将带动消费品全生命周期的绿色低碳转型，推动设计、采购、生产、销售、服务等供应链的各个环节加快绿色、低碳、环保、可循环创新，实现需求牵引供给、供给创造需求的更高水平动态平衡。

本讲小结

党的十八大以来，在党的领导下，全国人民不断加强城乡环境建设，积极倡导践行绿色低碳的生活方式，逐步形成美丽人居环境、绿色生活方式，不断满足人民日益增长的美好生活需要和优美生态环境需要，人民群众的生态获得感、满足感和幸福感显著增强。新时代新征程，中国共产党团结带领全国各族人民向着全面建成社会主义现代化强国、实现第二个百年奋斗目标进军，我们要继续坚持以习近平生态文明思想为根本遵循，坚定不移贯彻新发展理念，积极践行绿水青山就是金山银山理念，坚持方向不变、力度不减，基本形成“人与自然和谐共生”的社会共识，广泛形成绿色生产、生活方式，着力推动构建生态环境治理全民行动体系，推动生态环境质量实现根本好转、生态文明建设实现新进步。

案例讨论

上海认真践行“人民城市”重要理念，持续打好垃圾分类攻坚战和持久战

2018 年，习近平总书记考察上海时对上海垃圾分类工作提出了“垃圾分类工作就是新时尚！”“我关注着这件事，希望上海抓实办好。”上海深入学习贯彻习近平总书记考察上海重要讲话精神，率先出台生活垃圾分类地方条例，按照“市级统筹、区级组织、街镇落实”的思路，建立健全“两级政府、三级管理、四级落实”的生活垃圾分类责任体系。通过建设分类投放、分类收集、分类运输、分类处置的全程分类体系，杜绝混装、混运、混处，确保分类常态长效。通过推进“定时定点”分类投放制度，避免部分居住区具体实施过程中出现“一刀切”“简单化”等现象。系统整合社区现有的智能监控装置、运输车辆全球卫星定位系统设备、网格化监控等资源，依托各级管理主体，建立市、区、街镇三级生活垃圾分类“五个环节”全程监管体系。同时，不断强化社会宣传，广泛发动群众，市民分类习惯初步养成，垃圾分类逐步成为引领绿色低碳生活方式的新时尚。

2022 年以来（疫情影响期除外），生活垃圾分类“三增一减”成效持续提升。2022 年全市可回收物分出量 7156 吨/日，有害垃圾分出量 2 吨/日，湿垃圾分出量 9313 吨/日，干垃圾清运量 15678 吨/日。目前，湿垃圾分出量基本稳定在干湿垃圾总量的 35% 左右，可回收物分出量基本稳定在日均近 7000 吨左右，有害垃圾分出量日均 2 吨以上，与 2021 年生活垃圾分类实效基本持平。2022 年全市生活垃圾处置能力达到 3.4 万吨/日，其中生活垃圾焚烧能力 2.6 万吨/日，湿垃圾资源化利用能力 8200 吨/日。随着浦东海滨焚烧厂及宝山湿垃圾厂投产，将新增焚烧处理能力 3000 吨/日、湿垃圾资源化利用能力 800 吨/日。

2023年3月，上海市绿化和市容管理局发布了《关于印发〈上海市2023年生活垃圾分类工作实施方案〉的通知》，意味着上海将积极贯彻落实党的二十大精神，贯彻落实习近平生态文明思想和习近平总书记考察上海重要讲话精神，深入践行“人民城市”重要理念，始终牢记“垃圾分类就是新时尚”重要嘱托，持续巩固生活垃圾分类实效，全力推进减量化和资源化，生活垃圾回收利用率达到43%，源头减量率达到4%，稳定实现原生生活垃圾零填埋。

问题讨论

1. 上海市是如何逐步形成垃圾分类“上海模式”的？有哪些可借鉴的成功经验？
2. 如何正确认识和把握垃圾分类、绿色生活创建、生态文明建设三者之间的关系？
3. 结合全国各地实际情况，谈谈“十四五”时期我们应如何践行绿色低碳生活？

推荐阅读

1. 论坚持人与自然和谐共生．习近平．中央文献出版社，2022.
2. 绿色发展新理念·建设美丽中国丛书绿色消费．生态环境部宣传教育中心．人民日报出版社，2019：14.
3. 新时代生态文明建设总论．钱易，温宗国．中国环境出版集团，2021.
4. 中国当代居民绿色生活方式的构建．张斐男．中国社会科学出版社，2021.

第八讲

新时代生态文明建设的示范引领

新中国成立70多年来，在中国共产党的领导下，全国人民不断加强环境保护，努力探索一条环境与发展协调、人与自然和谐相处的现代化道路。特别是2012年以来，以生态文明先行示范区的先行先试、创新变革引领人与自然和谐共生的美丽中国建设，为贯彻习近平生态文明思想、促进人与自然和谐共生、努力为中华民族争取更美好的未来、为建设美丽世界贡献了中国方案、提供了中国经验。

第一节　生态文明试验区建设

随着生态文明建设的大力推进，2015年，党中央、国务院就加快推进生态文明建设作出一系列决策部署，先后印发了《关于加快推进生态文明建设的意见》和《生态文明体制改革总体方案》。习近平总书记就生态文明建设提出了一系列新理论、新思想、新战略，为我国生态文明建设指明了新的方向。由于历史等多方面原因，我国生态文明建设水平落后于经济社会发展，尤其是制度体系不完善，无法满足人们对和谐美丽生态环境的需求，迫切需要加强理论指导与地方实践相结合，开展改革创新试验，探索适合我国国情和各地发展阶段的生态文明制度模式。为此，党的十八届五中全会和“十三五”规划纲要明确提出设立统一规范的国家生态文明试验区。试验区是承担国家生态文明体制改革创新试验的综合性平台，主要是鼓励发挥地方首创精神，就一些难度较大、确需先行探索的生态文明重大制度开展先行先试。目前，我国共设有福建、贵州、江西、海南四个国家生态文明试验区。各试验区率先构建起了生态文明治理制度框架，建立起一批基础性制度，为我国生态环境治理提供了先行经验和可视范例，各地逐渐取得了阶段性的成果。

一、生态文明试验区的设立

习近平的生态文明思想多次强调生态优先、绿色发展，他深刻指出，“生态环境问题归根结底是发展方式和生活方式问题，要从根本上解决生态环境问题，必须贯彻创新、协调、绿色、开放、共享的发展理念，加快形成节约资源和保护环境的空间格局、产业结构、生产方式、生活方式；强调加快形成绿色发展方式，是解决污染问题的根本之策；要求加快绿色发展、循环发展、低碳发展，这是基本途径和方式”。习近平总书记创造性地把生态优先和绿色发展结合起来，明确将生态效益、生态资本和生态规律置于首位，指出生态优先是绿色发展的价值导向和前提条件，绿色发展是生态优先的实现路径和支撑条件。

尤其是“绿水青山就是金山银山”，探讨了经济发展与生态环境保护之间的紧密关系。保护生态环境不仅是对自然资源的保护和利用，也是对人类社会可持续发展的重要保障。同时，通过改善生态环境，能够促进生产力的提升和发展，为实现经济繁荣和社会进步打下基础。因此，在当前时代背景下，我们必须积极推动经济发展与生态环境保护相互促进、协同共生的新型路径。

国家生态文明试验区建设是我们面临着的一个庞大的系统工程，任务繁重、责任重大，要做到面面俱到是不可能的。因此，我们需要进行统筹规划，在实施过程中突出重点，采取分步实施的方式逐步推进工作，切实有效地提高工作效率、达成预期目标。从国家公布的福建、贵州、江西、海南四个国家生态文明试验区的《实施方案》来看，对各试验区的战略定位、主要目标和重点任务等作出了明确的规定。根据我国生态文明建设整体布局，既提出了共性的建设目标和任务，又考虑到不同地区的实践基础、资源禀赋和经济社会发展水平等因素，针对性地制定了有区别的战略定位和重点任务，有助于探索不同发展阶段生态文明建设的制度模式。在建设目标上，要求各试验区在推进生态文明领域治理体系和治理能力现代化上走在全国前列，为全国生态文明体制改革创造制度成果和典型经验，但侧重点各有不同、具体指标也有不同的标准，如森林覆盖率、区域水体水质、城市空气优良率等对各试验区的要求不尽相同，海南还规定了近岸海域水生态环境质量优良率、海南岛自然岸线保有率等特色指标。在战略定位上，除服务国家生态文明建设大局以外，各试验区均规定了个性鲜明的战略定位，如江西的中部地区绿色崛起先行区、贵州的西部绿色发展示范区等。

试验区是承担国家生态文明体制改革创新试验的综合性平台，主要是鼓励发挥地方首创精神，就一些难度较大、确需先行探索的生态文明重大制度开展先行先试。生态文明试验区的主要任务有以下五点：

一是落实生态文明体制改革要求，解决缺乏具体案例和经验借鉴问题，需要试点试验的制度，如自然资源资产产权制度、自然资源资产管理体制、主体功能区制度、“多规合一”等。

二是解决关系群众切身利益的大气、水、土壤污染等突出资源环境问题的制度，如生态环境监管机制、资源有偿使用和生态保护补偿机制等。

三是推动供给侧结构性改革，为企业、群众提供更多更好的生态产品、绿色产品的制度，如生态保护与修复投入和科技支撑保障机制、绿色金融体系等。

四是实现生态文明领域国家治理体系和治理能力现代化的制度，如资源总量管理和节约制度，能源和水资源消耗、建设用地等总量和强度双控、生态文明目标评价考核等。

五是体现地方首创精神的制度，即试验区根据实际情况自主提出、对其他区域具有借鉴意义、试验完善后可推广到全国的相关制度。

二、生态文明试验区建设的成果

1. 福建省生态文明试验区建设成果

2016 年 8 月，中共中央办公厅、国务院办公厅印发了《关于设立统一规范的国家生态文明试验区的意见》及《国家生态文明试验区（福建）实施方案》，这标志着福建成为全国首个生态文明试验区，将引领带动全国生态文明建设和体制改革。根据《国家生态文明试验区（福建）实施方案》，福建省头两年便组织实施了 37 项改革，形成生态环境“高颜值”和经济发展“高素质”协同并进的良好发展态势，交出了一份漂亮的改革答卷：2017 年全省主要河流水质优良比例达 95.8%，9 个设区城市空气质量优良天数比例达 96.2%，森林覆盖率 65.95%，连续 39 年居全国首位。在传统产业

福建成为全国首个
生态文明试验区

的“绿色”改造与新兴绿色产业的双重带动下，全省生产总值增速达 8.1%，人均地区生产总值 8.3 万元，居全国第六位。

2020 年上半年，福建 12 条主要河流Ⅰ~Ⅲ类水质比例达 97.2%，九市一区空气质量达标天数比例为 98.6%。江西“十三五”以来累计造林 544 万亩，森林覆盖率稳定在 63.1%，湿地面积达 91 万公顷。贵州出境断面水质优良率为 100%，世界自然遗产地达到 4 个，居全国第一位。2016 年起，福建省将自然资源资产纳入领导干部离任审计，领导干部离任不仅要审经济账，更要审生态账。福建取消对 34 个县（市、区）的 GDP 硬性考核，改为重点考核生态环境质量等。完善推广福林贷、惠林卡等“闽林通”系列林业金融产品，累计发放贷款 63.37 亿元，受益农户 5.7 万户。全省所有工业排污企业全面推行排污权交易，累计成交额突破 12 亿元。

在生态文明试验区建设框架内，因地制宜合理布局全省特色农业并进行优化调整，促进乡村生态经济发展，坚持规划先行与示范引领，注重发挥福建特色优势，着力构建农业绿色发展新体系。近年来，福建从沿海到山区正经历从“创建美丽乡村”到“经营美丽乡村”的转变。截至 2020 年，全省已创建全国休闲农业与乡村旅游示范县（点）13 个、省级休闲农业示范点 263 个、省级美丽休闲乡村 101 个，创建省级以上特色农产品优势区 121 个、优化建立省级以上现代农业产业园 60 个，创建优质农产品标准化示范基地 600 个，全省生态果园、菜园、茶园面积占比超过 70%，山区有机茶园面积已经超过约 6.7 万公顷。为加快构建农业绿色产业体系，福建省相继出台政策举措，先后提出做强做优做大畜禽、水产、林竹、茶叶、蔬菜、水果、花卉、菌业以及乡村旅游业与乡村物流业十大优势产业集群，如今全省十大产业链总产值已突破 2 万亿元，全省“三品一标”农产品总数超过 5000 个。全省已形成规模农产品高优生产基地网络并构建了乡村绿色产业体系，实现了绿色标准产业化，培育了古田菌业、平和蜜柚、漳州水仙、建宁莲子、永春芦柑、百香果业、宁德黄鱼、武夷岩茶、福鼎白茶、安溪铁观音、光泽肉鸡等富有特色的优质农产品，享誉国内外。

2. 江西省生态文明试验区建设成果

江西省在 2016 年至 2020 年期间，实施了长江经济带“共抓大保护”攻坚行动，并全面开展了“五河两岸一湖一江”全流域整治。此外，在积极发展绿色产业、健全生态文明制度等方面取得了显著成效。森林覆盖率稳定在 63.1%，生态环境质量在全国保持领先，生态优势不断巩固提升。2016—2020 年，江西省全面推进生态文明治理，形成“一套”系统完整的生态文明制度体系。通过体制创新、制度供给和模式探索等工作，试验区出台 38 项重点改革任务，全面建立生态文明“四梁八柱”制度框架，江西 35 项改革成果被列入国家推广清单。在源头严控方面。江西建立自然生态空间用途管制试点，构建全省国土空间规划“一张图”，基本形成自然资源资产产权制度体系顶层设计。划定永久基本农田 3693 万亩，32 个重点生态功能区全面实行产业准入负面清单。

从 2016 年至 2020 年期间，江西省在国土绿化、森林质量提升、湿地保护修复等重大工程上取得了显著进展。自“十三五”以来，该省累计完成造林面积达 544 万亩，并改造低产低效林 742.9 万亩，使森林覆盖率稳定在 63.1%。江西成为全国首个实现“国家森林城市”和“国家园林城市”设区市全覆盖的省份。同时，该省持续推进鄱阳湖流域生态建设，在编制实施“五河一湖一江”全流域保护治理规划，实施鄱阳湖越冬候鸟保护、湿地保护、“绿盾”等专项行动的基础上，加快推进昌铜高速生态经济带、吉安百里赣江风光带等示范点建设。

2019 年，江西省在生态环保方面取得了显著成绩。根据国家考核断面水质优良率数据显示，江西省达到 93.3% 的水质优良率，并且空气优良天数比例达到了 89.7%，$PM_{2.5}$ 平均浓度降至 35 微克 / 立方米。同时，在全省节水行动方面，江西省新能源和可再生能源发电项目总装机容量占比达到 42.92%，垃圾焚烧日处理能力达到 9200 吨，万元 GDP 能耗提前完成“十三五”任务。此外，江西深化国家生态综合补偿试点省建设，累计发放全流域补偿资金 134.95 亿元，并将公益林补偿标准提高至 21.5 元 / 亩，居全国前列。在生态扶贫试验区方面，遂川县等地已经成功脱贫摘帽，赣南脐橙产业扶贫模式也成了全国的典范之一。2016—2020 年，江西省在城乡环境综合整治方面取得了显著成果。针对城市和农村的不同情况，江西实施了城市功能与品质提升三年行动，并统筹推进 2 万个村组整治和 36 个美丽宜居试点县建设。同时，在农村生活垃圾治理方面，江西率先通过国检验收，成为中部地区的典范。另外，江西还开展了绿色共建活动，并将每年 6 月设立为生态文明宣传月，集中开展宣传活动。深入推进绿色家庭、绿色学校、绿色出行等创建行动，江西成功创建全国“两山”实践创新基地 5 个、国家生态文明建设示范市县 16 个。此外，在省级生态文明示范县和示范基地建设方面，江西也取得了巨大进展，并已经打造形成一批示范样板。

改善生态环境最终也是为了造福人民群众，所以与百姓生活息息相关的环境问题需要最先得到关注和解决。空气质量、水质、绿化等问题就是需要时刻关注的生态重点。而经过不懈努力，江西全省的森林覆盖率达到 63.1%，城市建成区绿地率达全国第二，率先实现国家森林城市、国家园林城市设区市全覆盖，空气优良天数比例达 94.7%，$PM_{2.5}$ 平均浓度 30 微克 / 立方米，长江干流江西段所有水质断面达到Ⅱ类标准，全省地表水监测断面水质全部达到Ⅳ类及以上。探索出了一条江西的绿色发展新路径，着力实现“绿水青山向金山银山”的转化，不断推动生态要素向生产要素、生态财富向物质财富的转变。五年来，全省主要经济指标增速保持在全国前列，GDP 总量由全国第十八位提升至第十五位，战略性新兴产业、高新技术产业增加值占规模以上工业比重分别达 22.1%、38.2%，数字经济增加值占 GDP 比重达到 30%。在生态文明建设的实践过程中积累了一系列绿色改革经验，对全国范围的生态环境保护问题提供了宝贵的江西方案。高效率且高质量地完成了试验区重点改革任务，诸多成果得到国家的采纳与推广。

2021 年，江西省生态文明建设继续走在全国前列。生态文明体制机制改革取得新进展，试验区建设阶段性成效获得国家肯定，35 项改革经验和制度成果加快落地实施，越来越多的“江西智慧”在美丽中国建设中开花结果。

为了保护江西省的生态环境，提高自然资源的质量和可持续性发展，政府采取全流域治理和全要素保护的措施。通过持续不断地改善生态环境质量，使绿水青山更加美丽，为确保江西省的生态安全筑牢屏障。加强系统性生态修复，全面实施国土绿化五年行动，完成人工造林 104 万亩。水环境质量改善成效显著，2021 年全省国家地表水考核断面水质优良比例 95.5%，全国排名第八。开展科学绿化，2021 年全省实施重点区域森林“四化”建设 24.3 万亩，完成低产低效林改造 180.7 万亩，封山育林 121.8 万亩，森林抚育 583.6 万亩，建设国家储备林基地23.22万亩，在24个县（市、区）及相关单位打造10个省级森林经营样板基地。江西的天更蓝、山更绿、水更清。鹰潭获批全国海绵城市建设示范市，九江长江“最美岸线”、赣江中游生态经济示范区、昌铜高速生态经济带等形成示范亮点，南昌城市滨湖地区、赣南山地丘陵地区、吉安千烟洲小流域等一批综合治理品牌打响。

目前，江西在全面完成了38项重点改革任务的基础上，将深化国家生态文明试验区建设，高标准打造美丽中国“江西样板”，为全国生态文明建设提供更多可复制可推广的改革经验。

3. 贵州省生态文明试验区建设成果

由于省委省政府高度重视及全民积极参与，贵州省国家生态文明试验区建设取得了一定的成效。自2017年起，贵州省在全省范围内积极推进河长制，并在黔中大地涌现出众多基层实践的探索与创新。例如，贵州省安顺市普定县成立了夜郎湖水上派出所，为保障河长制的顺利实施发挥了重要作用。此前，该地区曾遭受垃圾堆积和污水横流等环境问题的困扰，但通过夜郎湖水上派出所的积极努力，这些问题得到了彻底解决。此外，在六盘水市开展的水城河综合治理项目中，注重改善景观的同时也深入挖掘三线文化资源，提升了当地百姓的生产生活水平。同样值得一提的是黔东南州麻江县结合脱贫攻坚工作聘请建档立卡贫困户作为河道保洁员，将河长制与扶贫政策有效结合起来。毕节市则聘请中小学校长担任名誉河长，并加强对学生生态环境保护意识的宣传教育。这些探索和创新的实践，为河长制改革在黔中大地的顺利推行提供了有力支撑。在建设美丽乡村方面，贵州省政府与各市县签订目标责任书，出台了改善农村人居环境规划等配套政策，落实整体改善农村人居环境工作责任，实现整县推进战略。如对贵州省贵阳市修文、息烽等20个县的近120个试点村进行了人居环境改造，广大人民群众喜迁新居，安居乐业。

《贵州省“十四五”国家生态文明试验区建设规划》印发实施

2016年以来，贵州农村广泛开展耕地休耕制度，创建192个新农村环境综合治理省级示范点，创建157个“四在农家·美丽乡村”省级新农村示范点，增加59个认证无公害农产品、76个无公害产、5个地理标志农产品。

在打造绿色城镇方面，2017年，贵州省加强城市垃圾处理设施建设与改造。黔东南州、黔东北地区部分生活垃圾焚烧发电项目建成投产，并完成了黔中、黔南等地的生活垃圾焚烧发电项目。新增69个通过绿色建筑设计评价标识项目，建筑面积达872万平方米；新增659千米污水管网，开工建设51千米城市地下综合管廊；新增10个可再生能源建筑应用示范项目，建筑面积341万平方米。黔北的遵义和黔中的安顺，已成为全国城市“生态修复”的试点。全省全年累计建成380余个污水处理设施，处理能力300余万吨/天；近90个生活垃圾无害化处理设施，处理能力14000余吨/天。

此外，贵州生态文明试验区在实施“青山”“蓝天”“碧水”以及“净土”工程方面取得了显著成果。“十三五”期间，贵州共实施新一轮退耕还林1465万亩，治理石漠化面积4890平方千米。到2021年，完成营造林361万亩、石漠化综合治理640平方千米、水土流失治理3229平方千米，恢复治理历史遗留矿山3571亩。

贵州先后实施100多项生态文明制度改革，在绿色屏障建设、生态评价考核、生态产业发展、司法保障等领域实现多个“率先”，30项改革成果列入国家推广清单。

贵州的生态文明建设是中国生态文明建设成就的一个缩影。在《国务院关于支持贵州在新时代西部大开发上闯新路的意见》文件中，要求贵州将“生态文明建设先行区”作为战略定位之一，为贵州在新征程上创造生态新佳绩指明了方向。

4. 海南省生态文明试验区建设成果

海南岛如今已经发展成为我国第二个经济大岛，也是我国南海上的一颗闪耀璀璨的东方明珠。

第一，保护良好的生态环境，建设生态功能区和自然保护区并举，全面推进退耕还林、天然树种保护、海防树种保护等生态建设项目。生态环境的保护与发展需要以海南中部山脉作为基础，海南中部山脉作为海南生物多样性发展的重点区域，在维持我国乃至全省生态平衡中处于核心位置，因此在2004年经国家环境保护总局批准其为国家级生态多样性功能保护区；截至2009年末，海南全省境内共有43个国家级自然保护区，国家级以上自然保护区共有7个，省级以上自然保护区共有18个；同时，针对过去乱砍滥伐所导致的海南森林植被面积尤其是热带原始雨林面积的大幅度缩小，海南省采取了封山育林的制度，主要是以自然修复为主，人工协助为辅的手段，最大限度地恢复了森林的种植面积，同时也提高了树木在土壤上生长的质量。

第二，在保护环境的前提下，实施“两大一高”产业融合发展策略，即大企业引进、大项目带动和高科技支持。现在的海南省已经建成了一批具有国家重点的新兴产业基地，包括石油化工、汽车制造、西医药生产等，并且把它们相对集中到了海南岛西部，使得这些工业的发展能够被控制在不会对全局生态环境构成任何破坏，并且自己也能够被净化的范围之内，极大地丰富了海南生态省所建设的社会经济内涵。

2006年，海南省的国民经济社会发展已经基本实现了千亿、百亿跨越，即海南全省经济GDP的总规模已经跨越1000亿元、地方性政府财政收入的总规模已经跨越100亿元的两个大关，城乡居民人均社会可支配经济收入和城镇农村居民人均可支配纯收入都已经基本达到并且高于全国一些较为中等和低收入的地区。可以明显看到，海南省不仅经济上得到了发展，更有天地之美、山清水秀的环境。

第三，创建一个生态农业文明村，做实生态立省的国家一级重点农业社会保障基础。2000年以来，海南省委、省政府多次有速度组织、有力度计划地在海南全省区域范围内展开了主题为“优化生态环境、发展生态经济、培养生态文化”的全省文明乡镇生态村建设创建重点工程。2005年，创建省级生态综合文明示范乡镇被海南省纳入了实施“十一五”期间经济社会持续发展五年战略行动计划，明确指出到“十一五”期末，将覆盖全省半数以上的100个自然村全部创设成了省级生态综合文明示范乡镇，使乡村建设发展成为推进我国生态文明发展的既有特色，同时也要成为社会主义特色新农村体系建设的一个重要综合性有效载体。

生态文明村的建设主要从治理海南省特殊地区生态环境入手，充分利用了海南特有的生态环境条件，修路、种植树木、绿化、美化，很大程度上改变了海南省农民的生产居住环境；将国民经济发展与自然资源优化相结合成为“三产二资”，大力发展热带高效新型农业，增加了农民收入。与此同时，在文明创造生态村的过程中，海南省农村地区还得到中央农村环保经费支持，以及海南省农村旧房改造和改厕改水、沼气池、公路村村通工程等专项经费支持。

近五年来，海南省国家生态文明试验区建设成效显著。一是进一步加强生态文明建设，提出30条生态文明建设举措。确立海南自贸港建设“一本三基四梁八柱”战略框架，将国家生态文明试验区和生态环境分别确立为“四梁”“八柱”之一；制定11项地方立法，贯彻落实《中华人民共和国海南自由贸易港法》关于生态环境保护的要求。二是在解决社会关注、群众反映强烈的生态环境突出问题上取得显著进展，围填海问题整治取得标志性成果。三是生态环境质量稳居全国一流。2022年海南全省环境空气质量优良天数比例达98.7%，包括$PM_{2.5}$在内的5项指标均达到历史最好水平。地表水和近岸海域水质五年来持续保持优级水平，水质优良率分别达到94.9%、99.6%。累计修复海南长臂猿栖息地1100亩，新增红树林面积约2.4万亩；森林覆盖率保持在62%。海南省生态环境状况指数（EI）持续保持80以上，生态环境状况等级持续为优级。四是先后确立热带雨林国家公园、清洁能源岛和清洁能源汽车推广、“禁塑”、装配式建筑、“六水共治”、博鳌零碳示范区6项标志性工程，助推经济社会绿色低碳转型。五是坚持制度创新，共制（修）订生态文明领域地方性法规30余件，覆盖多个生态文明细分领域。先后有9项生态文明改革举措、8项生态环境保护领域制度创新纳入国家推广清单。

海南省以国家生态文明试验区标志性工程引领绿色发展，纵深推进生态文明建设

思想是行动的先导。只有认识上的提高，才会有行动上的坚定。在新征程上，各试验区仍将深入推进国家生态文明试验区建设，协同推进降碳、减污、扩绿、增长，持续推进人与自然和谐共生的现代化建设，为美丽中国建设探索路径、积累经验。

第二节　生态文明建设示范区和“两山”实践创新基地建设

2016年8月，中共中央办公厅、国务院办公厅印发《关于设立统一规范的国家生态文明试验区的意见》要求对试验区内已开展的生态文明试点示范进行整合，统一规范管理；未经党中央、国务院批准，各部门不再自行设立、批复冠以“生态文明”字样的各类试点、示范、工程、基地等；已自行开展的各类生态文明试点示范到期一律结束，不再延期，最迟不晚于2020年结束。因此，经过统一规范，除了国家生态试验区，2016年以来持续展开的生态文明建设示范有生态环境部组织评选的“生态文明建设示范区”和“绿水青山就是金山银山”实践创新基地。这些示范区和实践创新基地的建设，对完善生态文明制度体系、凝聚改革合力、增添绿色发展动能、探索生态文明建设有效模式等具有十分重要的意义。

一、生态文明建设示范区

生态文明建设示范区包含了生态文明建设示范市县。为贯彻落实党中央、国务院关于加快推进生态文明建设的决策部署，生态环境部大力推进生态文明示范建设，全国各地积极创建国家生态文明建设示范市县。2017年9月，环境保护部正式发布了《关于命名第一批国家生态文明建设示范市县的公告》，授予46个达到考核要求的市县以国家生态文明建设示范市县称号。作为第一批国家生态文明建设示范市县，生态环境部希望以此鼓励各市县充分发挥生态文明建设示范市县的典型引领作用，进一步深入贯彻落实党中央、国务院关于生态文明建设的决策部署，切实把生态文明建设摆在全局工作的突出地位，统筹推进“五位一体”总体布局和“四个全面”战略布局，走生态优先、绿色发展之路，加快形成绿色发展方式和生活方式，努力为建设美丽中国、开创社会主义生态文明新时代作出更大的贡献。

此后每年命名一批，其中，从2021年第五批开始，生态文明建设示范市县的命名变为生态文明建设示范区。命名的第五、第六批生态文明建设示范区分别为100个和106个。目的在于贯彻习近平生态文明思想，落实党中央、国务院关于加快推进生态文明建设的决策部署，充分发挥试点示范的平台载体和典型引领作用。截至目前，正式命名的生态文明建设示范区共计468个（表8–1）。

表8–1 2017—2022年正式命名的国家生态文明示范区数量

命名数量	年份						
	2017	2018	2019	2020	2021	2022	合计
数量（个）	46	45	84	87	100	106	468

二、“绿水青山就是金山银山”实践创新基地

为深入贯彻习近平总书记生态文明建设重要战略思想，2016年，环境保护部将浙江省安吉县列为“绿水青山就是金山银山”理论实践试点县。安吉县积极践行，扎实推进试点工作，在生态文明建设中发挥了示范引领作用。

2017年环境保护部正式将河北省塞罕坝机械林场，山西省右玉县，江苏省泗洪县，浙江省湖州市、衢州市、安吉县，安徽省旌德县，福建省长汀县，江西省靖安县，广东省东源县，四川省九寨沟县，贵州省贵阳市乌当区，陕西省留坝县共13个县区命名为第一批“绿水青山就是金山银山”实践创新基地。

2018—2022年每年命名一批。2021年生态环境部组织开展了第五批国家生态文明建设

示范区和“绿水青山就是金山银山”实践创新基地的评选工作，并于2022年10月14日，在《生物多样性公约》缔约方大会第十五次会议生态文明论坛上对评选出的100个国家生态文明建设示范区和49个“绿水青山就是金山银山”实践创新基地进行命名授牌，引起社会各界广泛关注。2021年11月起，生态环境部还将原有“绿色发展示范案例”栏目更名为“生态文明示范建设”栏目，继续对示范创建地区贯彻落实习近平生态文明思想、践行绿水青山就是金山银山理念、协同推进高质量发展与高水平保护的鲜活案例和典型经验予以展示推广。经过六年的探索、建设和考核评选，截至2022年，正式命名的“绿水青山就是金山银山”实践创新基地共计187个（表8-2）。

表8-2　2017—2022年正式命名的“绿水青山就是金山银山”实践创新基地数量

命名数量	年份						
	2017	2018	2019	2020	2021	2022	合计
数量（个）	13	16	23	35	49	51	187

经过6年的创建，创建地区在绿色发展水平、生态文明制度创新、繁荣生态文化、培育生态生活等方面走在前、做表率，不仅生态环境“颜值高”，而且绿色发展“有内涵”，在提高区域生态环境质量、推动生态产品价值实现、支撑国家重大战略、提升生态文明建设水平等方面发挥了重要作用。

生态文明示范创建是美丽中国建设的细胞工程。各地方也高度重视，把它作为推动绿色发展，促进高质量发展的重要抓手。生态环境部表示，2023年将以推进人与自然和谐共生的现代化建设为内在要求，继续强化示范建设的平台作用，统筹推进生态文明示范创建。

一是贯彻落实党的二十大关于生态文明建设新部署、新要求，完善顶层设计。将生态文明建设示范区作为统筹推进“五位一体”总体布局，推动低碳绿色发展的重要抓手，从省、市、县三级打造人与自然和谐共生的美丽中国示范样板。“绿水青山就是金山银山”实践创新基地是创新探索“两山”理念转化路径模式的案例集成，聚焦生态产业化和生态产品价值实现，开展类型多样、特色鲜明的“两山”理念实践探索，构建点面结合、多层级、多区域的生态文明建设格局。

二是优化示范创建遴选过程，以高品质生态环境促进高质量发展。落实“强化指导、重在过程”要求，优化调整创建流程，充分调动省级有关部门积极性，加强对创建过程的指导和监督。强化示范建设动态管理，严把建设质量“关”，严控准入退出“线”，严格成效评估“尺”，切实保障生态文明示范建设的质量与成效，切切实实能起到示范和表率作用，有一些案例能够复制和推广。完善激励制度机制，鼓励各地因地制宜建立多层次、多领域、多渠道的激励机制。引领保护与发展协同共进。

三是持续加强经验模式总结，全方位宣传新时代生态文明建设实践成果。开展生态文明示范创建成效评估，总结凝练“绿水青山就是金山银山”实践创新基地典型做法和成功经验，围绕“守绿换金、添绿增金、点绿成金、绿色资本”这四种转化路径，进一步探索转化模式。推介生态文明示范建设实践案例集，持续营造良好舆论氛围，为建设人与自然和谐共生的现代化汇聚全民力量。

第三节 林草系统生态文明的探索示范

林草领域是建设生态文明和美丽中国的主阵地。党的十八大之后，林草工作得到了高度重视，得以快速改革发展。林草系统坚持以习近平新时代中国特色社会主义思想为指导，在实践中认真践行习近平生态文明思想，扎实推进林业、草原、国家公园三者融合发展，取得许多瞩目的成就，谱写林草高质量发展新篇章，形成伊春、塞罕坝、云南和江西寻乌等典型案例。

一、伊春：东北老林业基地生态文明综合改革

黑龙江省伊春市作为国内最大的森林城市，一直都有着“祖国林都”“红松故乡”“天然氧吧”的美称。多年来，伊春累计为国家提供优质木材 2.7 亿立方米，占全国国有林区的 20%；累计上缴利税、育林基金等近 300 亿元……这是一代代伊春人凭借红松般的精神品质，在时代发展的洪流中，艰苦创业，改革创新，大力推动伊春绿色转型发展的成果。

曾经的伊春在生态转型过程中面临三大困境：第一，森林覆盖面积减小。传统的砍伐方式伤害了东北丰富的森林资源，并且林业工作人员和单位对于森林资源的保护不太重视，导致乱砍滥伐现象更为严重，森林面积急剧减小，当地的生态系统破坏严重。很多林农为了提高经济收入，忽视可持续发展原则，甚至采伐一些低龄、幼龄的树木，影响森林资源的持续增长。对于林木的采伐程度远远超过了森林的自我再生能力，导致森林资源面积逐渐减少。第二，木材使用率较低。木材加工产业作为我国经济发展的一个重要产业领域，在东北有良好的发展前景，因为东北地区森林资源丰富，是木材产品的主要生产基地。同时木材加工也是当地居民的主要经济来源。当时由于东北对木材加工的方式简单化和单一化的特征，导致其产生的经济价值不高，技术含量较低，没有太大竞争力，不能给当地居民带来很好的收入，造成了很多木材资源的浪费。第三，林业技术落后。东北林业粗放式的发展模式所含技术含量较低，且对于林业发展的资金投入较少，导致林区的生产设备比较落后，基础设施建设不足等，使得生产过程效率较低，机械化水平也较低，无法满足木材产品的供应需求，也难以实现林业与经济收入的可持续发展。

为解决这三大困境，伊春市紧紧围绕打造“两座金山银山”，在森林资源培育上持续加力。推进重点国有林区森林经营试点建设，深入开展大规模国土绿化行动，五年来，培育森林后备资源 65 万亩，建设国家战略储备林基地 39 万亩，森林覆盖率达 83.8%、蓄积量达 3.75 亿立方米、年均净增 1000 万立方米以上。

在生态价值转化上，推进“兴安岭生态银行”试点建设，加快资源—资产—资本—财富转化，已拿出75万亩林辅用地，获得国家开发银行综合授信20亿元。加快打造“负碳伊春”，2022年2月23日实现全省首笔森林碳汇交易，将持续抓好6个森林经营增汇试点建设，提升生态系统固碳能力，为实现“双碳”目标作出伊春贡献。

在生态保护机制上，伊春市与黑龙江省生态环境厅、黑龙江省林业和草原局、黑龙江省林业科学研究院建立了充分有效的合作，建立“生态保护红线、环境质量底线、资源利用上线等生态管控底线以及生态环境准入清单”管控体系，严格执行“河湖长制”“林长制”“田长制”，认真执行领导干部自然资源资产离任审计和生态环境损害赔偿制度。

在生态保护修复上，统筹山水林田湖草沙系统治理，初步划定1.54万平方千米的生态保护红线，建成各级各类自然保护区23个，保护区覆盖率居全省之首。坚持主动亮剑、铁腕治污，蓝天、碧水、净土保卫战成效显著，空气质量优良天数达97%，成为东北地区唯一全域获评“中国天然氧吧”的地级市。

截至2022年，伊春向大家提交了出色的成绩单：森林蓄积量年均净增超过1000万立方米，森林覆盖率已经达到83.8%，成为东北地区唯一实现全域“中国天然氧吧”创建的地级城市；推进“森态旅居城市”建设，被评为“全国全域旅游最佳目的地”“中国冰雪旅游十佳城市”；重点国有林区改革顺利通过国家验收标准，总体评价为“优”；持续优化营商环境，营商环境满意度和变化感知度指标位居全省前列；连续三次成功卫冕国家卫生城市，连续两届荣获全国文明城市荣誉称号。

二、塞罕坝造林模式

塞罕坝位于河北省承德市，历史上森林茂盛、水草丰美、鸟兽繁多。曾经还是木兰围场的重要组成部分。但是到了清朝末期，为了弥补国库亏空，木兰围场开围放垦，树木被大肆砍伐，再加上频繁的山火，到20世纪50年代初期，原始森林已逼近消失。新中国成立前，塞罕坝逐渐演化成一片荒凉的高原荒漠。

塞罕坝沙荒环境特点是干旱、多风、少雨。年降水量422.9毫米，年蒸发量1353.6毫米，年均风速3.0米/秒，最大风速28.0米/秒，大风日数73.7天。干旱月份20厘米土层含水率只有0.61%~0.70%。因此，根据塞罕坝沙荒的历史和现状，确定塞罕坝沙荒造林的目的是为了保护沙荒，造林维持水分平衡。

为改善自然环境、修复生态，国家于1962年作出决定：在河北北部建设大型国有机械林场。林场的第一任党委班子带领来自全国18个省（自治区、直辖市）的369名干部职工，啃窝头、喝雪水、住窝棚、睡马架，开启了塞罕坝艰苦创业征程。然而，因开头两年造林失败，林场刮起了“下马风”。但首任党委班子成员仍然没有放弃，而是决定举家搬到条件异常艰苦的坝上，身先士卒，冲锋在前。他们顶风冒雪、忍饥受冻，对造林机械进行了三项技术改革，几经探索培育出了适合坝上地区生长的造林苗木，随即又展开了机械造林技术大练兵。1964年，他们开创了用马蹄坑机械造林的先河。在高寒荒原上种树谈何容易。1977年，雨凇灾害，折损树木57万亩；1980年又遇特大干旱，旱死树木12万亩。面对自然灾害，林场党委坚信：人倒了可以站起来，树倒了可以扶起来，只要信念不倒就没有战胜不了的困难。到1982年，塞罕坝的绿色版图迅速扩张，完成造林任务96万亩，实现了从茫茫荒原到绿水青山的跨越。几代塞罕坝人始终牢记自己肩负为首都阻沙源和为京津涵养水源的政治使命，发扬"先治坡后治窝、先生产后生活"的奉献精神，迎接高寒、干旱、大风等恶劣环境的挑战，有的人甚至献出了宝贵的生命。但好在最终攻克了高寒地区育苗造林等一个又一个技术难题，在广袤的荒原上创造了百万亩的绿色森林海洋。

事实证明，塞罕坝已经取得了巨大的生态效益。与建场初期相比，林场有林地面积增加了 91 万亩；林木蓄积量增加了 1003 万立方米；森林覆盖率提高了 70.6%；单位面积的林木蓄积量是全国人工林平均水平的 2.76 倍。据中国林业科学研究院的估算，塞罕坝机械林场的资源总价值达到了 206 亿元，每年产出物质产品和生态服务总价值为 145.8 亿元。它已经成为为首都阻沙源、为京津涵养水源、为河北增资源、为当地拓财源的绿色宝藏。

为更加有效地筑牢这道不可或缺的绿色生态屏障，林场不断探索生态建设与保护的新思维、新理念。党的十八大以来，在完成宜林地造林和绿化后，林场勇于创新，大胆实践，还对以前从未涉足的石质阳坡实施了荒山"清零"行动，启动了林场内部的攻坚造林工程，努力从荒山中争取更多"绿色"。针对地块偏远无路苗木运输难、石砾多整地难、坡陡栽植施工难、少土保墒难、贫瘠成活难的实际，打破和转变以往的造林思路，探索出苗木选择与运输、整地客土、栽植技术、幼苗保墒、防寒越冬等一整套造林技术，全力提高造林成效。在过去的三年里，林场完成了超过 8 万余亩的攻坚造林任务，并且平均造林保存率达到 95% 以上。

塞罕坝一直以来秉持着绿水青山就是金山银山发展理念，在全面保护的基础上，充分利用百万亩优质森林资源，合理开发森林生态旅游、绿化苗木、林业碳汇等绿色产业。自从建场以来，林场累计投入 18 亿元，实现资产总价值达到 206 亿元，年经济收入从少于 10 万元增加至 1.6 亿元，林场实现转变的同时，职工的收入也明显增加，年均收入达到 10 万元。周边 4 万多百姓在林场的带动下受益，2.2 万贫困人口实现脱贫致富，真正实现了将"绿水青山"变成"金山银山"的目标。

塞罕坝是践行生态文明理念的奇迹，是"推进生态文明建设的一个生动范例"。塞罕坝机械林场已成为林草生态建设的一面旗帜。习近平总书记曾对塞罕坝机械林场建设者感人事迹作出重要指示，称赞他们创造了荒原变林海的人间奇迹，用实际行动诠释了绿水青山就是金山银山的理念，同时铸就了牢记使命、艰苦创业、绿色发展的塞罕坝精神。2017 年，塞罕坝林场获得联合国"地球卫奖"；2021 年，获得联合国"土地生命奖"。

三、集体林权制度改革的"云南模式"

云南省是我国四大重点林区省份之一，位于长江、珠江、澜沧江、红河等六大国际国内河流的源头或上游。该省拥有 3.71 亿亩林业用地，占国土总面积的 64.71%，在全国排名第二；云南林业用地中 80% 属于集体林地，涉及农户 845 万户，占全省总农户的 92.3%，为了解决山区发展难题，云南省以深化集体林权制度改革为突破口，释放林地生产力，促使山林活力充沛、林产业强劲发展、山区人民逐渐富裕。

云南省林权制度的发展经历了不同阶段，包括土地改革时期的分山分林到户、改革开放初期的林业"三定"以及 20 世纪 90 年代中期的扩大林业经营自主权等。然而，由于没有触及"产权"这个核心问题，广大林农长期以来一直面临着困境，即"耕山有责、经营无权、分配无利”，尽管他们守着富饶的林山，却无法通过林业致富。集体林区普遍存在着林农不愿造林、集体无力造林、林业部门无资金支持造林的问题，导致广大山区陷入“资源富裕但经济贫困”的怪圈，使得云南这个林业大省面临着“资源丰富、产业规模小、效益低下”的尴尬局面。基于多次专题调研的结果，云南省决定将林权改革范围扩大至全部集体林，并对生态公益林区、自然保护区、天然林保护工程区“三区”的集体林权制度改革政策进行明确规定。为解决主体改革中出现的发证规模过大、联户发证问题，决定确保集体林均山到户率和集体商品林均山到户率均不低于 80%。在进行林权改革时，始终坚持依法办事，避免违规行为，并确保政策执行的一致性。对于改革方案，要求经过村民大会或村民代表会议 2/3 以上成员的同意后方可实施，确保在了解林农情况之前不轻易采取行动，不了解政策的情况下不实施改革方案，并对公示过程中出现异议的方案不予审批。在林权确权发证过程中，要确保每一片山林、每一个地块的图纸、数据表和权属证书相一致，保证人、地、证的一致性，以确保林权证书的真实性和可靠性，使其成为具有法律效力的“铁证”。

除此以外，云南省还出台一系列配套改革措施，包括林权抵押贷款、集体林地林木流转管理、地方公益林管理等。并且云南省还积极建设林权流转服务中心，推动林权抵押贷款、森林保险、林地使用权流转，改造中低产林，改革商品林采伐管理。

云南省依据其自身实际，制定了符合云南实际情况的集体林权改革方案。数亿亩林地实现了确权归属，800 多万户农民成为山林的主人。国家林业和草原局把云南林改工作称为“云南模式”。

四、江西寻乌：山水林田湖草沙综合治理

江西省寻乌县位置独特，位于江西、广东、福建三省交界，县内涌动着赣江、东江、韩江等三条重要河流，这些河流是南方生态屏障的重要组成部分。寻乌稀土资源丰富，素有“稀土王国”之称。20 世纪 70 年代末以来，寻乌稀土开发生产为国家经济建设和发展作出重大贡献，然而由于落后的生产工艺和不被重视的生态环保，导致遗留下的废弃稀土矿山 14 平方千米，造成植被破坏、水土流失、河道淤积、耕地淹没、水体污染、土壤酸化等生态破坏，昔日的绿水青山变成了“南方沙漠”。

面对生态恶化的问题，寻乌县坚持规划先行、统筹推进，高水平编制了《寻乌县山水林田湖草项目修建性详细规划》和《寻乌县山水林田湖草生态保护修复项目实施方案》，作为项目推进的纲领性指导文件，确保项目实施“有章可循”；在统筹推进上大胆革新，成立统一调度推进的山水林田湖草项目办公室，打破原有的山水林田湖草“碎片化”治理格局，消除水利、水保、环保、林业、矿管、交通等行业之间的壁垒。根据“宜林则林、宜耕则耕、宜工则工、宜水则水”的治理原则，统筹推进水域保护、矿山治理、土地整治、植被恢复四大类工程，实现治理区域内“山、水、林、田、湖、草、路、景、村”九位一体的推进。推进“三同治”模式：首先，在山上山下同步进行治理。山上采取地形整治、边坡修复、沉沙排水、植被复绿等措施，山下进行填筑沟壑、兴建生态挡墙、截排水沟等工作，以消除矿山崩岗、滑坡、泥石流等地质灾害隐患，控制水土流失。其次，在地上地下同步治理。地上采用客土、增施有机肥等方法改良土壤，利用平面用地进行光伏发电，

或根据具体情况种植猕猴桃、油茶、竹柏、百香果、油菜花等经济作物；而在坡面则采取穴播、条播、撒播、喷播等多种形式进行植被恢复。地下采用截水墙、水泥搅拌桩、高压旋喷桩等工艺，将地下污染水体截流引导至地面生态水塘、人工湿地进行减污治理。最后，在流域上下同时进行治理。上游稳定沙土、恢复植被，控制水土流失，实现稀土尾沙、水质氨氮源头减量，实现“源头截污”。下游通过清淤疏浚、砌筑河沟格宾生态护岸、建设梯级人工湿地、完善水终端处理设施等构建水质综合治理系统，实现水质末端控制。上下游治理目标系统一致，确保全流域稳定有效治理。统一考核标准，对全县山水林田湖草生态保护修复项目治理成效设立统一考核标准。共四项指标：一是水质目标。总汇出水口考核断面水质氨氮浓度≤ 15 毫克 / 升；水质显中性，即 pH 值在 6~9 范围内。二是水土流失控制。土壤侵蚀强度处于轻度侵蚀级别。三是植被覆盖率。范围内地表植被覆盖率大于 95% 以上。四是土壤养分。土壤养分有机质增长率大于 50%，全磷增长率大于 30%，全钾增长率大于 30%，有效磷增长率大于 30%，速效钾增长率大于 30%。

治理后的成效显著。项目区成功控制了水土流失问题，单位面积的水土流失量减少了 90%，剧烈程度明显减弱至轻度。区域内的河流水质也逐步改善，水体中的氨氮含量减少了 89.76%。通过进行客土置换、增施有机肥和生石灰改良表土，项目区的土壤理化性状得到了显著改善。治理前，土壤的有机质含量几乎为零，只有 6 种草本植物在这片“南方沙漠”中生长。然而，如今这个区域已经转变成了一个拥有百余种草灌乔植物适应生长的“绿色景区”，植被覆盖率从 10.2% 提高至 95%。

江西省寻乌县深刻理解并积极践行“山水林田湖草是生命共同体”理念，改变了过去条块分割、单一碎片化治理的传统模式，通过实行分区治理以小流域为单元的方法，先控制危害，后合理利用，递次推进。在治理和提升两个阶段的实施过程中，成功实现了从“废弃矿山”到“绿水青山”再到“金山银山”的转变。在实践中，创新总结了“山上山下、地上地下、流域上下”的“三同治”治理新模式。在治理和修复实践中，坚持走生态产业化治理的道路，探索了“生态 + 园区”“生态 + 光伏”“生态 + 农业”和“生态 + 文旅”四条路径，实现了生态效益、经济效益和社会效益的融合发展。这种发展方式促进了人与自然的和谐共生，已成为南方废弃稀土矿山治理修复的典型示范。

本讲小结

新时代生态文明建设试验区、示范区、“两山”实践创新基地的建设和典型示范案例的实践探索，不仅为全国生态文明建设提供了可推广的宝贵经验，也为生态文明的理论创新、制度创新、科技创新和文化创新奠定了实践基础，为生态富民、生态脱贫的美丽中国建设作出了重要贡献。黑龙江伊春市生态文明综合改革，塞罕坝的造林模式，云南集体林权制度改革和江西省寻乌县山水林田湖草沙综合治理都践行了绿水青山就是金山银山的理念，为林草系统的生态文明建设树立了榜样。这些典型示范在降碳、减污、扩绿、增长的新征程上，将为我国的生态文明建设的全面提升作出更大贡献。

案例讨论

湖北省聚焦推进生态环境监测技术，奋力织密生态环境监测“一张网”

2022年，湖北省黄石市、荆门市等17地新获评为湖北省生态文明建设示范市、县（区）。致力于2025年建成生态省的湖北，也正以“实现大监测、确保真准全、支撑大保护”为目标要求，不断推进生态环境监测体系和能力现代化建设，为服务全省生态环境质量改善贡献监测力量。

为推动生态环境治理体系和治理能力现代化，湖北省坚持干字当头，实字托底，聚焦推进生态环境监测体系和能力现代化，系统谋划生态环境监测网络建设，推进生态文明建设继续深化发展。围绕“一张网”建设，湖北省配套编制《湖北省生态环境监测“一张网”能力提升三年行动方案（2023—2025年）》，按照立足现有基础、整合现有资源、挖掘现有潜力、发挥最大效益的原则，从优化织密全省生态环境监测“一张网”、全面提升生态环境监测能力、构建生态环境智慧监测体系三个方面，谋划明确43项具体工作任务，力争到2025年，全省生态环境监测网络能有效支撑生态环境管理的精细化需要，建成水陆统筹、空天地一体、上下协同、信息共享的高水平生态环境监测网络体系。2022年，湖北省已完成了重点市控水质断面设置，编制了《湖北省大气环境监测网络优化完善方案》，还构建了省级地下水监测网、省级生态质量监测网和水生态质量监测网等环境监测工作。

不断强化生态环境监测能力建设，加快“天空地”一体化智慧监测步伐，也一直是湖北省生态环境部门的重点工作。为不断夯实环境监测能力，湖北省编制出台《湖北省生态环境监测“天空地”一体化创新智慧感知体系建设项目规划方案》和6个试点场景详细实施方案，谋划一批可复制可推广的智慧监测创新应用新范式，提升全省生态环境监测现代化水平。同时，深化卫星遥感在大气污染防治“一市一策”、水华应急监测与预警等领域应用，“空天地”一体化监测能力和体系建设不断加强完善。在新领域的监测工作中，湖北省也取得了新突破。作为生态质量监测全国6个试点省份之一，湖北省完成148个样地监测任务。首次开展湖北省水生态摸底调查工作，完成205个点位一年两期水生生物三个类群的采样和分析工作。作为首批承担国家新污染物监测试点任务三个省级环境监测中心单位之一，初步建立水体新污染物监测方法和能力，并编制《湖北省新污染物调查试点监测工作方案（2023—2025年）》，为下一步开展省内重点流域、重点区域新污染物本底调查工作奠定基础。

在推动解决突出环境问题方面，湖北省生态环境监测部门因地制宜，不断献计献策；在生态环境监测预报预警能力建设方面，湖北省持续深化空气预报预警能力，与气象部门深度合作，做好空气质量值守。湖北省生态环境监测部门与相关技术专家经常开展研讨交流会，为提升生态环境监测能力奠定了坚实的理论与实践基础，也正是因此，湖北省生态环境监测事业才能在高质量发展的道路上不断书写新的篇章。

问题讨论

1. 湖北省是如何织就生态环境监测“一张网”的？对今后进一步加强生态文明示范区建设有何启示？

2. 结合案例，谈谈环境监测如何在生态文明示范区或试验区的建设中发挥更大作用？

3. 结合当地实际情况，谈谈如何以点带面推进生态文明建设高质量发展？

推荐阅读

1. 生态文明建设的理论构建与实践探索（习近平新时代中国特色社会主义思想学习丛书）. 潘家华 . 中国社会科学出版社，2019.

2. 新时代生态文明建设探索示范 . 温宗国等 . 中国环境出版集团，2021.

3. 绿水青山 . 北京广播电视台卫视频道中心 . 天地出版社，2021.

4. 中国共产党人精神谱系：塞罕坝精神 . 中共承德市委组织部与河北旅游职业学院 . 中国旅游出版社，2022.

5. 时代楷模塞罕坝 . 中共承德市委宣传部 . 中国广播影视出版社，2014.

6. 多角度看云南集体林权制度改革 . 李建有，张冲平 . 云南民族出版社，2014.

第九讲

国际上对生态环境问题的探索与实践

在历史唯物主义视野中，人类史与自然史的统一意味着人与自然关系的问题与人类社会的发展密切相关。正因为如此，对生态环境问题进行深刻的社会批判和理论反思，在全球范围内，形成有关解决生态环境问题的理论成果和实践策略已经成为国际社会普遍认同的历史使命和任务。然而，由于对生态环境问题的理论基础存在差异，对其本质的把握也有所不同，因此在国际上针对生态环境问题的探索和实践也呈现出多样化的特点。我们需要本着“不忘本来、吸收外来、面向未来”的原则，对国际上关于生态环境问题的理论和实践进行批判性借鉴和吸收。

第一节　对生态环境问题的理论探究

一、理论探究流派众多

世界范围内针对工业革命以来人类社会造成的生态环境问题的反思，起始于20世纪60年代的国际绿色运动。20世纪60年代以前，虽然生态环境问题已经凸显，但人们沉浸于物质空前丰富和社会快速发展的欣悦，生态环境问题很难得到普遍关注。20世纪70年代诸多环境污染问题集中爆发以后，国外相继提出了生存主义理论、可持续发展理论和生态现代化理论、深层生态学等许多生态理论，有从生态学角度探讨生态环境问题，也有从环境哲学对生态环境进行理论研究，从而形成生态整体主义伦理原则和生态自然主义伦理原则。还有从经济学角度探讨生态问题提出的稳态经济理论与循环经济理论，形成的众多学术流派与理论大部分局限于现象层面，从具体制度、技术发展、人性优劣等层面进行研究，较少从社会制度、生产方式等更深层次揭示生态危机产生的现实根源，因此找不准生态环境问题产生的根本原因，更找不到解决生态环境问题的根本出路。但是，这些探讨和取得的认识成果充分反映了全球生态危机的严峻现实，深化了人们对生态环境问题的认识。

20世纪60年代末，随着世界环境公害事件的不断发生和能源危机的突现，人们逐步认识到，将经济、社会和环境割裂开来追求发展必将给地球和人类社会带来灾难性的后果。因此，如何维护生态环境、实现可持续的发展，成为一个迫切且不可回避的世界课题。国际上产生了颇具影响的绿色运动和绿色思潮。生态马克思主义和生态社会主义正是绿色运动深入发展的历史产物，并逐步发展为一种世界性的思潮和运动。其代表人物有法国的安德烈·高兹（Andre Gorz，1924—2007）、美国的詹姆斯·奥康纳（James O'Connor，1930—2017）和约翰·贝拉米·福斯特（John Bellamy Foster，1953—）等，对资本主义进行生态批判是他们思想的核心。

他们认为发展资本主义的本质与生态环境保护是矛盾的，因为在资本主义视阈下，自然既是资源的"水龙头"又是废弃物的"蓄水池"，资本主义自身无法解决全球性的生态环境问题，必须寻求新的社会制度才能实现人类的可持续发展。

生态环境问题的理论探究衍生出众多流派与学说，虽然研究的视角、重点不尽相同，也都体现出世界各国研究者对生态环境问题的重视与理论研究的热忱，我们选取其中有代表性的几种学说进行更为细致的探析，以便了解生态环境问题产生的社会根源、解决生态环境的主要障碍以及实现人与自然和谐共生的理论途径。

二、生态学视角与“公地悲剧”理论

20 世纪 60 年代，生态环境问题引起了生态学家和部分学者的关注。1962 年，著名美国海洋生物学家蕾切尔·卡逊（Rachel Carson，1907—1964）发表了《寂静的春天》（*Silent Spring*），该著作揭示了杀虫剂等化学物质对环境的污染，并就杀虫剂等化学物质对生态系统产生的影响进行了深入探究。卡逊从生态污染的角度阐述了人类与大气、海洋、河流、土壤以及动植物之间密切的相互关系，进一步凸显了现代生态学面临的严峻生态挑战。蕾切尔·卡逊的贡献开启了对生态环境问题的跨学科理论反思。随后，1967 年，小林恩·怀特（Lynn T. White，Jr.，1907—1987）在《科学》（*Science*）杂志上发表了题为《生态危机的历史根源》（*The Historical Roots of Our Ecologic Crisis*）的文章，深入探讨了美国生态危机的社会历史渊源。怀特从文化的角度出发，探讨了生态危机的形成与人类文明发展的相互关系，呼吁对人类与环境之间的关系进行更加全面的认知和理解。1968 年，同样发表于《科学》杂志上的生态学家加勒特·哈丁（Garret Hardin，1915—2003）提出了著名的“公地悲剧”（The Tragedy of the Commons）理论（图 9–1）。哈丁的文章深刻地揭示了资源共享中存在的问题和挑战，强调个人利益与共同利益之间的矛盾，并对公地资源管理提出了警示和思考。

哈丁以牧羊为例阐述了“公地悲剧”现象——当每个牧人都从私利出发在公共草场放牧时，虽然牧民明知草场上羊的数量已经够多，但为了增加个人收益，仍然选择多养羊，其结果是造成草场退化，直至无法养羊，最终导致所有牧民破产。“公地悲剧”的本质是人性的自私与法律约束的缺席，实质是“资本逻辑”主导下“公地”私化的悲剧。当“公地”的对象是人类共有的海洋、森林、大气、土壤，而“放牧者”是世界各国时，就体现为过度采集资源、超标巨额碳排放、海洋污染等生态破坏行为，“公地悲剧”理论至今仍能为世界各国敲响生态保护的警钟。

图 9–1 “公地悲剧”（The Tragedy of the Commons）示意图

三、环境哲学视角对生态环境问题的讨论

环境哲学（Environmental Philosophy）是研究人类在生存发展过程中，人类个体与自然环境系统和社会环境（人类群体）系统，及社会环境系统与自然环境系统之间的伦理道德行为关系的科学。20 世纪 70 年代以来，哲学家们在生态环境问题的讨论中非常活跃。1970 年，美国海洋生物学家奥尔多·利奥波德（Aldo Leopold，1887—1948）的《沙乡年鉴》再版，使得“大地伦理”（Land Ethic）重新引起关注，并吸引了哲学家们加入生态环境问题的讨论。随后，小约翰·柯布（John B. Cobb Jr.，1925—）于 1971 年出版了《是否太晚？》，从宗教传统和哲学视角系统地分析了生态危机，并提前警告了其严重性，呼唤着“现在就开始改变是否为时已晚”。1975 年，霍姆斯·罗尔斯顿（Holmes Rolston Ⅲ，1932—）在《伦理学》杂志上发表了题为《是否存在环境伦理？》的论文，正式提出了“环境伦理”的概念，阐述了自然的内在价值和系统价值。尤金·哈格罗夫（Eugene C.

Hargrove，1944—）在 1979 年创办了《环境伦理学》杂志，为环境哲学提供了交流平台。该杂志发表的文章、提出的概念以及引发的讨论贯穿了 20 世纪 70 年代以来环境哲学研究与环境保护实践的历史。总体而言，环境哲学为生态环境研究提供了重要的思想基础，其中包括了生态整体主义伦理原则和生态自然主义伦理原则。

环境哲学以“整体论”的自然观为认识论基础，旨在从伦理和价值的角度探讨环境危机的起因和生态拯救的途径。生态整体主义伦理原则最早由利奥波德在 20 世纪 30 年代提出，认为行为只有在促进生命共同体的和谐、稳定和美丽时才是正确的，否则就是错误的。它强调人类并非唯一主体，而是自然界的一部分，与其他群体（如动物）相互作用，构成一个整体。环境哲学强调“自然最了解自己”，主张在与自然的相处中接受自然的指导，并坚持“遵循自然”的伦理原则，这就是生态自然主义伦理原则。受其思想启发，1993 年，国际生态伦理学学会前主席贝尔德·克利考特在《大地伦理的理论基础》一文中将“大地伦理学”的道德原则概括为“伦理整体主义”（Ethical Holism），认为“伦理整体主义”是当代环境哲学发展中最令人兴奋的发展之一，“伦理整体主义”给我们展现了一种统一生态伦理的可能性，从而奠定了整体主义生态伦理思想在整个生态伦理思想史中的重要地位。此后，挪威环境哲学家阿伦·奈斯（Arne Naess，1912—2009）在系统剖析生态危机的社会文化根源的基础上，建构了整体主义深层生态学。

生态自然主义在美国的影响深远，催生了众多重要的学术概念。例如，打破了传统人类中心主义伦理范式，将自然作为主体纳入道德范畴的罗尔斯顿的“自然价值”（Value of Nature）理论，保罗·克鲁岑（Paul Jozef Crutzen，1933— ）和尤金·斯托默（Eugene F. Stoermer，1934—2012）用来概括描述人类活动对气候及生态系统造成全球性影响的地质年代的“人类世 / 人类纪”（Anthropocene）概念，米歇尔·塞尔（Michel Serres，1930—）的要求减少人类活动对地球行为的干预，并试图建立人与非人类生命平等性的“自然契约”（Natural Contract）概念等。近年来，英国的詹姆斯·洛夫洛克（James Ephraim Lovelock，1919—2022）于 20 世纪 60 年代提出的盖亚假说（Gaia Hypothesis）再次获得了极大的关注，在盖亚假说中，洛夫洛克将地球比作一个自我调节的有机生命体，阐述了生命体与自然环境之间复杂而连贯的相互作用。他指出这种相互关系共同作用使地球保持适度的稳定状态，以保障生命的延续。这种平衡状态，有时也被称为体内平衡，是生命有机体的特征之一，通过内部调节维持现状。这种观点认为地球自身具有自我调节和自我保护的能力，形成了一个整体生命系统。丰富的环境哲学理论探究被视为生态文明的重要哲学支撑，世界各国学者对生态环境问题关切的理论探究为我们开启了富于哲学思辨的大门。

四、生态马克思主义和生态社会主义

马克思主义关于人与自然关系的重要思想，超越了“人类中心主义”和“自然中心主义”的抽象争论，是认识和解决当代生态环境问题的科学指南。马克思主义认为，自然界是人类社会存在的客观前提和基础，人化自然永远只是自然界的一部分；人类的命运与自然环境的状况是不可分割的；人与自然的和谐是人类社会全面、丰富发展的重要前提。马克思认为，人类依赖于自然界维持生活。自然物构成了人类生存的基本条件，而人类则通过与自然的互动来进行生产、生活和发展。如果人类善待自然，自然也会慷慨回馈人类。

恩格斯曾警告说："我们不要过分陶醉于我们人类对自然界的胜利。对于每一次这样的胜利，自然界都对我们进行报复。每一次胜利，起初确实取得了我们预期的结果，但是往后再往后却发生完全不同的、出乎意料的影响，常常把最初的结果又消除了。"人类的经济活动和其他活动必须遵循自然规律，合理利用自然资源，保护和优化生态环境，坚持可持续发展，探索走出一条人与自然和谐共生的发展道路。

除了对人与自然关系的辩证剖析外，马克思主义理论中还包含着丰富的生态环境思想，深刻揭示出生态环境问题并不单纯是人与自然的关系问题，而是有着深层次的社会根源，是人与人之间关系的问题，是人与社会之间关系的问题，根本上是社会制度和现代化道路的选择问题。这些具有远见卓识的思想观点，为解决当代生态环境问题提供了指导性原则和努力方向。在资本主义国家走向现代化的进程中，社会化大生产极大改善了人们的生活状况，但资本对利润的无限追求扭曲了人的需要，进而误导了人们的生活方式。作为自然生命体，每个人用于维持生命延续的物质需求，从量上来说是有限的。人再富有，也是一日三餐、夜眠一床。但是资本主义社会使人的物质需求逐步转向了异化和物欲化，导致以"人类中心主义"和消费主义为特征的西方生活方式盛行，支撑这种生活方式的恰恰是对自然资源的无限索取，这一方面造成了自然环境的污染和破坏，另一方面这种人类中心主义的自然态度也导致了人类发展的片面性和单一维度的生存。马克思曾指出，人类与其他动物不同，因为人类具有无限和广泛的需求。"需要的无限性和广泛性"不是指人动物式的对物质条件的本能需要，而是指人以自由全面发展为目标的社会化需要。这种社会化需要是无限的，如人与自然的交往方式是无限的，人的社会交往内容可以是无限的，人的高尚精神追求可以是无限的。因此，在确保人类有限物质需求的前提下，以人的自由全面发展为中心，人类应该转变现有的生活方式。我们需要引导人们从对物质的不合理需求转向对高尚精神的追求。通过这种方式，我们可以更科学地处理人与自然的关系，维护良好的生态环境。

自然是人类的"永恒共同财富"，必须以符合全人类利益的形式进行管理。并且，人类要做到对自然合理的控制与调节，不仅要有正确的认识，还需要对"直到目前为止的生产方式，以及同这种生产方式一起对我们的现今的整个社会制度实行完全的变革"。因此，解决生态危机和维护生态环境的根本途径在于对资本主义的生产方式和社会制度进行全面变革，创造一种崭新的生产模式和建立新的社会体制。这将为我们提供根本性的解决方案，以促进生态可持续发展。在这种新的社会制度中，"社会化的人，联合起来的生产者，将合理地调节他们和自然之间的物质变换，把它置于他们的共同控制之下，而不让它作为一种盲目的力量来统治自己；靠消耗最小的力量，在最无愧于和最适合于他们的人类本性的条件下来进行这种物质变换"。这种新的社会制度就是共产主义。"共产主义革命就是同传统的所有制关系实行最彻底的决裂"。

生态社会主义（Eco-socialism），也称生态马克思主义（The Ecological Marxism），是在20世纪下半叶兴起的生态运动中涌现的一种新的思潮和学派。在众多西方的生态理论中，生态社会主义独具特色，旨在将生态学与马克思主义相结合，以马克思主义的理论框架解读当代环境危机。该学派试图揭示资本主义生产方式对自然环境的破坏，并探索建立基于公平、可持续和民主原则的新型社会秩序的途径。生态马克思主义正是在这样的需求下构建的生态哲学流派。生态马克思主义代表人物有威廉·莱斯（Leiss William）、约翰·贝拉米·福斯特（John Bellamy Foster）、安德列·高兹（Andre Gorz）、詹姆斯·奥康纳（James O' Connor）等社会学家与哲学家。保罗·伯克特（Paul Brukett）所著《马克思与自然》一书着重探讨了马克思主义思想中所包含的生态学原则，以揭示马克思主义与社会生态学在本质上的一致性。书中强调了马克思对人类与自然相互关系的思考，并指出马克思主义理论框架下的社会生态学与生态学的共同关注点。这种一致性在于认识到资本主义生产方式对环境的破坏，并倡导建立可持续发展的社会经济体系。马克思主义视角下的生态学原则强调了人与自然的相互依存性和环境正义的追求，为我们理解和解决当代环境问题提供了重要的思想资源。另一位代表人物是约翰·贝拉米·福斯特（John Bellamy Foster），在其著作《马克思的生态学》中首次提出了"马克思的生态学"概念，并在马克思与生态学之间建立了直接的联系。他首先将马克思与李比希、达尔文、马尔萨斯等历史上的生态学家联系在一起，进而具体论述了马克思的唯物主义和新陈代谢思想，揭示了马克思主义与社会生态学的一致性，并超越了生态学的狭义性，在更加广泛的人类与自然之中以及人类社会内部实践了生态学的基本原则。这些生态马克思主义研究者从马克思的手稿著作中发掘内在蕴含着的人与自然之间以及人与人之间的彼此制约和相互影响的多重关系，从而深刻地诠释马克思主义的生态观。

五、可持续发展理论和生态现代化理论

可持续发展理论的提出始于1987年，当时人们开始意识到经济、社会和环境的割裂会带来毁灭性的灾难，这种认识是在公害问题加剧和能源危机出现后逐渐形成的。可持续发展思想的萌芽源于这种危机感，并在80年代逐步成形。最早出现于1980年的《世界自然保护大纲》中，"可持续发展"一词最初是生态学角度下对生态资源管理的一种战略概念。随后，这一概念被广泛运用于经济学和社会学，并融入了新的内涵。1983年联合国世界环境与发展委员会（WECD）成立，并于1987年把历时四年研究和充分论证的报告——《我们共同的未来》提交给联合国大会，正式提出了"可持续发展"（Sustainable Development）的概念并对其内涵进行了界定。

在《我们共同的未来》报告中，"可持续发展"被定义为"既满足当代人的需求又不危害后代人满足其需求的发展"，是一个涉及经济、社会、文化、技术和自然环境的综合的动态的概念。目前，可持续发展理论已经成为世界各国协调经济发展与生态环境保护的重要思想指导。

生态现代化的概念是德国学者胡伯在20世纪80年代提出来的。其核心内容是以发挥生态优势推进现代化进程，实现经济发展和环境保护的双赢。生态现代化作为一种理论，认为环境保护是经济可持续增长的前提，强调技术革新可以带来环境保护的改善和经济增长；环境保护和经济增长是协调的、相互支持、相互促进的，政府应使用市场调节手段来实现环境保护与经济发展目标。建设生态现代化，必须综合考虑经济增长和环境保护，走可持续发展道路，加快推进发展模式绿色转型，摒弃先污染后治理的老路，坚持人与自然和谐共生。

从生态现代化的研究内容来看，生态现代化是世界现代化进程中的一次生态革命，

这次革命由工业经济向知识经济转变，绿色生态化是其特点之一。随着资源环境和生态问题越来越引起国际社会的关注，物质社会也开始向生态社会转变。生态现代化研究世界现代化过程的生态转型，包括经济、社会、政治、文化、环境和个人行为模式的生态转型。

对中国而言，2004年是中国生态现代化的起步期，经过十数年的发展，我国在生态现代化的道路上已有瞩目成就，但一些主要生态指标同发达国家相比仍有差距。党的二十大报告中指出中国式现代化是人与自然和谐共生的现代化，党的十八大以后我们坚决遏制住了生态环境破坏的势头，生态环境保护发生历史性、转折性、全局性的变化。绿水青山就是金山银山的理念已经深入人心，并融入了我们的制度、政策和文化之中，我们今后还要坚定不移地走可持续发展的道路。

六、国际社会有关生态环境的重要会议探讨

国际社会对环境问题的关注始于20世纪60年代。1972年6月，联合国在瑞典首都斯德哥尔摩召开了有史以来第一次人类环境会议，讨论并通过了著名的《人类环境宣言》，揭开了人类生态文明的序幕。会议宣布了传统环境观念的终结，并达成了理论上的共识，即“地球唯一”和“人类与环境不可分割”。此后，1982年5月的联合国人类环境会议，针对世界环境出现的新问题，通过了《内罗毕宣言》，提出了一些各国应共同遵守的新原则。1992年6月，联合国环境与发展会议通过了《里约环境与发展宣言》，这次会议和宣言意味着以与会国为代表的国际社会不但提高了对环境问题认识的广度和深度，而且把环境问题与经济、社会发展结合起来，树立了环境与发展相互协调的观点，找到了在发展中解决环境问题的正确道路，即被普遍接受的“可持续发展战略”。因此，1972年、1982年和1992年三次联合国有关的环境会议及其宣言在全球环境与发展史上都具有里程碑意义。其中，1992年的联合国环境与发展会议还通过了为各国领导人提供下一世纪在环境问题上战略行动的文件《二十一世纪议程》和《关于森林问题的原则声明》，声明认为出于经济、生态、社会和文化的原因，持续管理森林是重要的。会议签署了旨在防止全球气温变暖的《气候变化框架公约》和推动保护生物多样性的《生物多样性公约》，把国际环保事业推向新的阶段。这场全人类的环境盛会由发展中国家举办，引起了发展中国家与发达国家的积极参与，形成了历史地对待和分担控制温室效应的“共同但有区别的责任”原则。

1997年，为遏制全球变暖的步伐，抱着一种挽救地球的热忱，183个国家签署了《京都议定书》。作为人类历史上第一次以法律形式明确各国减排义务的文件，《京都议定书》将发达国家定为减排温室气体的责任主体。发达国家作为碳排放大国，自工业革命以来，大量使用煤炭石化能源进行大工业生产得到飞速的经济发展，相应地在历史过程中进行了巨量碳排放，对全球变暖负有沉重的责任。在实际履行减排义务的过程中，发达国家在发展与限排的权衡中倾向于继续发展，后续美国于2001年退出《京都议定书》，理由是减排阻碍经济发展，欧盟在履行议定书时仅维持20%的低减排目标，日本和澳大利亚明确表示反对承担第二期减排义务，而加拿大则选择退出。由于主要发达国家纷纷退出或反对该计划的执行，使第一次全球范围的碳减排计划名存实亡。《京都议定书》的构想是美好的，但面临着诸如“发展与减排”“公益与私心”的尖锐矛盾。

2002年，第一届可持续发展世界首脑会议在南非举办并通过《约翰内斯堡可持续发展宣言》等文件。各国领导人在政治宣言中再次郑重表达了实施可持续发展的承诺。

原声再现

“我谨代表中国政府和中国人民在此宣布，中国政府已经核准《京都议定书》。主席先生，作为最大的发展中国家，中国将坚持不懈地作出努力，以行动来实践诺言，坚定不移地走可持续发展之路，一如既往地积极参与国际的环境合作，与世界各国一道，为保护全球环境，实现世界可持续的发展，携手奋进。”

——2002年11月30日，
时任国家总理朱镕基在第一届可持续发展世界首脑会议代表中国政府发言，
向世界宣告了中国坚定不移地走可持续发展道路的决心

2009年哥本哈根气候大会陷入僵局，责任分配的冲突成了哥本哈根气候变化大会上矛盾的焦点。经过《京都议定书》的实践，各国深切认识到“排放权就是发展权”，这场会议讨论的焦点已不是如何控制本国碳排放，而是变化言辞地陈述本国多排放一些温室气体的理由。激烈的竞争关系使得碳排放责任分配难以形成共识，而其中更具体的争论焦点，就是发达国家与发展中国家的减排责任分配。会上提出的对发展中国家极端不公平的分配方式，使得世界范围内的绿色减排、限温控碳陷入前所未有的僵局，哥本哈根气候变化大会的预期目标也未实现。

2012年，联合国可持续发展大会通过了《我们希望的未来》，提出消除贫穷、改变不可持续的消费和生产方式、推广可持续的消费和生产方式、保护和管理经济和社会发展的自然资源基础，是可持续发展的总目标。

2015年巴黎气候变化大会吸纳了各缔约方的诉求，提高了公平性，会上签署的《巴黎协定》使世界看到2020年后的减排新远景。世界各大经济体纷纷提出了自身的碳达峰、碳中和计划，欧盟提出将于2050年实现碳中和，美国拜登政府推出美国碳中和计划并承诺美国农业第一个实现碳净零排放，英国约翰逊政府提出了绿色工业革命，日本推出绿色增长计划；中国也提出自身减排目标：到2030年，单位GDP的二氧化碳排放比2005年下降60%~65%，体现中国决心，贡献出中国智慧。各国的诚信参与推动《巴黎协定》成为目前世界普遍认可的气候变化应对方

原声再现

中国秉持人与自然生命共同体理念，坚持走生态优先、绿色低碳发展道路，加快构建绿色低碳循环发展的经济体系，持续推动产业结构调整，坚决遏制高耗能、高排放项目盲目发展，加快推进能源绿色低碳转型，大力发展可再生能源，规划建设大型风电光伏基地项目。

——2021年11月1日，
习近平向《联合国气候变化框架公约》第二十六次缔约方大会世界领导人峰会发表书面致辞

案，碳达峰、碳中和的目标也被各国提上日程。

2019 年，第四届联合国环境大会在肯尼亚召开，大会主题是“寻找创新解决方案，以应对环境挑战并实现可持续的消费和生产”。会议期间，联合国环境规划署发布包括新版“全球环境展望”在内的系列研究报告，对全球环境进行全面评估，深入探讨与环境和可持续经济有关的创新解决方案等问题。第二十六届联合国气候变化大会（COP 26）于 2021 年在英国格拉斯哥举行，这次气候大会的目标被形象地描述为“煤炭、汽车、现金和树木”，会议提出到 21 世纪中叶确保全球碳排放零净值并保持 1.5℃。各国需要加快淘汰煤炭、鼓励对可再生能源的投资、减少森林砍伐并加快向电动汽车的转型以实现这些目标。

2022 年以来，全球的极端气候事件已影响数百万人，巴基斯坦的毁灭性洪水、欧洲多地的极端酷暑和山火不断敲响气候危机的警钟，全球持续受到俄乌冲突、经济下行和能源短缺等众多危机的叠加影响。2022 年 11 月，《联合国气候变化框架公约》第二十七次缔约方大会（COP 27）在埃及沿海城市沙姆沙伊赫举行，联合国秘书长古特雷斯表示：“人类有一个选择：合作或灭亡。它要么是气候团结公约，要么是集体自杀公约。”COP 27 的一大亮点是，提出建立损失与损害基金，它将用于补偿气候脆弱国家因气候变化而遭受的损害，对于气候资金这一焦点问题，中国积极表明立场并作出行动。事实上，中国没有对于气候变化的历史责任，且是受气候变化不利影响最严重的国家之一。对于气候资金问题，中国气候变化事务特使解振华表示，作为一个发展中国家，中国愿意主动帮助其他发展中国家应对气候变化带来的负面影响，目前已捐款 20 亿元人民币，并继续积极争取发展中国家的气候公正利益。

COP 27 会议上，中国正式向《联合国气候变化框架公约》秘书处提交了《中国落实国家自主贡献目标进展报告（2022）》，该报告可被视为中国应对气候变化进程的“年度绩效评估”。根据报告数据显示，2021 年中国的碳排放强度（即单位国内生产总值的二氧化碳排放）较 2020 年下降了 3.8%，并在与 2005 年相比的累计下降幅度上达到了 50.8%。这使得中国更加接近 2030 年的气候目标，即将碳排放强度比 2005 年下降 65% 以上。

中国企业也展现出亮点，向世界展现了中国低碳经济、绿色发展的勃勃生机。腾讯公司介绍了与冰岛碳封存公司 Carbfix 的合作，这是中国建设的首个二氧化碳矿化封存示范项目：将二氧化碳水溶液注入玄武岩中，其冰岛试点在不到两年的时间内将超过 93% 的二氧化碳变成地下的石头，这是一种自然、永久的二氧化碳存储方案。

华为提出以信息通信技术（ICT）赋能全球绿色发展，5G、人工智能、数据分析、云计算等技术可以降低能耗和碳排放，以改进工业流程。华为此前推出的一款绿色 5G 天线，仅需原来 70% 的能耗，就可以保持同等范围的覆盖。阿里巴巴介绍了平台生态“范围 3+”减碳目标，阐述了企业如何发挥自身特色促进更大范围的减碳创新。万科表示，计划到 2025 年至少在 18 个商场实现太阳能光伏发电。能链智电（NASDAQ：NAAS）介绍，2022 年上半年实现碳减排 70.4 万吨，已经达到去年碳减排的近八成。隆基绿能等企业也分享了科技如何解决碳中和挑战，以及企业战略与双碳目标结合等纬度的看法、做法。中国企业的行动和经验不仅有益于中国，也为全球绿色转型注入信心与动力。从 COP 27 会场内到会场外，从国家到企业，从政府到民间，无处不在上演以碳中和为基础的交流与合作、共享与共生。人类对生态环境保护理论探讨始终在积极地进行中，而中国作为最大的发展中国家，作为负责任的大国，始终积极参与生态环境保护事业与全球环境治理，成为全球生态文明建设中的重要参与者、贡献者、引领者。

生态环境问题相关的理论讨论从学术流派的争鸣，到国际会议的持续合作探索，已经从人类外部生存环境问题转变为人类生存的内在需要问题，已经从经济发展的成本问题转变为经济发展的方式问题，已经从区域性问题变为了真正的全球性问题。

第二节　对生态环境问题的实践回应

随着生态环境问题日益凸显，在世界范围内相继掀起了声势浩大的生态环境保护运动，绿色新政、绿色增长、绿色革命逐步成为一种时代潮流。世界各国积极应对生态环境问题的实践。根据各国政治、经济、文化综合考量的生态环保实践，共同的目标是实现人类社会的可持续发展。各国的实践回应有所不同，形成了一定特色差异。有些环境治理、环境保护和生态修复的案例和经验值得学习借鉴，本节从地理空间的维度，结合发展程度，分别选取了亚洲、欧洲、非洲、美洲和大洋洲的一些发达国家与发展中国家的生态环保实践案例进行叙述，以拓展学习的国际视野。

一、亚洲：以生态环保促进经济社会转型

1. 新加坡以生态问责制推进“花园城市”建设

新加坡是少数的工业化和环境治理协同发展的国家之一。新加坡于 1965 年实现独立后，迅速迈向工业化道路，同样也遭遇了快速发展的经济给环境带来的严重污染问题。当时的新加坡总理李光耀意识到，经济的发展不能以环境为牺牲品，因此迅速采取了政府干预、全民环境教育和法治建设等措施，以确保经济和环境的协调发展。

在此背景下，生态问责、环境法治等方面的一系列制度法规应运而生。生态问责制度体系包括议会问责、法制问责、行政机关内部问责、反对党问责、公众问责以及非政府环保组织问责等多个层面。新加坡对违反环境法的行为有着全球闻名的严厉处罚，法律明细到生活中的每一项，不按规定吸烟、携带口香糖入境、乱扔垃圾等行为，都将会面临 100 新元（约 500 元人民币）以上的罚款，以及诸如鞭刑、拘留等附加惩罚，除了对个人的严格约束，对企业的环境破坏行为，惩罚更甚。例如，施工方随意倾倒建筑垃圾，将面临 1 年及以上的监禁和 5 万新元罚款。由此，新加坡以生态问责制度和法治规则的规定细致、执行力度极强而闻名于世。

制度和法治的保障使新加坡的环境质量在全球处于领先地位，被誉为“花园城市”和“清洁绿化城市”。作为“花园城市”和“清洁绿化城市”的新加坡，环境整洁优美，安全有序，绿化覆盖率接近50%，景观面积占国土面积的近八分之一。政府不仅规定人均要达到8平方米的绿化指标，还要求“见缝插绿”。新加坡的绿化是立体的，其推行的绿化政策，要求在任何有空间的地方都要加入绿化面积，并通过法规加以确保执行。房屋与绿化相辅相成，构建了立体绿化的城市景观。

长期以来，新加坡始终坚持经济发展与环境保护并重的原则，优先考虑生态环境保护。这种策略导向使新加坡成为一个环境优美的花园城市。通过公园连接计划和自然保护区建设等措施，新加坡成功建立了一个完整的绿色国家生态系统。

2022年10月25日，新加坡宣布新的长期低排放发展战略目标，最迟在2050年达到二氧化碳净零排放。政府部门将带动脱碳行动，争取在2045年率先达到净零排放。新加坡作为世界新兴工业化国家，人口密度也相对较高，但却在其发展与保护相协调的理念引领下，较早摆脱了“末端治理”的西方工业化之路。以生态优先的制度、法律、政策、举措等值得在绿色城市建设中学习和借鉴。

2. 日本以法律保障“循环型社会”建设

第二次世界大战后的日本为了复兴经济，以倾斜发展重工业为中心，在较短时间内恢复了经济增长，并迅速地实现工业化，成为亚洲第一个世界发达经济体。由于片面追求经济发展，对生态环境保护的意识淡薄，日本工业集中地区出现了严重的生态环境公害污染，直接威胁人体健康和正常生活。到20世纪60年代末，日本成为全球关注的“公害国”，水俣病事件成为引发日本环境运动的重要事件。作为一个资源有限的岛国，为了实现可持续发展，日本积极探索并构建了法律体系，推动循环经济和环境教育等领域的发展，逐步构建起了一个“循环型社会”。

在建设“循环型社会”的法律体系方面，1993年，日本国会颁布和实施了《环境基本法》，明确了日本环境保护的基本方针，并将污染控制、生态环境保护、自然资源保护统一纳入《环境基本法》中，以法律保障循环型经济社会的建设。

日本保障循环型经济社会的法律体系，采取了基本法、统帅综合法、专项法的体系模式。2000年，日本政府为了推动环境负荷低、资源利用率高的循环型社会的构建，颁布了《建立循环型社会基本法》，该法旨在建立一个“最佳生产、最佳消费、最少废弃”的循环型社会形态，实现由大量生产、大量消费、大量废弃的经济型体制转为循环型经济体制。为此，日本还建立了一套相应的评估机制，定期对循环经济的进展和成效进行评估，并公布《循环型社会白皮书》以公开评估结果。这种评估机制旨在确保对循环型社会的发展进行有效监测和评价；通过定期评估和发布评估结果，监测进展并持续改进他们的循环经济政策。

日本还采取了多项举措以推动“循环型社会”的建设。例如，在产业层面，采用了“管端预防”战略，着眼于生产和消费的源头，通过预防污染来实现环境保护。同时，建立了“自然资源产品—再生资源”循环经济模式，以促进产业向低碳化转型，并实现资源的高效回收再利用。在区域层面，日本创建了26个生态工业园区。这些园区采用了政府主导、学术支持、民众参与和企业化运作的模式，将技术研发和生产紧密结合起来。通过这种方式，日本提高了资源利用的效率，并推动了循环经济的快速发展。在产业和区域层面的措施有助于提高资源利用效率，促进可持续发展的经济增长。这些经验对其他国家在追求可持续发展和建设循环型社会具有重要的借鉴意义。

基于循环型经济社会的法律体系，日本也着力建设“循环型社会”的人民生活与文化教育，促使日本百姓环保、循环生活的社会理念的形成。如今，日本尽管人口密度高，却鲜有城市垃圾乱堆乱放的现象。因为日本从1980年就开始实行垃圾分类回收，并且其垃圾分类规则非常严格和细致。日本每户居民都会收到关于垃圾处理的小册子，每年区役所也会把更新的版本寄给居民，而且不同城市、不同社区会有不同的垃圾分类方法。如东京各区的垃圾分类方法就各不相同，有的地方甚至把垃圾细分为20类以上，并需要用特定垃圾袋在每周的不同时间进行专门投放与专业收集。日本的学校教育也非常注重环保教育与环保实践的培养，造就了民众普遍的生态高素质。

进入21世纪以来，日本在宏观层面进一步加强了“循环型社会”的战略规划。2003年到2018年，日本连续发布了四个五年期的《循环型社会形成推进基本计划》，提出了构建循环型社会的关键行动和具体措施。其中，自2008年起的第二次推进计划，日本将循环经济与低碳发展紧密结合，通过控制废弃物产生和温室气体排放等措施，致力于建设可持续的循环型、低碳型和自然和谐的社会。2020年，日本提出了“绿色增长战略”，明确了碳中和目标的实现路径，其中与发展资源循环相关的产业和碳循环产业成为关键支撑。根据《2022年版日本环境、循环型社会、生物多样性白皮书》，2030年对于日本的去碳计划至关重要，要实现比2013年减少46%的温室气体排放量。除去碳化目标外，白皮书再次提到要最大限度采用可再生能源的方针。所以，未来日本生态实践的关键词仍是“循环型社会”建设，新的选择取向则是全民参与的“去碳化”绿色发展。

3. 泰国以生态文化塑造生态旅游品牌

泰国是世界知名的旅游国家，生态旅游资源作为生态旅游发展的基础，经常被认为是生态旅游目的地最为重要的资产，能够为当地带来季节性或持久性的发展。泰国的绿色环保旅游业是具有泰国特色的生态环保实践。早在1992年，泰国国家社会发展委员会就提出发展“生态旅游”是泰国保护旅游资源、提高旅游产品质量和满足旅游者多种需要的必要选择。随着生态旅游的推进，泰国在生态旅游发展方面已经形成了由清迈、夜丰颂为代表的北部民族生态游，以曼谷为代表的中部综合生态游，以及以普吉岛为代表的南部滨海生态游等构成的生态旅游发展格局。并以不同的绿色理念和概念将文化、动物等特色旅游资源融入生态旅游建设中，以打造独特的生态旅游品牌（表9–1）；以缜密的生态旅游政策、体制机制以及法律保障生态旅游发展，在全世界范围内打造出了独具泰国风情的生态旅游品牌。

在发展生态旅游的过程中，泰国高度重视生态文化、艺术对打造生态旅游品牌的积极作用。例如，泰国环保公益广告创意独特，吸收西方文化并展现本民族特色，在全球独树一帜。世界五大广告奖（克里奥、戛纳、莫比、纽约广告奖）频频出现泰国公益广告获奖作品。泰国环保公益广告以故事为载体，用真情触动人心。例如，2019年的环保公益广告《被丢掉的记忆》、2022年《被塑料环绕的世界》。

以泰式生动温情的艺术手法制作生态环保短片，提升泰国生态环保实践的国际影响。2022年的《垃圾能吃吗》等短片围绕塑料垃圾与海洋污染等多方位生态问题，以高超的艺术手法，以情动人，在世界范围激发了众多环境保护人士的心灵共鸣。

表 9-1 泰国国家旅游局提出的七个绿色旅游概念

1	绿色之心（green heart）	在保护环境的过程中，经营者、服务供应商、游客都必须意识到这是他们肩负的责任，因为伤害一旦形成就无法再挽回
2	绿色物流（green logistics）	游客应采用节能或者使用新能源的交通工具，这样就会减少产生温室气体；绿色物流也同样包括尽可能使用当地的产品和服务
3	绿色景点（green attraction）	一个趣味十足同时又拥有美丽的自然风景是十分重要的，处处体现出环保理念和生态之美将会对旅客产生深刻而久远的影响
4	绿色社区（green community）	无论在城区或是郊区，支持以社区为单位的旅游是非常重要的，尤其是那些迫切想要保护其自然传统生活方式的社区
5	绿色活动（green activity）	旅游活动不仅要富有娱乐性，还是让游客更好地了解当地独一无二的文化底蕴或是了解更多当地生态体系知识的机会
6	绿色服务（green service）	优秀的服务必须以对环境的关爱和尊重为前提；保护生态环境、野生动物、生物多样性和文化的决心是至关重要的
7	更多绿色（green plus）	支持保护环境有许多形式；经营者以可持续的方式发展；制造商和各类组织可以致力于发展一种人与自然和谐相处的方式；游客则可以带着一种责任心旅游；各方都可以为泰国的绿色转变作出一份贡献

泰国环保广告和艺术视频的出色表现，获得了联合国环境规划署联合 MeshMinds 基金会的投资，制作了一则触目惊心的塑料污染短片——《PLASTIK》，并于 2022 年世界环境日在全球播放。这不仅有利于促进泰国的生态旅游，也有利于生态、绿色的理念在世界的传播。

二、欧洲：以低碳为导向突出法治与共治

1. 英国着力创建低碳社会

英国是全球首个提出发展低碳经济，将低碳经济作为国家战略，立法承诺 2050 年实现净零排放并制定了发展低碳经济路线图及相关政策措施的国家。作为主要发达国家和传统工业强国，英国也是全球应对气候变化的倡导者和参与者，尤其在 2019 年脱离欧盟后，迅速进入净零碳推进阶段，加强了气候治理的相关行动，建立了更完善的碳中和战略政策体系（表 9-2）。

表 9-2 英国应对气候变化战略的演变阶段

2000—2009 年	初步探索期	这一阶段英国开始推行能源低碳化转型策略，碳排放量波动性降低；英国采取了全球首个国家级碳排放市场交易体系（UK ETS）和具约束力的《气候变化法》，并成立独立法人机构气候变化委员会
2010—2018 年	改革创新期	这一阶段英国对能源和气候政策框架实施重大改革，碳排放量快速削减；期间，修订《能源法》推动低碳电力发展，提出煤炭发电淘汰日程，通过体制机制改革统筹推进国家能源和气候战略，重组设立英国商业、能源与产业战略部
2019 年以来	净零推进期	这一阶段世纪疫情、能源危机等因素导致英国碳排放量在降至最低点后有所反弹；2019 年，英国重新修订的《气候变化法》拉开碳中和治理新阶段的序幕，并开始密集部署新的能源与气候战略行动计划，试图主导全球气候治理体系

早在 2003 年，英国政府就发表能源白皮书《我们能源的未来：创建低碳经济》，其中首次提出“将实现低碳经济作为能源战略的首要目标”。2009 年 7 月，英国发布了《英国低碳转型计划》及其配套文件，包括《可再生能源战略》《低碳工业战略》和《低碳交通计

划》。英国认识到21世纪将成为低碳经济时代，其目标是到2050年成为根本转型为低碳经济的国家。英国计划在2050年时将二氧化碳排放量比1990年基准减少80%。英国不仅致力于推动低碳技术的发展、应用和输出，创造新的商机和就业机会，还致力于成为全球向低碳经济转型的引领者。

英国历史上曾经出现过严重的环境污染，首都伦敦曾被称为“雾都”。但近几十年来，英国重视生态环境保护，不断强化有关措施，取得了十分显著的成效。目前，英国海域的35%被划定为海洋保护区，这些保护区起到了有效保护重要脆弱物种的作用。此外，英格兰超过95%的土地和淡水资源都处于良好的保护区状态。英国政府2018年发布了《未来25年环境保护计划》，倡导可持续发展，提高资源利用效率，积极应对气候变化，以期保持良好的自然环境。英国还在增加海洋保护区域，尤其注意在发展“蓝色经济”的同时，逐渐恢复海洋生物多样性，确保关键物种可持续发展。英国力争将1万平方千米保护地中的75%恢复至更好的状态，另外再建5000平方千米的野生动植物栖息地，尽可能防止濒危物种灭绝。

长期致力于绿色发展、热衷环保议题的英国，对于构建低碳零碳社会而言，关键是大力发展清洁能源。英国将把绿色能源——氢能作为实现2050年净零承诺的重要领域。为此，英国政府于2021年8月发布了首个氢能战略——《国家氢能战略》。该战略旨在到2030年实现英国拥有500万千瓦的低碳氢能生产能力，并替代每年超过300万个家庭所消耗的天然气。预计到2032年，低碳氢能源将能够减少相当于7亿棵树木所吸收的碳排放量。而在未来，到2050年，英国20%~35%的能源消耗将基于氢能，从而持续推动低碳社会的形成。

氢能战略的发布彰显了英国对可持续能源的重视，并表明其对低碳氢能在实现净零目标方面的重要作用的认知。通过建设低碳氢能生产能力，英国旨在减少对传统天然气的依赖，实现能源供应的转型和碳排放的显著减少。预计这一转变将在不久的将来产生巨大的环境效益。

2. 德国以“完备法律体系”和“生态账户制度”促进绿色转型

20世纪五六十年代，经历第二次世界大战后的德国迫切追求经济转型，在盲目追求工业发展的过程中造成了严重的环境污染，其母亲河——莱茵河遭到沿河企业工业废水排放的严重污染。成为20世纪世界十大环境公害案件之一。到20世纪70年代初，德国发生了一连串环境污染的灾难，这使政府和民众开始认识到土地、湖泊和河流等自然资源并非可供无限利用。自那时起，德国逐步建立了全球最为完备和详尽的环境保护法律框架。

从20世纪70年代开始，西德政府出台了一系列环境保护方面的法律和法规，《垃圾处理法》是德国的第一部环境保护法。德国于90年代初将环境保护纳入基本法。至2022年，德国拥有8000多项环境法律和法规，并遵守约400项欧盟相关法规。自从1972年通过首部环境保护法以来，德国已建立起全球最完备和详细的环境保护法律体系。德国政府、16个州和各县政府均设有官方环境保护机构，还有多个跨地区的环境保护研究机构。政府高度重视环境保护，每年提供近百亿欧元的环保贷款，企业每年投资约30亿~40亿欧元用于环保。德国环保产业就业人数达两百万，形成了一个庞大的就业领域。此外，德国还成立了环保警察以监督生产和生活中的环境不良行为。

德国以其特色环保制度中的“生态账户制度”而闻名。2002年，德国颁布了《联邦自然保护和景观规划法》，要求对土地损失和生物多样性等进行补偿。为此，德国建立了生态账户制度，通过官方机构向开发商提供可交易的生态积分，并根据开发商对环境影响的大小从生态账户中扣除相应积分。若补偿项目提升了生态价值，其增值部分可转化为积分并存入生态账户中。这一制度有效平衡了发展和环境保护之间的关系，为生态保护提供了经济手段。

德国在生态环保相关法律方面的严谨程度值得世界各国学习，根据2019年的德国《气候变化法》，德国有义务在2040年前将温室气体排放量削减55%。但在2021年，德国联邦宪法法院认定德国《气候保护法》中的减排目标被推迟到2030年之后违反基本法，该法律对如何实现减排的细节非常模糊，宪法院敦促立法机构必须在2022年年底前完成修法目标，为德国2040年的减排目标提出更具体、更详细的目标与方案。德国宪法对于环境话题的严谨、细致与认真，将气候正义视作基本权利，是世界范围内环境法治的典范。

3. 丹麦以节能降耗创造低碳生产生活模式

美国耶鲁大学和哥伦比亚大学联合发布2022年度全球环境绩效指数榜，根据11类共40项指标对全球180个国家的环境绩效打分排名，涉及领域涵盖气候变化、环境健康和生态系统等。以100分为满分。榜首前五名依次为丹麦、英国、芬兰、马耳他和瑞典，榜首的丹麦为77.90分。丹麦是世界上环境保护最好的国家之一，环境保护水平一直处于世界领先。丹麦也是全球最宜居国家之一，号称全球应对气候变化的领跑者，或者是全球绿色能源的领先者。2017年，丹麦可再生能源发电占比达31%，十几年间经济增长了75%，但能源消耗总量基本持平，创造了独特的“丹麦能源模式”。

低碳城市中的代表就是哥本哈根，这座因世界气候大会而闻名的城市展示了令人深刻的低碳生活方式。丹麦人几乎人人都是低碳达人，超市里很少使用塑料袋，更青睐自行车出行。丹麦采用独特的太阳能利用方式，每家每户都安装了两根金属框架，横跨两栋居民楼，上面装有大型太阳能板。与中国常见的屋顶高架形式不同，丹麦人选择将太阳能设备安装在房子的一侧，远远望去就像一扇窗户。太阳能在丹麦扮演着重要角色，被广泛用于照明、烹饪和洗浴等能源需求。据丹通社2022年7月11日报道，由于春季和初夏日照时间较长，2022年丹麦约有11.5万个光伏系统处于运转状态，6月共生产了307吉瓦时的电力，这是迄今为止一个月内最高的太阳能发电量，相当于丹麦总用电量的11%，可见丹麦清洁能源在人们日常生活中的高效使用。

三、北美：以科技支撑和能源转型促进环境保护

1. 美国以经济政策激励环境保护

“可持续发展”是当前美国生态环境保护的主导理念，经济政策方面的生态环保实践是美国的特色所在，在环境经济政策方面美国的环境税费、排污权交易与生态补偿都为世界提供了成功的实践经验。

（1）税费政策。美国已制定了一系列环境税费政策，旨在推动节能减排和低碳环保。这些政策措施多样且具体。首先，为了遏制“白色污染”，美国采取了征收新材料税的措施，从而减少环境中的塑料和废弃物污染。其次，为鼓励节能住宅和节能设备的普及，美

国实施了减免税政策。这一政策的目的是通过减免税款来降低人们购买和使用节能产品的成本，从而促进可持续的住宅和能源消费模式的发展。此外，针对购买和使用再生资源以及污染控制设备的企业，美国实行了销售税减免政策。企业在购买这些设备时可以享受10%的销售税减免，以鼓励它们采用更环保的技术和资源管理方式。在垃圾处理方面，美国在200个城市实施了倒垃圾收费政策。这一政策通过向市民收取垃圾处理费用，鼓励人们减少垃圾产生和增加废物回收率，从而促进垃圾资源的有效利用和环境的净化。最后，各级政府需要向上级政府支付一定数额的污水治理费用。这项费用旨在支持水资源的管理和保护，确保污水处理设施的运营和水质监测的有效实施。

（2）排污权交易。美国作为全球排污权交易政策的领先实践者之一，早在30多年前就开始探索并实施了这一政策。1990年，美国率先推出了针对二氧化硫排放的交易制度，通过在市场上买卖排放权证书的方式，有效地减少了二氧化硫的排放量，2012年，美国进一步引入了“总量管制与排放交易”机制，通过拍卖的方式分配全部的二氧化碳排放配额。这些环保政策的成功实施为美国在减排和环境保护方面带来了重要突破，为全球其他国家提供了宝贵的经验借鉴。美国的经验表明，通过建立市场机制，激励企业减少排放并提高资源利用效率，可以实现经济增长和环境可持续发展的双赢局面。这种政策手段不仅在理论上具备可行性，而且在实践中已经证明了其有效性。

（3）生态补偿。美国是较早实施生态补偿政策的国家之一，其政策广泛而有效。在流域生态补偿方面，美国政府承担了大部分资金投入，对上游区进行环境贡献的居民获得了下游受益区政府和居民的经济补偿。矿区生态补偿方面，《露天矿矿区土地管理及复垦条例》规定了复垦抵押金制度，企业需支付抵押金用于资助第三方进行复垦工作，以确保复垦计划的完成。

环保科技研发方面，美国政府积极鼓励环保科技研发，并投入专项资金。重点领域包括煤电污染削减技术、先进汽车和电池技术的研发创新。特别关注节能环境保护的混合动力和电动汽车，以科技创新推进环境保护。此外，美国政府还致力于加强环保设施建设和信贷投资。每年投资数十亿美元，用于建设环保设施和促进相关信贷。同时，设立国家建筑效益目标，以提高建筑物能效性能。目标是到2030年，将现有建筑的能效提高50%，确保新建筑达到碳中性或零排放要求。

美国环境保护实践中，环境保护组织和社会参与扮演着重要的角色。美国拥有众多规模庞大、实力雄厚、贡献突出的环保组织。以美国环保协会（Environmental Defense Fund）为例，该组织的会员人数和资金规模属于世界前列。他们提出的“排污权交易”概念成为《京都议定书》的核心思想。除了大大小小的专业环境保护组织，社会参与也是美国生态环境保护的中坚力量。美国公众具有高度的环境参与意识，重视自身的环境参与权，往往在环境立法、环保行动中广泛参与。

但在环境保护实践中，美国时常呈现出反复无常的状态。例如，美国奥巴马政府在2014年提出“清洁电力计划”，在特朗普政府时期这项环保计划被废除，而2021年拜登就职总统又恢复了“清洁电力计划”。2022年由于俄乌冲突造成的能源紧张，美国联邦最高法院作出裁决，明确美国环保署无权在州层面限制温室气体排放量，也不得要求发电厂放弃化石燃料、转用可再生能源。美国总统拜登痛斥最高法院再次作出“让我们国家倒退的毁灭性决定”。美国的生态环境保护实践不仅在美国国内呈现出反复无常的情况，在国际合作中也时常有变，退出《京都议定书》、退出《巴黎协定》，进而对加拿大、澳大利亚、日本、韩国等国在全球气候变化议题等方面的态度产生不良影响。联合国秘书长发言人斯蒂芬・杜加里克表示，作为世界主要经济体与碳排放大国的美国作出的这种决定，将使《巴黎协定》的目标实现变得更加困难。美国的科技发展推动绿色环保的能力举世瞩目，美国环境保护组织的自由与强大凝聚力也值得学习，但美国在环境保护政策上的反复，在生态环境保护实践中值得世界各国警惕，生态环境保护不是政治游戏，经不起人类的朝令夕改，我们要秉持为全人类的生态理想，坚定地为环境保护作出实践努力。

2. 加拿大以清洁能源推动低碳转型

加拿大是世界十大产油国之一，同时也在清洁能源领域取得了重要进展。水力发电和风能成为其发展的重点。尽管加拿大地广人稀，但人均能源消耗居高不下。汽车在加拿大是主要的交通工具。作为北美大国，加拿大是清洁能源推广的佼佼者，尤其在水力发电和风能利用方面值得借鉴。

加拿大能源局首席经济学家雪莱・米卢蒂诺维奇（Shelley Milutinovic）表示：“我想很少有人知道我们的能源中，可再生资源占据的比例。”加拿大河流和湖泊众多，这也使得该国成为世界第二大水力发电国家（第一是中国），全国能源的 60% 都来自水力发电。2010 年以来，水力发电贡献了加拿大电力生产的 60%，其余主要由天然气和核能供应。2021 年水力发电占 59.4%，天然气发电占 11.8%，核电占 14.3%。煤炭在加拿大能源结构中的作用随着国家退出重碳燃料领域而下降。2010 年，燃煤发电每年提供近 80 太瓦时的电力，但 2021 年逐渐下降到 30 太瓦时左右（1 太瓦时等于 1 000 000 千瓦时）。预计到 2025 年，煤炭发电将贡献 14 太瓦时，仅占全国电力的 2%。加拿大还是世界上第六大利用风能发电的国家，加拿大 66% 的电力都来自可再生能源：水能发电 + 风能发电。

加拿大根据《巴黎协定》提高了应对气候变化的雄心，发布了《2030 年减排计划：清洁空气和强劲经济的下一步行动》，介绍了许多已经在推动减排的行动，并以 2005 年为基准，确保到 2030 年减排 40%~45%，到 2050 年实现全国净零排放。2021 年，中国产出了世界上 30% 的水电，是最大的水电出产国。加拿大紧随其后，排名世界第二。然而，中国地大物博、人口众多，虽然是世界最大的水电产地，水电在中国总能源中的比例仍然很少。像加拿大这样高比例的清洁电力能源是中国能源结构转型的借鉴对象。逐步降低煤炭等石化燃料比重，提高风电、水电利用率是加拿大为世界做的良好实践示范。

四、南非：多措并举保护生物多样性

南非重视保护区和跨国公园建设，1964 年，南非建立了首个海洋保护区——齐齐卡马海洋保护区，这也是非洲大陆的第一个海洋保护区。受保护的海岸线长度超过 80 千米，其接近原始的状态，为海洋栖息地和野生生物提供了保护。这里不只是海洋保护区，还是一个国家公园。南非已有超过 40 个海洋保护区，它们是海洋生物的庇护所和海洋生物多样性的重点保护地区。

南非马里科生物圈保护区是联合国教科文组织认定的生物圈保护区。生物圈保护区是由所在国设立、由联合国教科文组织“人与生物圈计划”认定的特定场所，是官方认证的代表性保护区。莫勒曼河、莫洛波河和马里科河构成了马里科生物圈保护区的独特淡水生态系统，水质纯净，清冽可鉴。其特别的地理条件所造就的湿地和白云石则成了南非自然遗产的重要组成部分。大量濒危植物和南非的特有植物在这里自由自在地生长，非洲象、黑犀牛和狮子等动物共享着保护区的宁静与舒适。

特殊自然保护区是高度保护区，除了保护管理和科学研究以外，所有的人类活动都受到限制。爱德华王子岛是南非爱德华王子群岛中的两个岛屿之一，另一个岛屿是靠近南极的马里恩岛。爱德华王子岛是南非的火山无人岛，位于印度洋南部海域，是全球重要的生物多样性热点地区，也是海豹、企鹅和虎鲸等多种海洋生物的家园。除了国内众多的保护区外，南非还与其他国家共建了跨境保护区。2002 年建立的大林波波跨国公园（Great Limpopo Transfrontier Park）是跨南非、莫桑比克和津巴布韦三国的国家公园，面积 38 600 平方千米，是世界上迄今最大的跨国公园和世界级生态旅游点。非洲自然资源丰富，自然环境优越，南非作为非洲曾经的发达国家在自然保护区制度方面有许多优秀经验，海洋保护区、生物圈保护区、特殊自然保护区与跨境保护区建设值得学习。

2015 年，南非约翰内斯堡举办了国际环境博览会（IFAT Africa），并立刻成为非洲环境保护市场的重要平台。此后，2017 年、2019 年南非持续举办国际环境博览会，2022 年举办了南非国际太阳能展览会。南非作为非洲的第二大经济体，积极为非洲的环境产业搭建交流和展示的平台。在低碳能源方面，南非政府将立足于南非优越的年均日照条件，充分发掘太阳能发电潜力，计划到 2030 年，南非近一半的能源供应将来自于可再生能源。

五、新西兰：着力开辟农业低碳之路

“拯救马纳波里湖运动”是新西兰历史上首次全国性环保运动，发生于 20 世纪 60 年代。这一运动为树立环境保护意识奠定了基础，并让新西兰走上了与自然和谐发展的良性轨道。迈入 21 世纪以来，新西兰致力于农业的低碳发展，为世界走低碳发展道路提供了示范。提到碳排放，人们首先想到的通常是石油和煤炭等化石燃料，而农业、畜牧业往往成为被忽视的碳排放大户。研究表明，牲畜在饲养过程中会排放大量温室气体（牛打嗝等），畜牧业占据了全球超过 14% 的碳排放，其中 65% 来自养牛业。

农业是新西兰经济的重要组成部分，该国截至 2022 年约有 1000 万头牛和 2600 万头羊。农业排放的温室气体约占新西兰碳排放总量的一半。通过对农业征收碳排放税，有助于新西兰实现其中期减排目标，即到 2030 年，将甲烷排放量在 2017 年的基础上减少 10%。新西兰计划从 2025 年起征收农业碳排放税，2022 年 10 月，新西兰公布了农业碳排放定价计划，标志着全球首个农业碳排放税制的推出。计划提议于 2025 年开始实施，要求农民缴纳碳排放税，涵盖甲烷、二氧化碳和一氧化二氮。税收金额将由政府根据气候委员会建议设定，甲烷排放税将每年确定一次。征税所得将用于资助新技术研发，并奖励在减排方面表现出色的农民。新西兰总理阿德恩称：“这项提议将使新西兰农民在减排方面走在世界前列，获得竞争优势，并提升我们的出口品牌。世界上还没有其他国家开发出减少农业碳排放并进行定价的体系，因此我们的农民将受益于成为先行者。”

各国的生态实践与 20 世纪六七十年代以来国际社会积极推动经济社会转型的努力相互呼应。1972 年 6 月 5 日，联合国在瑞典斯德哥尔摩首次召开关于人类环境问题的会议。这次大会通过了《人类环境宣言》和《人类环境行动计划》，设立6月5日为世界环境日，决定建立联合国环境规划署。在人类环境大会召开后的20年间，可持续发展原则不断深化确立，各类环境保护组织纷纷成立，国际社会面对环境问题的决心和意愿不断加强。

2008年联合国气候变化大会提出了“绿色新政”的新理念，旨在引导全球领导人将投资重点转向能够创造就业机会的环境项目，推动绿色经济增长，同时修复支撑全球经济的自然生态系统。这一倡议呼吁将生态环境改善与经济发展紧密结合，为可持续发展开辟新的道路。随后，美国围绕“绿色新政”提出节能增效、开发新能源应对气候变化等政策。欧盟制定的发展战略重点之一是发展绿色经济，提高能源使用效率，实现从传统经济向低碳经济结构转变。日本推出《绿色增长战略》，主要包括蓄电池、环保汽车、海上风能发电三个核心部分，广泛培育包括零部件、材料在内的环保产业。2009年韩国提出国家低碳绿色增长战略（至2050年）。印度、巴西等国也制定了以绿色为主题的国家计划。

各国积极制定和推进循环经济、低碳经济为核心的“绿色新政”，旨在转变传统经济模式，实现低能耗、低资源消耗和低排放的可持续发展。同时，建立完善的生态环境保护法规体系成为一些国家的重要举措，综合运用多种环境经济政策，规范公众行为，并加强对公众宣传教育，重视培养环境保护意识，推动政府、企业社会团体和公众在生态问题上达成共识。虽然世界各国在保护和改善生态环境方面都作出了不同的努力，但是我们也必须看到，迄今为止，人类扭转全球环境恶化的努力，总体上成效不大。其中既有西方大国缺乏政治意愿和实质性行动的原因，也有各国协调行动不够和承担相应责任不力的因素，还有对生态环境污染问题的严峻性、危害性认识不够，存在侥幸心理的缘故。在各国积极进行本国生态环境问题改善实践的同时，国际间关于生态环境问题的合作却呈现出发达国家与发展中国家的分歧，区域与整体的斗争，以及与生态霸权斗争频频出现的现状。

2022年，在联合国召开纪念人类环境会议50周年之际，全球生态环保实践在国际政策、制度和法律上不断迈出新的步伐。中国的生态环境保护在这一进程中也发生了转折性的变化。各国的实践充分彰显着绿色、低碳的发展趋势。面向未来，全球将为实现2030年可持续发展目标而努力，中国也将为实现碳达峰碳中和目标而行动，这将是构建人类命运共同体、维护地球生命共同体的必由之路。

第三节　生态环境建设中的分歧与斗争

地球是全人类共有的唯一家园。在这个地球上，没有任何一个人、任何一个国家可以孤立存在。面对当代不断恶化的生态环境问题，世界多数国家和社会各界普遍认识到了生态环境破坏对人类生存的严重危害，认识到了各国应该根据自身的基本条件，努力解决本国生态环境问题，同时携起手来共同应对全球环境问题，从根本上改变生态环境恶化的趋势。不过，这样的全球共识虽已经初步形成，却在具体的思想认识和实际行动上，仍然存在着严重的分歧和激烈的斗争。面对全球性生态危机，各国因发展水平不同，都从本国生存和发展的角度，对遏制环境污染、改善生态环境提出不同的主张，制定不同的政策，采取不同的行动。在责任分担、污染转嫁等问题上，各国经常产生矛盾分歧并引起激烈的政治斗争。

一、分歧与斗争的表现

1. 发达国家与发展中国家的分歧

发达国家的定义标准是较高的人均 GDP 和社会发展水平，通常以 2 万美元作为分界线，发达国家是经济社会高水平发展和人民生活高水准的统一，发达国家大都处于后工业化时期，服务业为主要产业，而发展中国家人均 GDP 相对比较低，大都处于工业化（制造业，也就是工业）时期，未开发国家则还在农业时代。发达国家经济结构特点是服务业（第三产业）占经济产值的最大比重，农业机械化程度高，技术先进，出口工业产品多为高档汽车，数码产品以及时装等奢侈品和高档日用品，占据世界各个产业链的顶端。有些发达国家兼具资源型国家与发达国家的特点，如澳大利亚和加拿大。在世界 190 多个主权国家中，大多数是发展中国家。非洲、南美洲和亚洲绝大多数国家都是发展中国家。

根据国际货币基金组织（IMF）2021 年的统计数据，以我们熟悉的中国、美国两国为例，展开发展中国家与发达国家关于生态环境建设分歧的探析。2021 年美国 GDP 达 229 975 亿美元，占全球 23.85%，居全球第一位。中国 GDP 总量为 174 580.36 亿美元，占全球 18.11%，达到美国 75.91%，居全球第二位，但中国依然是世界上最大的发展中国家，我国有 14 亿人口，全球人均 GDP 为 12 517 美元，中国人均 GDP 为 12 359 美元，略低于全球平均值，全球排第 65 位。美国人均 GDP 为 69 231 美元，全球排第 6 位，美国人均 GDP 是中国的 5.6 倍。从数据报告中可以明显得出发达国家的社会经济水平与人均生活标准都远好于发展中国家的结论，发达国家也具有更好的基础的经济实力、技术实力、历史义务为全球生态环境建设与改善作出最大贡献。

但在国际谈判中，由于环境问题涉及国家未来发展，发达国家与发展中国家在减排责任上产生了严重分歧。分歧的焦点是：发达国家主张应提出对发展中国家具有约束力的减排目标值；相反，发展中国家认为发达国家应承担应有责任，其温室气体减排目标应该更为激进。这种严重的分歧导致在环境保护领域的国际谈判中，各个国家多是站在本国发展的角度提出主张和诉求，难以达成共识。2009 年哥本哈根气候大会是发达国家与发展中国家就生态环境问题中的气候治理问题多元冲突集中爆发的一次会议，关于碳排放责任分配的冲突成为矛盾的焦点。经过《京都议定书》的实践，各国深切认识到“排放权就是发展权”，这场会议讨论的焦点已不是如何控制本国碳排放，而是变化言辞地陈述本国多排放一些温室气体的理由。激烈的竞争关系使得碳排放责任分配难以形成共识，而其中更具体的争论焦点，就是发达国家与发展中国家的减排责任分配。会上提出的对发展中国家极端不公平的分配方式，使得世界范围内的绿色减排、限温控碳陷入前所未有的僵局，哥本哈根气候变化大会的预期目标也未实现。

在国际生态环境建设实践中，发达资本主义国家与发展中国家之间的生态利益的纠缠和冲突频频涌现。发达国家有改善全球生态环境的美好远景与能力，但基于不能影响本国的根本利益和发展空间的前提，并且发达国家基本主张要发展中国家承担更多的国际义务，采取的主要措施是把环境成本转嫁到发展中国家和地区。对于广大发展中国家而言，发展仍然是当前的主要目标和任务，它们希望发达国家能够在遏制环境污染、保护生态环境方面承担应有的国际责任和义务，但部分发达国家并没有承担起与能力匹配的义务，而以主动退出、毁坏条约、逃避责任来应对全人类共同的环境危机。

美国于2001年退出《京都议定书》，理由是减排阻碍经济发展。欧盟在履行议定书时仅维持20%的低减排目标，日本和澳大利亚明确反对第二期减排义务，加拿大退出。2020年11月4日美国正式退出了《巴黎协定》，成为迄今为止唯一退出2015《巴黎协定》的缔约方。此后，拜登政府虽又重返《巴黎协定》，但进退任性的负面影响不可低估。2022年，欧洲发达国家也纷纷开起了环境保护“倒车”，随着俄乌冲突持续，欧洲能源价格上涨，法国总统马克龙宣布法国将退出《能源宪章条约》，欧洲的西班牙与荷兰也宣布退出该条约，2022年6月，荷兰取消了煤能源的上限，允许全国的煤发电厂开足马力生产，而且要求满负荷状态，计划持续到2024年。同年7月，德国修改了法律，准备撤销“2035年前能源行业实现温室气体排放中和”的关键气候目标，意味着德国对碳中和与环保政策的放弃，不管煤、油是否污染，只要提供电力。同年8月，丹麦政府宣布放弃2025年前实现碳中和的目标。曾经西方发达国家以“环保卫士”的姿态要求发展中国家接受西方发达国家的环境保护要求及标准，甚至不考虑发展中国家生存与发展问题，如今又主动集体退出碳中和，频繁违反、退出国际社会辛苦达成的环保条约。

导致这些分歧与斗争的主要原因有两个：一是发达国家和发展中国家对生态环境治理责任的认识存在分歧，发达国家希望和发展中国家承担同等责任，发展中国家则希望发达国家承担应有责任，特别是承担历史遗留问题和污染转移问题的责任；二是一些国家处于要生存还是要生态的两难境地，在生态治理方面不能采取坚决的行动。这种认识上的分歧与行动上的斗争本质上是不同国家利益的分化和对立，导致全球环境恶化的趋势没有从根本上得到遏制，艰难达成的协定也极易遭到反悔与破坏。

作为世界第一经济强国，美国国民的

知识链接

俄罗斯“北溪2号”天然气管道是世界上最长、输气量最大的海底天然气管道，每年可以为欧洲提供550亿立方米的天然气，大概每天可以向欧洲输送1.647亿立方米天然气，“北溪1号”和“北溪2号”被破坏后，至少4个缺口发生泄漏，专家初步评估，此次泄漏将会释放5亿立方米的天然气。

天然气主要成分是甲烷，甲烷作为一种强劲的温室气体，温室效应是二氧化碳的20~25倍，5亿立方米的天然气相当于800多万吨二氧化碳，所以这次天然气的泄漏将会对全球的气候变化产生极大影响。

人均资源消耗是可再生资源份额的5倍。这导致发达国家与发展中国家在生态资源消耗和环境污染方面存在巨大差距。对于贫困国家而言，他们面临着生态产品匮乏、环境恶化和低水平的生态消费，无法满足基本的生态需求，如食物、住房和饮用水等。

然而，在全球生态环境治理中，发达国家和发展中国家之间的环境权利与义务分配一直存在失衡的情况。发达国家的人口占世界人口的20%，但是其二氧化碳累积排放量占总量的75%以上，当前排放量约占60%。美国温室气体排放量大约等同于150个发展中国家的26亿人的排放总量。在理论逻辑上，所有生态利益相关方应平等享有开发和利用自然资源的权利，同时公平承担环境保护和治理的责任。然而，发达国家，尤其以美国为例，忽视了发展中国家在资金和技术方面的限制，强调发展中国家应承担与发达国家同等的环境治理责任，而“推卸自身对于环境污染的历史责任和应尽的减排义务”。这种态度引发了全球各生态利益主体之间的相互指责、针锋相对和矛盾重重，尤其是在涉及具有排他性的环境政策时，还引发了贸易保护主义和冲突。

2. 区域与全球生态利益矛盾

环境问题既具有地域性特征，也具备跨区域性的影响，导致生态利益的冲突既呈现出局部特殊性，同时也具有全局普遍性。全球范围内的生态冲突可以看作是民族国家的区域生态利益与全球一般生态利益之间的矛盾，我们熟知的发达国家对发展中国家的生态榨取，如美国商业推动在墨西哥大面积种植牛油果，在拉丁美洲种植橡胶等行为，也是一种区域利益与全球生态安全的冲突。虽然全球生态环境问题给人类的生存和发展带来了挑战，但从局部或短期的视角来看，这些问题可能也带来一些表面上的益处，如北半球中纬度地区农业产量增加、冰川融化扩大绿洲等。然而，我们必须认识到这些表面上的局部利益所带来的长期影响和潜在风险，并重视全球生态系统的保护与恢复，以实现可持续发展和共同的生态利益。因此，需要加强国际合作，寻求区域和全球层面上的解决方案，以平衡不同地区和民族的生态利益。

不仅如此，生活在生态环境优美区域的居民总是想方设法将自身产生的垃圾废物和生态风险转嫁给其他地区。富裕国家以各种方式侵害他国和全球生态利益，如伪装偷运垃圾、污染源投资转移、降低排放标准、随意排放有害气体和输出有害物种等。尽管人们意识到全球生态危机的后果，但在生态环境治理和经济发展中，往往以区域利益为重，采取搭便车行为，导致“公地悲剧”的出现。

典型案例

海岛国家塞舌尔总统丹尼·福尔在海底发表直播讲话，表示海洋“正面临前所未有的威胁”，呼吁各国携手“保护地球仍在跳动的蓝色心脏”。气候变化造成海平面上升，土壤侵蚀、珊瑚礁死亡和极端气候发生的频率都在增加，影响岛屿国家的生存安全。福尔身穿印有“塞舌尔”字样和塞舌尔国旗的T恤，跟随英国牛津大学探险队，乘坐载人潜水器潜入水面以下120米深处的印度洋海床，在潜水器里发表了史上首次海底直播演讲。

——2019年4月14日，英国《卫报》报道不同国家间的生态环境分歧和矛盾，不仅存在于内陆国家与沿海及岛屿国家、南北半球国家之间，甚至同一国家的不同地区、城市和乡村之间也存在着这样的问题。如今，环境问题已经超越了特定区域或国家的局限，扩散到全球各个角落。从空间上看，早已从区域性、小范围的环境污染扩散为全球性环境问题，污染从工业城市的点上扩展到包括广大农村在内的全球范围，局部污染变成了整体污染。从程度上看，环境污染所造成的损害和不良影响，已由过去的中等规模发展到大规模。从第一代环境危害发展到第二代危害，从宏观损伤发展到微观毒害（人的肉眼看不见的化学毒素，对人体基因的毒害）。环境问题的不断蔓延，区域生态利益与全球生态利益之间的矛盾冲突，正无情地拷问着每一个民族、国家的生存发展利益和全球共同利益。

典型案例

印度博帕尔灾难（India Bhopal gas leak case），是区域环境污染转移的一个典型恶果。美国联合碳化物属下的联合碳化物（印度）有限公司设于贫民区附近一所农药厂发生氰化物泄漏。氰化物是最毒的物质之一，可以影响细胞呼吸链导致窒息死亡，这次泄漏事故中30吨毒气化作浓重的烟雾以5千米/小时的速度迅速四处弥漫，引发了严重的后果。造成了2.5万人直接致死，55万人间接致死，另外有20多万人永久残废的人间惨剧。

3. 与西方生态霸权主义的斗争

西方生态霸权主义是引发世界生态秩序不公正和全球生态矛盾冲突的重要政治因素。1992年，美国经济学家劳伦斯·萨默斯（Lawrence Summers）在英国《经济学家》杂志发表《让他们吃下污染》的备忘录，表达了如下观点：第一，欠发达国家的个体生命价值远远低于发达国家；第二，欠发达国家与发达国家相比还处于“欠污染”状态；第三，只有发达国家才有资格享受清洁环境的权利。按照上述理论逻辑，也就自然得出欠发达国家理应成为处理全球污染物垃圾池的谬论。这体现出发达国家对待欠发达国家环境政策的极端取向，以及西方生态霸权主义的本质，呈现出了“让穷人承担污染”的不合理逻辑。

西方发达国家按照这种荒谬逻辑逐步建立了排斥性和霸权性的全球生态秩序构架。首先，凭借经济和军事上的霸权地位，以掠夺式的方式开发和占领发展中国家的资源，表现出傲慢的态度，强迫发展中国家接受其构建的生态话语体系，服从不公平的治理条约。其次，通过各种手段将污染物转嫁给发展中国家。目前，非洲已成为发达国家倾倒有毒有害物质的最大垃圾场。最后，发达国家通过政策议题设定、理论话语阐释、经济技术路径的垄断，进一步巩固了其在全球生态秩序中的霸权地位。总之，这种做法不仅缺乏道义和公正，也严重侵犯了发展中国家的权益。发达国家应该承担起更多的责任，为全球环境治理作出贡献，而不是将环境问题强加给穷困国家。发达国家以牺牲发展中国家的生态利益为代价，实现自身生态利益。这种生态帝国主义是资本主义的最高阶段，具有剥削、霸权和排斥性质。

生态帝国主义本质上是霸权的延伸，帝国主义如果诉诸军事与武力，则体现出其血腥剥削，占夺资源的暴力色彩。而经济帝国主义的金融霸权影响也牵动全球经济，现今的生态帝国主义是一种全新的、更加综合性、系统性和更具隐蔽性的帝国主义。这种身披绿色外衣的生态霸权主义国家吃净以前发展的红利后，还要通过碳排放权等生态治理手段进一步遏制发展中国家的崛起，以生态保护为遮蔽，举着“为全人类”的大旗，站在看似正义的角度施加排斥性霸权，加快用技术、资金优势铸造“生态壁垒”。生态帝国主义的逻辑与行为，内含着一种有利于西方发达资本主义国家发展，而不是全人类共同发展的倾向，充满阶级性、排斥性、掠夺性与利己性，与全人类共同期望的，构建公平、民主、有效的全球环境治理体系背道而驰。我们需要改变这种模式，促进公正和平衡的全球生态秩序，保护各国的生态权益，实现人与自然的和谐共生。

二、分歧与斗争的本质

1. 资本主义逻辑下的经济增长方式

全球生态环境建设中的分歧与斗争的根源是资本主义逻辑下现代工业文明不可持续的经济增长方式不断扩张的结果。资本主义逐利的特点结合“科学技术的无限进步”和“物质财富的无限积累”是这种经济增长方式的内在逻辑。科学技术本身是没有任何属性的，但资本主义逻辑下科技发展的目的是获取最大的经济利益，推进经济社会的加速发展，以此为前提的效率变革、资源发掘、能源利用与技术创新，生态环境在此逻辑下仅仅是一种资源。追求经济无限增长的科学技术伴随着巨大的生态环境污染与风险。科学技术改变了人作用于自然的方式，改变了人的生态观念，也使人们熟悉于超出自身需求的物质消费。美国哲学家威尔·杜兰特（Will Durant，1885—1981）告诫说：“从蛮荒到文明需要一个世纪，从文明到蛮荒只要一天。”这不仅是对科学技术促进人类文明进步作用的赞美和褒扬，更是对科学技术可能对现代文明造成的严重威胁（包括生态环境威胁）的警告。

资本主义追求无限的经济和物质财富积累的逻辑使人们将环境污染视为经济增长的必然成本，将自然资源视为无限可再生的仓库，无视其有限性和可持续性。然而，这种生产方式是不可持续的，它忽视了未来的后果，只关注眼前的利益。这种短视的做法超过了自然界的承受能力。人类为了满足无止境的物质欲望而不断掠夺和破坏自然界，而自然界则会以无情的报复作出回应。这种短期利益的追逐注定会导致长期的生态灾难。全球生态环境不断恶化，人类正是始作俑者。人们欣悦于征服自然，任我取用的快感，用无情的技术和饕餮般的需求彻底地破坏环境，发黑发臭的河流、富营养化的湖泊、重金属污染的土壤、可吸入颗粒物超标的空气、越来越难耐的高温与严寒，人类对自然环境的破坏远超过以前任何的自然浩劫。资本主义在经济发展中强调其核心地位，满足了人类的物质和精神需求，却对人类的生态需求关注不足。这导致了经济社会发展的不平衡和人与自然之间的不协调。人口、能源、粮食和生态等全球性问题的出现正是这种失衡的直接结果。

2. 资本主义逻辑下的消费主义狂欢

消费主义是资本主义逻辑下的产物，是西方资产阶级道德的重要组成部分。而由西方发达国家传递出的消费主义风潮如今已经席卷全球，美国式“高碳排放、高资源消费”的“掠夺式”生活方式正是典型代表。美国的人均资源消耗是世界之最，其食物浪费、电力消耗、石油消耗量之大都非常惊人，美国平均每1000人有汽车864辆。目前美国总人口约为3.33亿，汽车数量约保持在2.87亿辆，几乎人手一车。中国人口是美国的近5倍，但是美国的人均消耗的资源是中国的 4 倍。美国以全球 4% 的人口，消耗了全球 20% 的资源，是彻头彻尾的“掠夺式”生活方式，如果任由这种生活方式蔓延，地球必将不堪重负，让人类未来蒙上阴影。

美国环境伦理学家彼得·温茨（Peter S. Wintz）在所著《环境正义论》中，指出了消费增长与环境恶化之间的关联。在当今世界经济格局下，先发国家仅占全球 1/4 的人口，却消耗了 40%~86% 的各类资源。消费主义导致了大量额外资源的消耗，而背后所谓的“幸福生活”则意味着对自然界的摧残。过剩的商品产生了对自然资源的额外需求，而这些资源通常来自发展中国家。同时，生产这些过剩商品的工人主要来自发展中国家。因此，发展中国家所面临的生态环境污染实际上是发达国家消费主义行为的责任所在，这种不平衡的全球贸易格局导致了发展中国家在生产过程中面临着环境污染和资源耗竭等挑战。

知识链接

2022 年 2 月 3 日，在美国俄亥俄州东部邻近宾夕法尼亚州的小镇东巴勒斯坦城，一列 141 节车厢的列车约 50 节车厢脱轨，涉事列车共有 20 节车厢装载有毒物质，其中一半脱轨，当中包括 5 节运载压缩氯乙烯的车厢。由于烟雾造成的健康风险，俄亥俄州和宾夕法尼亚州附近的居民被疏散。尽管有关部门称未造成污染，但依然造成一定影响，部分居民返回后出现了头痛、恶心等症状，还有人的眼睛出现灼痛感。也有居民表示饲养的鸡一夜之间死亡，家养的动物生病，河里也出现大量死鱼。事故发生三周后，研究人员在脱轨现场附近的空气中检测出含量高达正常值 6 倍的“致癌”化学物质。

——光明网等报道

马克思主义对资本主义消费主义的批判具有更为深刻的内涵。第一，马克思主义认为资本主义的消费主义是通过过度生产来自我维系的一种机制。资本主义的生产依赖于能源和复杂的生态系统，然而资本家仅仅关注以“利润”为导向的生产和交换，而对于“过度生产是否引发经济和生态危机”的考虑并不充分。第二，由于资本的追逐利润的本性，资本家努力争夺更高的政治权力，因为更高的政治权力意味着更大程度的剥削。马克思在《资本论》中不仅阐释了资本主义社会的经济发展规律，同时揭示了生产力与生产关系之间的矛盾，并证明了资本逻辑与生态环境之间的对立性矛盾。

在消费主义的影响下，资本主义成为全球的主导力量，资源、劳动力和消费形成了可怕的循环，这个循环必须不断加速，否则就会引发危机。消费主义的循环不断加速，却也加剧了生态环境的恶化，难以逆转。资本主义逻辑下的消费主义推动着人类社会的生产和生活加速不断追求更多的消费和利润。只要现有的分配方式不改变，消费主义将继续剥夺和异化人类的劳动，并对自然环境造成伤害。资本逻辑的核心是“要么积累，要么死亡”，这正是消费主义对生态环境造成危害的真正原因。虽然在全球范围内消除资本逻辑是一个有争议的问题，但根除生态危机的根本途径是走向共产主义，因为资本主义的逻辑和本质与生态环境保护相矛盾，妥协只能减缓而不能消除这种对立关系。

生态环境问题的分歧与斗争表现复杂，原因多样，资本主义的逻辑与本质始终与保护

生态环境难以达成内在统一。但分歧与斗争不会是人类发展的常态，我们始终要积极寻求和平合作、民主协商，在共同认可的原则下共同保护人类的家园。

第四节　解决分歧与斗争的原则

世界各国在生态环境保护问题上的分歧与斗争，决定了生态环境问题的解决必然要经历一个长期曲折的过程。建设一个生态良好的地球美好家园，是世界各国人民的共同愿望。各国只有深入开展生态文明领域的交流合作，切实承担应尽的环境责任，才能携手共建一个和平发展、环境优良的美丽世界。

一、坚持历史与现实相统一的原则

全球生态环境问题绝非一蹴而就，历史累积与现实原因叠加造成了今天的生态环境恶化。因此，要和平解决生态环境建设中的分歧与争端，要坚持历史与现实相统一的原则，发达国家和发展中国家都要承担各自相应的环境责任，以公平公正，坦然真诚的态度承担历史污染排放与当今环境问题的责任，不逃避历史上对环境的透支问题，也关注现实中仍在继续的生态破坏行为。

从历史角度看，工业革命后的资本扩张和大规模工业生产方式带来了无法逆转的环境损害，忽视了经济、社会和生态的相互关系和可持续性。这种累积的后果逐渐演变成日益严重的生态环境危机。从现实角度看，资本主义的不可持续生产和消费方式是造成生态问题的重要原因之一。发达国家对全球环境的过度消耗造成了巨大的环境负担，因此在帮助发展中国家解决环境问题方面，承担着特殊而不可推卸的责任。

从总体上说，发达国家和发展中国家在历史责任上存在差异。就像一场马拉松比赛，有些国家已经跑了很远的路程，而其他国家则仍处于起跑线上。因此，对所有国家采取统一标准来衡量发展是不公平的。发达国家有责任作为领跑者，引领全球应对气候变化，并承担更大的责任，这也是广大发展中国家所期望的。解决生态环境问题，既要重视造成环境危机的历史原因，也要重视解决环境问题的前提，包括人口控制、社会公正、国际合作与全球治理，以此为基础进行长效合作的生态环境治理。

二、坚持可持续发展的原则

在发展方式上，可持续发展原则起着至关重要的作用。它应被视为人类发展的基础和关键目标。人类必须树立尊重和保护自然的理念，并以此为准绳来规范生产、分配、交换和消费等行为。在此基础上，在实践中应将个人利益、他人利益和社会利益相统一，以及局部利益与整体利益、短期利益与长远利益相统一。这样的综合考虑才能确保可持续发展的实现。要坚决摒弃“先污染后治理、先发展后环保”等破坏生态环境的传统发展方式，要把关系人类生存与发展的整体的、长远的利益放在更重要的位置上，不能为了满足当代人的需求而损害后代人的利益，在发展方式上，重视“代际公平”和“代内公平”，即实现当代人与后代人的福利共享，以及确保每一代人内部的贫富平等，让穷国和富国都享有平等的生存权、发展权和环境受益权。

在可持续发展的基础上，探索绿色发展，通过赋予生态产品价值，将生态优势转化为社会经济发展的优势，促进经济、能源和产业结构的转型升级，使良好的生态环境成为全球经济社会可持续发展的基础与支撑。

三、坚持“共同但有区别的责任”的原则

坚持“共同但有区别的责任”的原则是1992年《联合国气候变化框架公约》第四条正式明确的基本原则。在应对气候变化的过程中，这一原则也逐渐被运用到生态环境领域，成为全球气候治理和生态环境保护的共识。“共同但有区别的责任”是一种国际法角度下确认各国在生态环境和气候变化方面承担的责任，它划分了“同责任”和“区别责任”。

一方面，生态环境问题和气候变化涉及全人类的利益，因此世界各国都有义务和责任去保护和改善环境；另一方面，由于各国在历史发展阶段和经济技术实力上存在差异，所以它们在治理环境问题上的责任也应该有所区别。

保护环境是全人类共同面临的重要使命，各国普遍认识到全球环境治理的迫切性和必要性。然而，在环境利益和责任分配方面，特别是历史责任和现实责任的分配上，存在着激烈的辩论。有些发达国家甚至可能出于政治目的试图限制发展中国家的发展。不同国家具有独特的国情和发展阶段，面临的环境问题以及环境与发展之间的关系也各异。因此，各国应根据自身的发展水平承担共同但有区别的责任。同时，我们应以对人类和未来的高度责任感为指引，尊重历史，立足当前，着眼长远，通过务实的合作，在全球范围内推动可持续发展的实现。

同时，在全球生态环境建设中，我们必须坚守多边主义的原则。单边主义和保护主义只会加剧全球生态环境治理的信任赤字，使其陷入停滞的困境。各国应相互尊重、平等相待、互学互鉴、共同发展，重视在强化自身行动和深化伙伴关系的基础上，积极展开全球气候变化政策对话和绿色发展的多边合作。多边主义的核心思想是国际事务应由各国共同商议解决，世界的未来与命运应由各国共同把握。分裂对抗的世界格局是无法应对人类面临的共同挑战的。世界各国要携手合作，不要相互指责；要持之以恒，不要朝令夕改；要重信守诺，不要言而无信。只有以国际法为基础、以公平正义为要旨、以有效行动为导向，维护以联合国为核心的国际体系遵循多数国家公认的协议和约定，努力落实各项生态环境保护协定，才能携手共建美丽的地球家园。

四、坚持人与自然和谐共生的原则

在全球生态环境建设中，我们需要坚持人与自然和谐共生的原则，有效化解矛盾冲突。

事实证明，生态环境的恶化对全球人类的生存与续存构成平等威胁，与地区或国家的发展水平无关。任何地区或国家的生态环境灾难都可能给全人类带来灾祸。因此，为了遏制全球环境恶化的趋势并化解生态矛盾冲突，我们需要共同努力，坚守人与自然和谐共生的原则并将其付诸实践。

随着全球化的深入和各种环境问题的凸显，人们逐渐认识到传统的人类中心主义是全球环境问题的深层根源之一。为了有效应对全球环境挑战，我们必须摒弃狭隘的人类中心主义观念，并超越简单的生物中心主义或自然中心主义，追求人与自然的和谐共生。只有通过与自然相互融合、相互尊重的方式，我们才能实现可持续发展和全球生态环境的健康。因此，应该深入理解人与自然的关系，并在实践中践行这一原则，为全球生态环境的可持续发展作出积极贡献。

人与自然和谐共生是生态文明建设的核心。生态文明是对传统文明特别是工业文明的反思和超越，体现在人与自然、人与社会、人与人、人与自身这四大关系中。人类历程中，原始文明阶段的人类崇拜自然，许多地方仍保留图腾崇拜的传统；农业文明时代人们开始尊重自然，“日出而作，日入而息”成为经典生活理念；工业文明主导的“征服自然”思维方式在当代已不适用。生态文明强调人与自然、人与人、人与社会的和谐共生。在生产方式上，强调可持续发展；在生活方式上，主张绿色环保，反对过度消费。全球面临水、气、热、土、生五个方面的生态环境问题，成为共同挑战，各国无法置身事外。

全球生态环境治理事关人类未来，保护赖以生存的地球家园需要国际合作。应坚持多边主义原则，避免单边主义和保护主义加剧全球生态环境建设中的信任赤字，推动政策对话和绿色发展的多边合作。共同商量解决国际事务，各国同舟共济、共同努力，实现人与自然和谐共生新格局。

五、共谋全球生态文明建设

中国是世界上第一个也是目前唯一一个将生态文明作为国家战略系统部署和落实的国家。“站在人与自然和谐共生的高度谋划发展”“创造人类文明新形态”正是从生态文明建设的角度积极推进绿色发展与共谋全球生态文明建设的战略选择。

中国的发展离不开世界，世界的繁荣也离不开中国。生态文明的全面提升，是全面建设中国式现代化的内在目标和任务，将进一步促进生产发展、生活富裕、生态良好的美丽中国以人与自然和谐共生的现代化面貌走向世界舞台的中央，同时，将使中国以更显著的成效参与、贡献和引领地球美好家园的建设。

正是站在共谋全球生态文明建设的高度来谋划经济社会发展，中国在2020年

原声再现

我们坚持和发展中国特色社会主义，推动物质文明、政治文明、精神文明、社会文明、生态文明协调发展，创造了中国式现代化新道路，创造了人类文明新形态。

——2021年7月1日，习近平总书记在庆祝中国共产党成立100周年大会上的讲话

正式宣布将力争2030年前实现碳达峰、2060年前实现碳中和。这是中国基于推动构建人类命运共同体的责任担当和推动全球生态治理的自主贡献而作出的积极努力。从世界范围来看，中国将完成迄今全球最高幅度的碳排放降低，30年时间也是全球历史上完成碳达峰到碳中和的最短历程。西方发达国家比我国早六七十年就完成了工业化发展，高能耗、高排放产业也被基本淘汰或转移到海外的广大发展中国家。我国作为全球最大的发展中国家，世界第二大经济体，当前仍处于工业化和城市化发展阶段的中后期，能源总需求在一定时期内还会持续增长，但实现这样的目标，只有30年左右的时间。这意味着，中国温室气体减排的难度和力度都要比发达国家大得多。因此，2020年9月22日，习近平在第七十五届联合国大会一般性辩论上提出“中国2030年前碳达峰，2060年前碳中和”，是中国同国际社会一道积极应对全球气候变化，与世界各国一起有效保护全球生态环境的庄严承诺，也意味着作为负责大国将对全球生态文明建设作出更大的贡献。

本讲小结

国际社会对生态环境问题的探索与实践多有不同，形成了以不同科学、不同理论为基础的生态理论和实践样态。这些理论和实践有利于我们在反思和批判中寻求共识，携手构建人类命运共同体，推进全球生态治理，共同呵护地球生态共同体。

案例讨论

全球气候治理机制适用“共同但有区别责任”方式的变迁

“共同但有区别的责任”原则（Common but Differentiated Responsibility，CBDR，简称共区原则）自20世纪70年代在里约环境宣言及大量多边环境条约提出，到1992年《联合国气候变化框架公约》第一次在国际公约明确，至今一直是全球环境治理的核心原则与国际气候治理体系的基石，在40多年的发展过程中，其本身的概念、核心要素、区分标准和适用方式也经历了变迁。

就适用方式的变迁而言，从《京都议定书》到《巴黎协定》显现从“自上而下”向“自下而上”的国家自主模式的转变。

所谓“自上而下”是指按照温室气体控制总目标的要求，缔约方具体减排义务由缔约方大会或会议确立并通过，并由缔约方承担的责任模式，“自上而下”分摊减排义务的关键是根据国家排放的历史责任和发展需要减少排放能力的平衡。《京都议定书》在“自上而下”规定减排义务时进行了两种区分，一是区分为发达国家和发展中国家，二是在发达国家内部进行区分。这种国际气候合作的“自上而下”模式，以只为发达国家规定减排目标的方式体现《联合国气候公约》的公平合理原则。“自上而下”优点是搭建起总目标和单个缔约方减排目标之间的“桥梁”，有利于条约实施机制的运作；缺点在于缔约和达成一致意见的时间较长，即使达成后缔约方履约意愿不强，履约的效果不近人如意，甚至引起退约的情况。

所谓“自下而上”是强调国家自主贡献。自主贡献由缔约方按照框架公约和协定的要求向缔约方大会秘书处提交的反映自身能力和国情的法律文件，《巴黎协定》作为一个整体具有法律约束力，但承诺更多是一个政治意愿，并不具有法律约束力。根据缔约方大会秘书处已经收到的163份缔约方自主贡献，各个缔约方都在各自自主贡献报告中体现了各自在2020年后努力的目标。缔约方自主贡献体现的力度和责任大小千差万别，集中展现了“国家不同，责任不同”的“共同但有区别的责任”的原则。这种“自下而上”的治理体系旨在避免自上而下的国际分配和协调，提高国家的灵活性。各国有权作出自己的承诺，决定其性质和时间，重点在于促进透明度，而不是惩罚性遵守。

“自下而上”的优点在于体现充分尊重缔约方的自主意愿，缔约的过程一般比较迅速；缺点在于缔约方淡化“历史责任”，更多趋向“未来责任”和“共同责任”，往往会谨慎作出承诺，实现目标的过程比较缓慢。此外，“自下而上”的自我区分可能导致国家并不根据自身真实的责任和能力进行自我区分，而对经济利益的考量更能左右缔约方减排的意愿，为强化发展中大国的责任和义务提供了依据，也为发达国家不能有效履行相应的责任和义务提供了借口。

比较而言，全球气候治理机制当前适用的“共同但有区别的责任”原则更优先考虑了国际层次适用公平合理原则的政治可行性、灵活性和可操作性，旨在推动更广泛参与，但这种新的适用方式也面临多方面的困境，需要在后巴黎时代的联合国气候谈判中加以应对。

问题讨论

1. 结合案例，谈谈你对全球气候治理机制适用“共同但有区别的责任”原则的看法。
2. 结合案例，谈谈你对当代世界生态环境问题的认识。
3. 你认为国际生态实践中有哪些经验值得学习？

推荐阅读

1. 生态社会主义还是生态资本主义．[印]萨拉·萨卡．张淑兰译．山东大学出版社，2012.

2. 新异化的诞生．[德]哈特穆特·罗萨．郑作彧译．上海人民出版社，2018.

3. 现代世界的起源——全球的、生态的述说．[美]罗伯特·B. 马克斯．夏继果，译．商务印书馆，2006.

4. 变化世界中的生态学与伦理学之关联：价值观、哲学与行动．[智]里卡多罗齐．葛永林，丁凤译．科学出版社，2022.

第十讲

共谋全球生态文明建设的中国倡议和中国方案

当代社会，工业文明在创造巨大财富的同时也带来了愈发严重的生态危机，生态环境问题愈发成为全球性问题，生态环境保护愈发成为一项全球性挑战，实现人与自然和谐共生的理念正逐步成为国际共识。中国作为当今世界上最大的发展中国家，坚持胸怀天下，积极担当全球生态文明建设的参与者、贡献者和引领者。步入新时代以来的十年，中国共产党团结带领人民，坚持以习近平生态文明思想为指导，坚持走人与自然和谐共生的中国式现代化道路，在取得国内生态环境保护工作历史性、转折性、全局性变化的同时，也向全球发起生态文明倡议，为世界提供中国方案，贡献中国智慧。

第一节　共谋生态文明建设的全球倡议

生态环境问题是全球性问题，保护生态环境靠任何一个国家的单打独斗都无法解决。面对生态环境挑战，理应坚持交流互鉴，共同构建地球生命共同体。党的二十大报告中指出，“中国积极参与全球治理体系改革和建设，践行共商共建共享的全球治理观。”向全球发起共建地球家园的中国倡议。

一、地球是人类的共同家园

人类只有一个地球，地球是人类的共同家园。当今社会，人类越来越成为你中有我、我中有你的命运共同体。面对生态环境保护这一全球性问题，任何一个国家想要单打独斗都是难以解决的，必须要开展全球行动、全球应对和全球合作，共同构建地球生命共同体。新时代以来的十年，中国在切实行动中推动实现更加强劲、绿色、健康的地球生命共同体。通过对绿色发展理念的牢固践行，取得了丰富的实践经验并与世界分享。

第一，积极践行绿色发展理念，大力推进生态文明建设。党的十八大首次将生态文明建设纳入“五位一体”总体布局，指出要“把生态文明建设放在突出地位，融入经济建设、政治建设、文化建设、社会建设各方面和全过程，努力建设美丽中国，实现中华民族永续发展”。将生态文明建设提升到总体布局的高度，表明党对生态文明建设的认识得到了进一步深化。党的十八届五中全会提出了“创新、协调、绿色、开放、共享”的五大发展理念。新发展理念一方面在实践中不断丰富内涵，另一方面指导实践取得重大成效。例如，2023 年 1 月 19 日，国务院新闻办公室发布的《新时代的中国绿色发展》白皮书，进一步阐明了新时代中国绿色发展的核心理念：一是坚持以人民为中心的发展思想。把良好生态环境作为最普惠的民生福祉，大力推行绿色生产生活方式，持续改善生态环境质量，让人民有更多的获得感、幸福感、安全感。

原声再现

生态文明是人类文明发展的历史趋势。让我们携起手来，秉持生态文明理念，站在为子孙后代负责的高度，共同构建地球生命共同体，共同建设清洁美丽的世界！

——2021 年 10 月 12 日，习近平出席《生物多样性公约》第十五次缔约方大会领导人峰会时发表的主旨讲话二是着眼中华民族永续发展。牢固树立绿水青山就是金山银山的理念，坚定不移走生态优先、绿色低碳发展道路，实现经济效益、生态效益、社会效益同步提升。三是坚持系统观念、统筹推进。注重处理好发展和保护、全局和局部、当前和长远等一系列关系，统筹产业结构调整、污染治理、生态保护、应对气候变化，协同推进降碳、减污、扩绿、增长。四是共谋全球可持续发展。秉持人类命运共同体理念，始终做全球生态文明建设的重要参与者、贡献者和引领者，为全球可持续发展贡献中国智慧和中国力量。在绿色发展理念的引领下，中国绿色发展的实践和成效令世界瞩目。①生态环境质量持续稳定向好。2021年，全国地级及以上城市$PM_{2.5}$年均浓度由2015年的46微克/立方米降至30微克/立方米，空气质量优良天数比例达87.5%，地表水水质优良断面比例达84.9%。②经济发展的含金量和含绿量显著提升。战略性新兴产业成为经济发展的重要引擎，2021年高技术制造业占规模以上工业增加值比重达15.1%，比2012年提高5.7个百分点。绿色产业蓬勃发展，清洁能源设备生产规模世界第一，2021年节能环保产业产值超过8万亿元。③广泛推行绿色生产方式。2012年以来，中国清洁能源消费比重由14.5%升到2021年的25.5%，煤炭消费比重由68.5%降到56.0%，以年均3%的能源消费增速支撑了年均6.6%的经济增长，单位GDP能耗下降26.4%，是全球能耗强度降低最快的国家之一。④积极倡导绿色生活方式。推动全民提升节约意识、环保意识、生态意识，自觉践行绿色低碳生活方式，形成推进绿色发展的良好社会氛围。⑤体制机制进一步完善。通过加强法治建设、强化监督管理、健全市场化机制，为绿色发展提供坚实保障。在中国的倡导下，“生态文明”作为联合国各环境公约缔约方大会主题走入国际视野。中国完成从参与者向贡献者与引领者的身份转变。

第二，走人与自然和谐共生之路应对全球性生态危机。应对全球生态危机道阻且长，各国应对全球环境恶化各执己见，在扭转生态危机局面上的努力总体成效不大。这其中既有西方大国从自身利益出发，单方面违反生态协定的不良示范，也有各国间协调力不足的因素。中国提出坚持人与自然和谐共生，“坚定走生产发展、生活富裕、生态良好的文明发展道路，建设美丽中国，为人民创造良好生产生活环境，为全球生态安全作出贡献。”不仅推动中国生态文明建设更上一层楼，同时也在全球环境治理中逐渐彰显“领头雁”作用。

第三，积极向全球分享生态文明建设经验，共建地球生命共同体。共建地球生命共同体理念的提出经历了一段历史发展过程。2019年，习近平总书记在北京世界园艺博览会开幕式中提出要“同筑人类生态文明之基”，2020年，在第七十五届联合国大会一般性辩论中，强调要“建设生态文明和美丽地球”，在2021年《生物多样性公约》第十五次缔约方大会领导人峰会中，正式提出呼吁要“共建地球生命共同体”，首提三个构建“地球家园”的愿景，即构建人与自然和谐共生的地球家园；构建经济与环境协同共进的地球家园；构建世界各国共同发展的地球家园。构建“地球家园”的愿景从人与自然的关系、经济与环保的关系、全球合作三个维度，对人类要共建怎样的地球生命共同体这个时代之问作出全面阐释。

第四，以绿色发展理念引领全球环境议程。在习近平生态文明思想的指引下，我国贯彻落实新发展理念，不断强化自主贡献目标，推动经济社会发展全面绿色转型，“三北”防护林工程被联合国环境规划署确立为全球沙漠“生态经济示范区”、尽己所能帮助发展中国家提高应对气候变化能力、落实应对气候变化《巴黎协定》，被国际社会誉为是“全球环境议程的重要引领者”。

二、共建清洁美丽世界

地球是全人类赖以生存的唯一家园，建设美丽家园是人类的共同梦想。保持良好的生态环境是世界各国人民的共同心愿。中国作为生态文明建设的提出者、建设者、引领者，要坚持以生态文明建设为引领，协调人与自然关系；坚持以绿色转型为驱动，助力全球可持续发展；以人民福祉为中心，促进社会公平正义；以国际法为基础，维护公平合理的国际治理体系。同世界各国加强团结、共同面对世界百年未有之大变局，构建世界各国共同发展的地球家园。

第一，坚持绿色发展与系统化治理。要顺应当代科技革命和产业变革大方向，摒弃损害乃至破坏生态环境的发展模式，绝不能以牺牲生态环境为代价换取一时的经济发展。要加快经济、能源、产业结构转型升级，要按照生态系统的内在规律，实施系统性治理与保护。新时代的十年里，我国始终坚持统筹山水林田湖草沙一体化保护与系统治理，生态环境保护取得历史性、转折性、全局性变化。立足十年发展基础踏入新征程，生态文明建设是实现中国式现代化的重要环节。要抓住绿色转型带来的发展机遇，加快发展方式绿色转型，推进生态优先、节约集约、绿色低碳发展。

第二，坚持以人为本。生态环境事关全世界人民的福祉，必须综合考虑各国人民对美好生活的向往，为子孙后代留下天更蓝、地更绿、水更清的生产生活环境。共建清洁美丽世界，中国积极探索在绿色转型过程中增加各国人民的获得感、幸福感、安全感。以人为本是生态文明建设题中应有之义，要满足人的绿色需要、保障人的绿色权利、维护人的绿色安全、追求人的绿色幸福。不断满足人民对美好生活的向往与追求，以期更好实现人民共享生态文明建设发展成果。

第三，坚持多边主义。新时代的十年里，中国一贯坚持践行共商、共建、共享的全球治理观，坚持以国际法为基础，坚定维护以联合国为核心的国际体系。构建人类命运共同体，坚持绿色低碳，推动建设清洁美丽世界，必须坚持真正的多边主义，在实现全球碳中和新征程中与世界各国互学互鉴。中国倡导建立了“一带一路”绿色发展国际联盟，已有40多个国家的150余个合作伙伴，发布了“一带一路”生态环保大数据服务平台，实施了绿色丝路使者计划。深度参与全球环境治理，持续推动《联合国气候变化框架公约》及《巴黎协定》全面有效实施，大力支持发展中国家能源绿色低碳发展，积极履行《生物多样性公约》及其议定书。务实开展多双边环境合作，加强南南合作以及同周边国家的合作。未来将与世界各国共同应对全球环境挑战，贡献中国力量。

第四，坚持“共有但有区别的责任”原则。该原则已经成为全球气候治理和生态环境保护的国际共识。其内涵为，发达国家和发展中国家处于不同的发展阶段，在环境问题上的历史责任和现实能力存在差异，要在符合发展中国家的能力和要求的基础上，充分肯定发展中国家应对气候变化所作的贡献，照顾到发展中国家在生态环境保护上的困难和关切。而发达国家应当展现出更大的雄心和行动，切实帮助发展中国家提高应对气候变化的能力和韧性，为发展中国家提供资金、技术、能力建设等方面的支持，避免设置绿色壁垒，帮助发展中国家加速绿色低碳转型。

三、积极推动全球可持续发展

在世界政治格局多变的当下，中国越来越成为国际舞台上促进世界和平、贡献全球发展和维护国际秩序的重要力量。作为爱好和平的发展中大国，中国始终坚持胸怀天下，以世界眼光关注人类前途命运，为推动全球可持续发展，推动构建公平合理、合作共赢的全球环境作出不可磨灭的贡献。

新时代以来的十年，中国已经提前完成 2020 年应对气候变化和设立自然保护区的相关目标，成为世界节能和利用新能源、可再生能源的第一大国。当前中国已经迈上全面建设中国式现代化国家新征程，向第二个百年奋斗目标奋力进军，目标到 2035 年广泛形成绿色生产生活方式，生态环境实现根本好转，基本实现美丽中国目标。

与一些西方国家尚停留在“主义”问题上，试图利用生态环境问题对我国实行“封锁”的企图形成鲜明对比的是，中国愿同世界各国一道，坚持走绿色发展之路，积极推动全球可持续发展，共筑世界生态文明之基，展现作为世界上最大的发展中国家的使命和担当。新时代的十年来，中国始终坚持深度参与全球环境治理，不断增强我国在全球环境治理体系中的话语权和影响力。持之以恒加强应对全球气候变化、海洋污染治理、生物多样性保护等领域的国际合作，切实履行国际公约。

加速绿色转型推动可持续发展。步入新时代的十年来，中国坚持向绿色低碳转型发展。2021 年，中国煤炭占能源消费总量比重由 2005 年的 72.4% 下降到 56%，非化石能源消费比重增长到 16.6% 左右。“十四五”时期，我国生态文明建设进入以降碳为重点战略方向，推动减污降碳协同增效，促进经济社会发展全面绿色转型，实现生态环境质量改善由量变到质变的关键时期。中国在可持续发展工作上取得的进展将有利于推动全球可持续发展。当今正值世界百年未有之大变局时期，世界各国命运与共。中国将全面贯彻新发展理念，坚定不移推进碳达峰碳中和，共同构建全球发展伙伴关系，积极推动全球可持续发展，为全球提供更多公共产品。2022 年 7 月 14 日，中国生态环境部部长、联合国《生物多样性公约》第十五次缔约方大会主席黄润秋在出席 2022 年联合国可持续发展高级别政治论坛部长级圆桌会议时指出，中国将积极推动全球可持续发展，为全球提供更多公共产品。世界各国命运与共，要共同推动实现更加强劲、绿色、健康的全球发展，落实 2030 年可持续发展议程。中国将全面贯彻新发展理念，坚定不移携手合作，共同构建全球发展伙伴关系。因此，习近平在党的二十大报告中指出：“中国提出了全球发展倡议、全球安全倡议，愿同国际社会一道努力落实。”

第二节　积极参与应对气候变化全球治理

工业革命以来的人类活动，特别是发达国家大量消费化石能源所产生的二氧化碳累积排放，导致大气中温室气体浓度显著增加，加剧了以变暖为主要特征的全球气候变化。有数据显示，过去十年是有记录以来最热的十年，全球气温上升了1.2℃。气候变化问题日趋严峻紧迫，合力应对气候变化刻不容缓。近年来，随着地球生态环境的不断恶化，极端气候频繁出现，全球性气候治理逐渐成为国际社会共识。应对气候变化成为中国积极参与全球治理的重要着力点。就中国国内而言，参与气候变化全球治理契合了我国建设生态文明，推进“双碳”目标，建设人与自然和谐共生的现代化的战略选择；就国际社会而言，也在全球能源治理，维系多边主义，推动国际合作等方面彰显了大国担当。

一、中国应对气候变化发生历史性变化

新时代的中国把应对气候变化作为推进生态文明建设，实现高质量发展的重要抓手，坚持创新、协调、绿色、开放、共享的新发展理念，立足国内国际两大市场，推动经济社会绿色低碳转型发展不断取得新的成效与进展，在应对气候变化方面取得历史性变化。

第一，绿色低碳发展取得显著成效。从2015年绿色发展理念提出以来，中国强调绿色发展，注重解决人与自然关系的和谐问题，强调坚持新发展理念是关系我国发展全局的一场深刻变革。在坚定不移走绿色低碳发展道路的前提下，使绿色成了我国高质量发展的亮丽底色。党的二十大报告指出，要站在人与自然和谐共生的高度谋发展，实现人与自然和谐共生的中国式现代化。过去十年，全国细颗粒物平均浓度降幅达34.8%，地级及以上城市优良天数比率增加到87.5%。以年均3%的能源消费增速支持了年均6.6%的经济增长，万元工业增加值用水量下降55%，主要资源产出率提升58%，绿色转型、可持续发展成效十分显著。未来将进一步加快发展方式绿色转型，加快推动调整优化生产结构，推动形成绿色低碳的生产方式和生活方式；深入推进环境污染防治，推进城乡人居环境不断改善，健全现代环境治理体系；提升生态系统多样性、稳定性、持续性；推进碳达峰碳中和，协调推进降碳、减污、扩绿、增长。积极参与应对气候变化的全球治理。当前，实现“双碳”目标进入新征程。党的二十大报告指出，实现碳达峰碳中和是一场广泛而深刻的经济社会系统性变革。未来将坚持以习近平新时代中国特色社会主义思想为指导，确保如期实现“双碳”目标。

第二，能源绿色转型和消费革命取得显著成效。中国坚定不移实施能源安全新战略，

能源生产和利用方式发生重大变革，能源发展取得历史性成就，为应对全球气候变化，建设清洁美丽地球展现出中国担当。

“十三五”期间，中国以年均 2.8% 的能源消费量增长支撑了年均 5.7% 的经济增长，节约能源占同时期全球节能量的一半左右。中国煤电机组供电煤耗持续保持世界先进水平，截至 2020 年年底，中国达到超低排放水平的煤电机组约 9.5 亿千瓦，节能改造规模超过 8 亿千瓦，火电厂平均供电煤耗降至 305.8 克标煤 / 千瓦时，较 2010 年下降超过 27 克标煤 / 千瓦时。根据能源产业结构和贸易结构改善带动经济增长，控制能源消费总量，能源消费结构实现向清洁低碳加速转化。

产业的低碳化转型为绿色发展提供新动能，产业结构得到进一步优化，应对气候变化为中国产业绿色低碳发展提供新机遇。“十三五”期间，中国高耗能项目产能扩张得到有效控制，提前两年完成“十三五”化解钢铁过剩产能 1.5 亿吨上限目标，截至 2020 年，单位工业增加值二氧化碳排放量比 2015 年下降约 22%。随着新一轮科技革命和产业变革的孕育，我国新能源产业蓬勃发展，新能源汽车生产销售以及风电、光伏发电设备技术水平和制造规模居世界前列，为全球能源低碳清洁转型提供重要保障。

第三，生态系统碳汇能力显著提高。生态系统碳汇是指森林、草原、湿地、海洋等生态系统从大气中清除二氧化碳的过程、活动或机制。中国坚持多措并举，有效发挥森林、草原、湿地、海洋、土壤、冻土等的固碳作用，生态系统碳汇能力显著提高。“十三五”期间，中国实现累计造林 5.45 亿亩、森林抚育 6.37 亿亩。2021 年年底，全国森林覆盖率为 23.04%，森林蓄积量为 175.6 亿立方米，其中天然林蓄积量 141.08 亿立方米，人工林蓄积量 34.52 亿立方米。森林植被总生物量为 188.02 亿吨，总碳储量为 91.86 亿吨。

> **知识链接**
>
> 中国高度重视清洁能源发展，为此采取了一系列重大政策措施，取得了积极成效。中国将坚持节约资源和保护环境的基本国策，贯彻创新、协调、绿色、开放、共享的发展理念，积极发展清洁能源，提高能源效率，推动形成绿色发展和生活方式，努力建设天蓝、地绿、水清的美丽中国，实现人与自然和谐共处。
>
> ——2017 年 6 月 7 日，习近平致第八届清洁能源部长级会议和第二届创新使命部长级会议的贺信

二、气候变化全球治理的中国倡议

2015 年 9 月，习近平在联合国发展峰会上提出，要构建全球能源互联网，推动以清洁和绿色方式满足全球电力需求。这一倡议为推动全球能源转型，应对愈加严重的全球气候危机，探索可持续发展道路提供了中国方案。

1. 以绿色低碳的高质量发展应对全球气候危机

2021 年 10 月，习近平在《生物多样性公约》第十五次缔约方大会领导人峰会上的主旨讲话中，围绕人类要怎样共建地球生命共同体这个命题，提出开启人类高质量发展新

征程的“四个倡议”，即“以生态文明建设为引领，协调人与自然关系”“以绿色转型为驱动，助力全球可持续发展”“以人民福祉为中心，促进社会公平正义”“以国际法为基础，维护公平合理的国际治理体系”。2022 年 11 月 6 日至 18 日，《联合国气候变化框架公约》第二十七次缔约方大会在埃及沙姆沙伊赫召开，作为气候多边进程的重要会议，各与会国代表围绕气候适应、减排、气候融资等多个议题展开谈判。中国气候变化事务特使解振华在致辞中指出，气候变化是当前世界各国共同面临的重大挑战，并已变为现实而紧迫的气候危机，需要各国携手应对、加强合作、各尽所能。中国始终坚持积极应对气候变化的战略定力，把推进绿色低碳发展作为生态文明建设和促进高质量可持续发展的重要战略举措。

“推动经济社会发展绿色化、低碳化是实现高质量发展的关键环节。”目前，中国正在积极推动经济社会的全面绿色转型。截至 2022 年 6 月底，中国可再生能源发电装机达到 11.2 亿千瓦，水电、风电、光伏发电累计装机容量分别为 4.0 亿千瓦、3.4 亿千瓦、3.4 亿千瓦，均居世界第一；全国森林覆盖率超过 24%，森林蓄积量超过 195 亿立方米，成为全球森林资源增长最多的国家；新能源汽车保有量超过 1000 万辆，占全球一半以上。实践证明，中国已经走出一条符合国情的绿色低碳的可持续发展之路，以卓越成效为全球气候治理作出贡献。

2. 以能源转型应对全球气候危机

党的二十大报告中提出要“深入推进能源革命”。推进能源革命，加快能源转型，将有力推动“双碳”工作。对中国而言，是保障我国能源安全，促进人与自然和谐共生的治本之策；对国际社会而言，也将以此加强国际合作，共同应对全球气候危机。

2021 年，全球化石能源占一次能源消费比重约为 82%，能源相关碳排放达到 363 亿吨，同比增长 6%，创历史新高。推动能源系统低碳转型是实现全球应对气候变化目标最重要的任务。2023 年 4 月，自然资源部、发展和改革委员会、财政部、国家林业和草原局联合印发了《生态系统碳汇能力巩固提升实施方案》，方案围绕提升生态碳汇能力、有效发挥森林草原等生态系统的固碳作用等内容，提出了到 2025 年、2030 年的主要目标及重点任务。方案明确，“十四五”期间，要基本摸清我国生态系统碳储量本底和增汇潜力，初步建立与国际接轨的生态系统碳汇计量体系，加快构建有利于碳达峰碳中和的国土空间开发保护格局，促进生态修复取得明显成效。“十五五”期间，要实现生态系统碳汇调查监测评估与计量核算体系不断完善，山水林田湖草沙一体化保护修复取得重大进展等。这对开辟一条清洁绿色、安全可靠、经济高效的全球碳中和之路，对确保世界能源安全、促进世界绿色低碳发展具有重大意义。

3. 坚定维护多边主义，以国际合作应对全球气候危机

党的二十大报告中提出：“当前，世界之变、时代之变、历史之变正以前所未有的方式展开。”中国作为世界发展中大国，不仅走出了一条中国特色的发展道路，更是以坚定维护多边主义，坚持和平开放与合作共赢，积极推动世界走向美好未来。

在应对全球气候危机的多边合作中，第一，中国一直是气候变化南南合作的积极倡导者和务实实践者，持续落实应对气候变化南南合作“十百千”倡议。截至目前，已与 38 个发展中国家签署 45 份气候变化合作文件，为 120 多个发展中国家培训约 2000 名气候变化

领域的官员和技术人员。2022 年 4 月，中国－太平洋岛国应对气候变化合作中心正式启动，这有助于推动中国－太平洋岛国在应对气候变化的交流合作方面发挥重要作用。中国开展气候变化南南合作的成果是看得见、摸得着、有实效的，与部分发达国家迟迟不兑现资金承诺形成鲜明对比。

第二，中国积极与美国对话，在气候变化领域致力于推动良好的双边关系，在“共同但有区别的责任”原则基础上，有效应对气候危机。在 2022 年 11 月的 G20 峰会上，习近平总书记与美国总统拜登达成重要共识，即共同推动第二十七届联合国气候大会（COP27）取得成功；同年 11 月 20 日 COP27 各国代表达成协议，同意设立一个基金机制，以补偿因气候变化引发的灾害所导致的损失和损害。

第三，中国是推动达成《巴黎协定》的重要贡献者，也是落实《巴黎协定》的积极践行者。2021 年 10 月 31 日至 11 月 13 日，《联合国气候变化框架公约》第二十六次缔约方大会在英国格拉斯哥召开，这是《巴黎协定》进入实施阶段后召开的首次缔约方大会，会议达成《巴黎协定》实施细则一揽子决议。其间，中美两国联合发布《中美关于在 21 世纪 20 年代强化气候行动的格拉斯哥联合宣言》，有效提升了各方合力应对气候变化的信心，积极建设性地推动了大会进程，为弥合各方分歧、扩大共同立场注入了动力。2022 年 11 月 11 日，中国向《联合国气候变化框架公约》秘书处正式提交《中国落实国家自主贡献目标进展报告（2022）》（下文简称《报告》），体现了中国在推动绿色低碳发展、积极应对全球气候危机上的坚定决心。《报告》指出，中国应对气候变化的能力不断提升。2022 年 6 月，中国编制实施《国家适应气候变化战略 2035》，提出坚持“主动适应、预防为主，科学适应、顺应自然，系统适应、突出重点，协同适应、联动防治”的基本原则，强调在多层面构建适应气候变化区域格局，细化战略实施保障措施。

4. 以人民立场和“人类情怀”应对全球气候危机

以人民为中心的人民情怀和强调走和平发展道路、共建人类命运共同体的“人类情怀”是习近平生态文明思想区别于西方生态文明理论和绿色发展思潮的突出特点。在应对全球气候变化，参与全球环境治理的过程中，中国坚持以习近平生态文明思想为指导，强调了生态文明建设是惠民、利民、为民的。坚持从人民立场出发，关心人类命运，关注地球生命，使中国推动全球环境治理和建设生态文明的价值立场有别于西方现代人类中心主义的价值观，将追求资本主义经济可持续发展的价值取向拉回到“以人民为中心”和“人类情怀”的价值立场上，科学地解决了人与自然的关系问题，解决了技术运用、

原声再现

事实充分证明，人民是真正的英雄，激励人民群众自力更生、艰苦奋斗的内生动力，对人民群众创造自己的美好生活至关重要。只要我们始终坚持为了人民、依靠人民，尊重人民群众主体地位和首创精神，把人民群众中蕴藏着的智慧和力量充分激发出来，就一定能够不断创造出更多令人刮目相看的人间奇迹！

——2021 年 2 月 25 日，习近平在全国脱贫攻坚总结表彰大会上的讲话

经济发展和生态文明建设的关系问题和生态文明理论的内在矛盾，是一种指导民族国家可持续发展的发展观和指导全球环境治理的境界论的辩证统一的生态文明理论，实现了人类生态文明思想的理论创新，是当代中国马克思主义的生态学理论。彰显了中国的构建人类命运共同体的博大价值追求和顺应人类社会发展科学选择。

第三节　共建共享绿色“一带一路”

党的二十大报告中指出，党的十八大以来的十年间，“我们实行更加积极主动的开放战略”“共建‘一带一路’成为深受欢迎的国际公共平台和国际合作平台”，指出未来将推进高水平对外开放，“推动共建‘一带一路’高质量发展”。

2016 年 6 月，习近平提出：“要着力深化环保合作，践行绿色发展理念，加大生态环境保护力度，携手打造‘绿色丝绸之路’。”绿色丝绸之路的建设是共建“一带一路”高质量发展的重要内容，是有力推动构建人类命运共同体的伟大实践。自从提出绿色丝绸之路以来，中国将生态文明建设理念高度融进对外开放的进程中，顺应全球绿色低碳可持续发展的趋势，不断深化改革创新、扩大合作平台、聚焦发展重点。如今，绿色丝绸之路已经成为推进全球生态文明建设和人类命运共同体的重要载体。

一、绿色“一带一路”的深刻内涵

2022 年 3 月，国家发展和改革委员会发布《关于推进共建“一带一路”绿色发展的意见》，指出：“推进共建‘一带一路’绿色发展，是践行绿色发展理念、推进生态文明建设的内在要求，是积极应对气候变化、维护全球生态安全的重大举措，是推进共建‘一带一路’高质量发展、构建人与自然生命共同体的重要载体。”绿色“一带一路”具有深刻内涵。

1. 绿色“一带一路”是践行绿色发展理念，推进生态文明建设的国际合作的内在要求

建设绿色“一带一路”是“创新、协调、绿色、开放、共享”这一新发展理念的具体实践措施，彰显了推进生态文明建设的内在要求。“一带一路”基于沿线国家的可持续发展，只有在这样的基础上谈生态文明建设才能更好契合沿线国家的需求。绿色“一带一路”旨在推动发展理念向着绿色、可持续实现转型，夯实沿线国家绿色生态底色，建设好、维护好沿线国家生态系统、生态安全，强化沿线生态治理合作，实现经济、社会和生态环境的平衡。

绿色发展已经成为各国共同关切和追求的目标，“一带一路”沿线许多国家拥有复杂的地理条件，生态环境比较脆弱，面临着较为严峻的生态环境保护问题，实现可持续发展的压力很大，必须加快推动绿色发展。中国通过绿色“一带一路”倡议，将绿色经济、循环经济、清洁能源、应对全球气候危机等内容纳入国际合作，将“一带一路”融入全球可持续发展大趋势、大潮流中，为“一带一路”沿线国家提供更多的绿色公共产品，实现高质量的绿色发展。

2. 绿色“一带一路”建设起积极应对全球气候危机、维护全球生态安全的重要平台

在艰难而复杂的地缘政治背景下，绿色“一带一路”以开放为导向，提倡求同存异，充分体现开放合作、平等协商、共同发展和互利共赢的包容性发展精神，是积极应对全球气候危机、维护全球生态安全的重要平台。

通过绿色“一带一路”的建设，将我们的生态文明理念和实践成果融入其中。依托绿色“一带一路”平台，中国正在探索基于生态文明理念的绿色治理体系，为当今既要发展经济、又要保护环境的沿线大多数国家避免走“先污染、后治理”老路，提供了有益的启示和借鉴。“一带一路”沿线的后发国家当前处于求发展与求生态的历史转型期。中国以绿色“一带一路”为纽带，为沿线后发国家带去经济发展和生态保护“鱼与熊掌可兼得”的可行治理路径和包容发展平台。绿色“一带一路”成为基于中国的实践探索而分享给沿线国家的一种全新发展路径。

3. 绿色“一带一路”是推进人与自然生命共同体的重要载体，承载构建人类命运共同体的中国价值观

绿色“一带一路”为世界提供中国方案，贡献中国智慧，向全球传递了中国绿色可持续的发展理念。共建人类美好地球家园是全人类的福祉和后代子孙得以永续发展的关键所在，必须广泛传播绿色发展理念，倡导尊重自然、顺应自然、保护自然，通过绿色“一带一路”传递人与自然生命共同体理念，与沿线个国家进行多方位的沟通，增进理解与互信，在多方面达成共识。

绿色“一带一路”建设承载了构建人类命运共同体的中国价值观。倡导国际绿色正义，绿色“一带一路”参与成员一律平等，共同承担生态环境保护责任，共同享有良好生态环境带来的福利。绿色“一带一路”强调在平等的基础上进行合作，避免落后国家受到先进大国的“生态剥削”，各国遵循“共同但有区别的责任”原则，根据各自发展水平和能力共同承担生态环境责任，致力于通过切实改善生态环境提高沿线各国人民的福祉，纠正了当前扭曲的国际环境治理体系，传递了积极的价值理念。

二、绿色“一带一路”的高质量发展成效

推进“一带一路”建设是统筹国内、国际两个大局，推动构建人类命运共同体的积极实践。自2013年提出“一带一路”倡议以来，我国一直秉持着“共商、共建、共享”的原则和“绿色、开放、廉洁”的理念，以绿色为底色，为推动共建“一带一路”高质量发展持续注入生机活力。2015年，中国提出要共建绿色丝绸之路，高度契合生态文明理念，顺应全球绿色、低碳、可持续发展的总体趋势，取得了一系列高质量发展成效。

1. 生态环保合作机制和国际交流平台得到加强

在推进绿色"一带一路"建设的过程中，我国积极推动生态环境保护合作机制和平台建设，"一带一路"沿线合作伙伴国家间的互联互通水平得到极大增强。积极推动建立共建"一带一路"绿色低碳发展合作机制，与联合国环境规划署签署《关于建设绿色"一带一路"的谅解备忘录》，与有关国家及国际组织签署50多份生态环境保护合作文件。与31个共建国家共同发起"一带一路"绿色发展伙伴关系倡议，与32个共建国家共同建立"一带一路"能源合作伙伴关系。例如，召开"一带一路"绿色创新大会，实施应对气候变化南南合作计划、绿色丝路使者计划，推动发展林草全球伙伴关系，加快落实与共建国家荒漠化防治工作。2019年，第二届"一带一路"国际合作高峰论坛期间，中外相关合作伙伴成立了"一带一路"绿色发展国际联盟，截至2022年7月，联盟已经与26个国家的环境主管部门，9个政府间组织，85个非政府组织、智库以及32家中外企业建立了合作关系。成立"一带一路"绿色发展国际研究院，建设"一带一路"生态环保大数据服务平台，帮助共建国家提高环境治理能力、增进民生福祉。积极帮助共建国家加强绿色人才培养，实施绿色丝路使者计划，已为120多个共建国家培训3000人次。

2. 推动沿线国家绿色基础设施的建设和运营

提出"一带一路"倡议的九年里，中国积极参与沿线国家基础设施建设和运营，并逐步将绿色低碳、可持续发展的理念贯穿其中。①制定实施《"一带一路"绿色投资原则》，推动"一带一路"绿色投资。中国企业在共建国家投资建设了一批可再生能源项目，帮助共建国家建设了一批清洁能源重点工程，为所在国绿色发展提供了有力支撑。②作为"中巴经济走廊"能源合作优先实施项目和共建"一带一路"倡议重点项目，巴基斯坦卡洛特水电站将中巴经济走廊清洁和绿色愿景变为现实。该项目在建设之前就充分考虑到工程所带来的生态环境问题，制定了如《生物多样性管理计划》等政策文件。该绿色工程项目建成后将有利于巴基斯坦获得清洁、廉价、可持续的能源。③ 2022年11月20日，第二十二届世界杯足球赛在卡塔尔开幕。卡塔尔是我国"一带一路"倡议中的重要合作伙伴。通过世界杯，中国与卡塔尔在基础设施建设领域取得深入合作，将绿色理念深入基础设施建设中去。这次卡塔尔世界杯公共交通网络主要由888辆宇通电动客车提供交通支持。

3. 推动建设公平、公正、开放型世界绿色经济

绿色"一带一路"向全球传递了中国绿色、可持续的发展理念。绿色"一带一路"倡议提出以来，中国主动担当起应尽的国际义务，通过绿色"一带一路"同各国开展生态文明领域交流合作，推动建设开放型世界绿色经济，共同解决发展过程中遇到的生态危机问题，推动参与国绿色发展。近年来，在绿色"一带一路"发展理念的指引下，中国正与沿线多个国家建立绿色、可持续的经贸交流关系。

绿色"一带一路"倡议提出实施以来，中国一直坚持绿色正义。在面对全球性生态危机时，充分考虑到发达国家和发展中国家所面临的不同问题和提出的不同诉求。在面对客观存在的多方面矛盾对立时，与部分发达国家在绿色发展方面人为设置"绿色壁垒"、易导致其他国家丧失环境治理主权的选择和后果不同，中国建设绿色"一带一路"倡导公平公正，强调各国家必须在平等的基础上展开合作，遵循了"共同但有区别的责任"原则，有

效规避了某些发达国家的“生态剥削”。

4. 提高“一带一路”生态环保技术服务能力。

“一带一路”建设以来，中国不断加强生态环保大数据服务平台建设，汇集60余个共建“一带一路”国家的基础环境信息、环境法律法规和标准，囊括30余个国际权威平台公开的200余项指标数据，为对外投资提供绿色发展方案。

不断强化对外投资合作和“一带一路”建设项目环境管理政策支撑。引导鼓励境外项目参照生态环境高标准，完善环境保护全过程管理，加强应对全球气候变化和生物多样性保护等。为“一带一路”可持续发展提供保障，打造“一带一路”绿色项目，探索绿色技术“走出去”的创新模式，向世界宣传中国方案，促进中国绿色低碳技术在“一带一路”沿线共建国家落地实施。

三、绿色“一带一路”建设永远在路上

2022年3月，国家发展和改革委员会发布的《关于推进共建“一带一路”绿色发展的意见》中指出，推进共建“一带一路”绿色发展，是践行绿色发展理念、推进生态文明建设的内在要求，是积极应对气候变化、维护全球生态安全的重大举措，是推进共建“一带一路”高质量发展、构建人与自然生命共同体的重要载体。绿色“一带一路”必须坚持绿色引领，互利共赢；政府引导，企业主体；统筹推进，示范带动；依法依规，防范风险等基本原则。未来绿色“一带一路”建设的主要目标：到2025年，共建“一带一路”生态环保与气候变化国际交流合作不断深化，绿色丝绸之路理念得到各方认可，绿色基建、绿色能源、绿色交通、绿色金融等领域务实合作扎实推进，绿色示范项目引领作用更加明显，境外项目环境风险防范能力显著提升，共建“一带一路”绿色发展取得明显成效；到2030年，共建“一带一路”绿色发展理念更加深入人心，绿色发展伙伴关系更加紧密，“走出去”企业绿色发展能力显著增强，境外项目环境风险防控体系更加完善，共建“一带一路”绿色发展格局基本形成。

1. 以清洁能源产业技术合作促进“一带一路”绿色发展

绿色低碳发展目前已经成为全球共识，促进清洁能源产业发展对推进“双碳”工作，推动生态文明建设，实现发展方式绿色转型具有重大战略性意义。党的二十大报告中指出要“深入推进能源革命”，为我国在高质量发展中确保能源安全，指明了前进方向。深入推进能源革命是长期战略，是我国能源发展基本国策，是保障能源安全、促进人与自然和谐共生的治本之策。

中国环境与发展国际合作委员会于2022年6月发布专题政策研究报告，聚焦“一带一路”绿色发展，对我国未来在全球碳中和趋势下推动建设绿色“一带一路”提出建议：第一，要深度对接分析共建国家差异化需求。数据显示，2009—2018年，“一带一路”沿线国家和地区可再生能源需求量快速增加，其中中东地区增速尤其明显，可再生能源消费量年均增速达到36%，紧随其后的分别是亚太国家（21%）、非洲国家（20%）、独联体国家（16%）和欧洲国家（11%）。应继续加强与共建“一带一路”国际和地区的低碳转型战略政策的对接，但对处于不同发展阶段、拥有不同资源禀赋的国家和地区应当因地制宜，分类施策。第二，要充分发挥已有合作平台的作用，在建设“一带一路”绿色发展过程中更

加突出应对气候变化、可持续发展和社会责任内容。第三，鼓励多元主体组团出海，积极推动三方合作。多角度全链条地与共建“一带一路”国家和地区开展清洁能源合作。同时，鼓励中国企业积极寻求与第三国能源企业在“一带一路”沿线清洁能源开发和可再生能源发电项目领域的技术合作和共同运营。第四，创新“清洁能源+”合作模式，协同推进绿色、减排双向行动，建议以“清洁能源+产业”“清洁能源+交通”“清洁能源+建筑”模式推进“一带一路”建设绿色低碳转型。

2. 统筹推进绿色发展重点领域国际合作

《关于推进共建“一带一路”绿色发展的意见》中指出，要统筹推进绿色发展重点领域合作。第一，要加强绿色基础设施互联互通，引导企业推广基础设施绿色环保标准和最佳实践，不断提升基础设施运营、管理和维护过程中的绿色低碳发展水平。第二，要深化绿色清洁能源合作，推动能源国际合作绿色低碳转型发展，推动建成一批绿色能源实践项目。第三，要加强绿色交通合作，推广新能源和清洁能源车船等节能低碳型交通工具，推广智能交通中国方案。鼓励企业参与境外铁路电气化升级改造项目，巩固稳定提升中欧班列的良好发展态势，发展多式联运和绿色物流。第四，要加强绿色产业等合作。鼓励企业开展新能源产业等领域合作，持续优化贸易结构，大力发展绿色贸易，促进绿色金融领域能力建设，积极参与国际绿色标准制定，加强与“一带一路”绿色发展沿线国家的绿色标准对接。第五，强化应对全球气候变化合作，推动建立公平合理、合作共赢的全球气候治理体系。

3. 统筹推进境外项目绿色发展

第一，规范企业境外环境行为。压实企业境外环境行为主体责任，指导企业严格遵守东道国生态环保相关法律法规和标准规范，鼓励企业参照国际通行标准或中国更高标准开展环境保护工作。加强企业依法合规经营能力建设。第二，促进煤电等项目绿色低碳发展。全面停止新建境外煤电项目，稳慎推进在建境外煤电项目。推动建成境外煤电项目绿色低碳发展，研究推动钢铁等行业国际合作绿色低碳发展。

4. 统筹完善绿色发展支撑保障体系和组织实施保障

第一，加强组织领导。加强党对共建“一带一路”绿色发展工作的集中统一领导。推进“一带一路”建设工作领导小组办公室要加强对共建“一带一路”绿色发展工作的统筹协调和系统推进。第二，加强宣传引导。加强和改进“一带一路”国际传播工作，及时澄清、批驳负面声音和不实炒作；强化正面舆论引导，讲好共建“一带一路”绿色发展“中国故事”。第三，加强跟踪评估。推进“一带一路”建设工作领导小组办公室要加强共建“一带一路”绿色发展各项任务的指导规范，及时掌握进展情况，适时组织开展评估。各地方和有关部门贯彻落实情况要及时报送推进“一带一路”建设工作领导小组办公室。

2023 年 6 月 27 日习近平会见越南总理范明政时，强调双方要深化治党理政经验交流，坚守人民至上理念，坚定支持对方走好符合本国国情的社会主义道路和各具特色的现代化道路。双方要高质量共建“一带一路”，加强发展战略对接，发挥互补优势，加快推进基础设施、智慧海关、绿色能源等领域务实合作。

第四节 建设美丽中国和美好世界

新时代中国特色社会主义生态文明建设既强调以实现民族伟大复兴的美丽中国梦为目标，又强调要站在对人类文明负责的高度，共建人与自然生命共同体，共建繁荣、清洁、美丽的世界，要深怀对自然的敬畏之心，构建人与自然和谐共生的地球家园。为此，2012年以来，中国坚持生态文明建设为引领，协调人与自然关系；以人民福祉为中心，促进社会公平正义；加快形成绿色发展方式，推动构建经济与环境协同共进的地球家园，以美丽中国建设为清洁美丽世界作出了重要贡献。

一、以美丽中国建设贡献清洁美丽世界

生态环境保护和经济发展是辩证统一、相辅相成的。建设生态文明、推动绿色低碳循环发展，不仅可以满足人民日益增长的美好生态环境的需求，而且可以推动实现更高质量、更有效率、更加公平、更可持续、更为安全、生态良好的文明发展道路。这为推进生态文明建设、促进人与自然和谐共生的现代化提供了实践遵循。党的十八大以来，在习近平生态文明思想的指导下，美丽中国建设取得一系列成效。

1. 生态环境质量改善全球最快

自"美丽中国"提出以来，中国在理论上形成了习近平生态文明思想，在实践上把"美丽中国"纳入社会主义现代化强国目标，把"生态文明建设"纳入"五位一体"的总体布局，把"人与自然和谐共生"纳入新时代坚持和发展中国特色社会主义基本方略，把"绿色"纳入新发展理念，把"污染防治"纳入三大攻坚战。以高度的政治定力和战略定力推进美丽中国建设，以最严格制度最严密法治保护生态环境，使生态环境以全球最快的速度得以改善。2022年全国环境空气优良天数比

知识链接

2010—2022年，中国重点城市$PM_{2.5}$浓度累计下降57%，单位GDP二氧化碳排放下降34.4%，全国地表水Ⅰ到Ⅲ类水质断面比例提高23.8个百分点，达到87.9%，已接近发达国家水平。中国是全球空气质量改善速度最快、可再生能源利用规模最大、森林资源增长最多的国家。

——2023年3月5日，
生态环境部部长黄润秋
在两会"部长通道"答记者问

例为86.5%，好于年度目标0.9个百分点；全国地表水环境质量持续向好，Ⅰ到Ⅲ类水质断面比例为87.9%，比2021年上升3.0个百分点；全国自然生态状况总体稳定。2022年，全国共遴选出49个国家公园候选区，总面积约110万平方千米。

2. 大力推进国土绿化，贡献全球绿化增量

党的十八大以来，我国全方位、全地域、全过程加强生态环境保护，持续开展大规模国土绿化行动，我国林草资源实现数量和质量双重增长。2022年11月，国家林业和草原局公布党的十八大以来十年我国国土绿化成就数据。森林面积由31.2亿亩增加到34.6亿亩，森林蓄积量从151.37亿立方米增加到194.93亿立方米。草原退化趋势得到初步遏制，综合植被盖度达到50.32%。累计造林9.6亿亩、森林抚育12.4亿亩，森林覆盖率提高至24.02%。

中国十年间取得的国土绿化成就对贡献全球绿化增量的意义重大。2019年2月，美国航天局等机构研究人员在《自然·可持续发展》期刊上发表研究成果，根据卫星对全球从2000年至2017年的新增绿化面积的观测数据，发现中国占全球植被覆盖面积净增量的25%，而中国植被覆盖面积仅占全球的6.6%，这一数据与俄罗斯、美国和加拿大三个世界大国的净绿化面积总和相当，而这三个国家植被覆盖面积占全球植被面积的31%。

中国式现代化是人与自然和谐共生的现代化。“十四五”规划和2035年远景目标纲要中对我国重要生态系统保护和修复工程进行了进一步的规划安排，未来我国将立足现有国土绿化成果基础，坚持大力建设美丽中国，贡献全球绿化增量。

3. 坚持降碳减污扩绿增长协同，引领全球气候治理

中国政府高度重视全球气候问题，积极参与、贡献和引领全球气候治理，在全球共同应对气候变化危机中充分展现大国担当。

第一，中国坚持降碳减污扩绿增长协同，积极探索绿色低碳发展道路，制定中长期温室气体排放控制战略，有效控制重点工业行业温室气体排放，积极利用市场机制控制和减少温室气体排放，推动重点企业节能减排行为的改变。第二，推进和实施适应气候变化重大战略，开展重点区域适应气候变化行动，推进重点领域适应气候变化行动，强化监测预警和防灾减灾能力，努力提高适应气候变化能力和水平。第三，坚决遏制高耗能项目盲目发展，推进低碳用能、智慧用能、系统用能，实现制造体系与传统产业的绿色转型。第四，推动能源结构转型，推动能源消费、能源供给、能源技术和能源体制革命，促进新能源开发利用与乡村振兴融合发展。第五，谋篇布局“1+N”政策体系，形成政策合力和行动合力。科学统筹“双碳”目标与经济社会发展，强化气候治理顶层设计。聚焦重点行业，全面布局各领域的高质量发展战略，因地制宜精准施策，梯次有序开展各地区的碳达峰行动。第六，构建中国特色的制度体系，实现多维主体联动。第七，立足全球视野，切实推动气候变化国际合作。

由此，中国在推动全球气候变化合作中的地位和作用日益提升。在2022年11月20日《联合国气候变化框架公约》第二十七次缔约方大会上，以中国为代表的发展中国家团结合作，使发达国家就气候赔偿问题作出让步，中美气候对话得以重启，为会议取得进展作出重要贡献。2023年1月，国务院新闻办公室发布《新时代的中国绿色发展》白皮书，指出：“中国坚持公平原则、共同但有区别的责任原则和各自能力原则，坚定落实《联合国气

候变化框架公约》，以积极建设性姿态参与全球气候谈判议程，为《巴黎协定》达成和落实作出历史性贡献，推动构建公平合理、合作共赢的全球气候治理体系。”

4. 推动全球生物多样性治理

2020 年 9 月 30 日，习近平在联合国生物多样性峰会上指出：“中国坚持山水林田湖草生命共同体，协同推进生物多样性治理。加快国家生物多样性保护立法步伐，划定生态保护红线，建立国家公园体系，实施生物多样性保护重大工程。”党的十八大以来，我国“生物遗传资源收集保藏量位居世界前列。百分之九十的陆地生态系统类型和百分之八十五的重点野生动物种群得到有效保护。”近十年间，中国逐步建立国家公园体系，生物多样性保护也进入新的历史时期。2021 年云南亚洲象群北移南归，为中国生物多样性保护成果提供了最直观、最生动的证明。目前，中国 90% 的陆地生态系统类型和 74% 的国家重点保护野生动植物种群得到有效保护，112 种特有珍稀濒危野生动植物实现了野外回归，300 多种珍稀濒危野生动植物野外种群数量稳中有升。

二、建设美好世界的“中国方案”

面对世界之变、时代之变、历史之变，中国坚持加强团结、共克时艰，推动构建人类命运共同体，提出构建全球发展共同体倡议，以建设美好世界的中国方案协同世界各国一同应对全球挑战。

1. 推动构建人类命运共同体

2012 年党的十八大首次提出“要倡导人类命运共同体意识，在追求本国利益的同时兼顾他国合理关切”。十年来，中国坚持推进人类命运共同体构建，“积极推动完善全球治理，为人类社会携手应对共同挑战作出新贡献”，强调“构建人类命运共同体是社会各国人民前途所在”。

构建人类命运共同体深刻回答了世界向何处去和人类应怎么办的时代命题，是实现中华民族伟大复兴的必然要求。中国的发展不可能脱离世界的发展，世界的发展同样不能脱离中国的发展，中国在实现中华民族伟大复兴的过程中，将为推动构建人类命运共同体，建设美丽世界作出持续贡献。“中国式现代化是走和平发展道路的现代化。”推动构建人类命运共同体，创造人类文明新形态是中国式现代化的本质要求。在实现中华民族伟大复兴的征程上，中国式现代化的理念和实践将为构建人类命运共同体不断注入新内涵与新动力，为人类共同发展开辟更加广阔的前景。

2. 倡议构建全球发展共同体

2021 年 9 月 21 日，习近平出席第七十六届联合国大会一般性辩论，提出中国将加快落实联合国 2030 年可持续发展议程，构建全球发展命运共同体。合作发展才是实现世界稳定发展的关键。党的二十大报告指出：“中国积极参与全球治理体系改革和建设，践行共商共建共享的全球治理观，坚持真正的多边主义，推进国际关系民主化，推动全球治理朝着更加公正合理的方向发展。”以全球发展共同体理念助力建设美好世界。

2022 年 6 月，中国国际发展知识中心发表《全球发展报告》，就构建全球发展共同体提出政策建议。在生态文明建设方面，当前社会正处在向绿色转型的关键时期，面对绿色转型过程中的种种严峻挑战，如何实现人与自然和谐共生是摆在国际社会面前的重要问题。

全球发展共同体理念倡导坚持人与自然和谐共生，倡导尊重自然、敬畏自然、保护自然，按照生态系统内在运行规律，发展和保护并重，统筹利用与修复，构建人与自然生命共同体。推动更加强劲、绿色、健康的全球发展。党的十八大以来，中国促进绿色低碳技术研发创新，推动全球绿色转型发展；积极主动适应气候变化，同国际社会共享气候治理经验；在坚持有关原则的基础上，切实履行气候承诺。

3. 推动共建地球生命共同体

2021 年 10 月 12 日，习近平出席《生物多样性公约》第十五次缔约方大会时提出："生态文明是人类文明发展的历史趋势。让我们携起手来，秉持生态文明理念，站在为子孙后代负责的高度，共同构建地球生命共同体，共同建设清洁美丽的世界。"

中国在推动共建地球生命共同体过程中，一方面，积极分享生态文明建设经验。①分享价值理念。在国际重要场合向世界分享生态文明重要理念与价值。向全球发布《共建地球生命共同体：中国在行动》生态报告、《中国的生物多样性保护》白皮书，大力提倡"共谋全球生态文明之路""人与自然生命共同体"理念。②分享做法行动。向世界主动分享中国在生态文明建设中取得的经验。开展以生态为主题的外事活动，邀请国际组织专家、驻华使节实地深入了解中国生态保护成就；发布《中国应对气候变化的政策和行动年度报告》《中国生态修复典型案例》等，聚焦典型的生态问题，向世界共享中国经验；开展绿色援助，推广绿色科技成果在多个国家的运用。这些做法有力推动了生态保护国际合作。

另一方面，深度参与全球环境治理。中国作为负责任大国积极参与全球环境治理，履行国际生态保护职责，从生态文明建设参与者、贡献者转向了引领者。在国际上，中国为推动应对气候变化《巴黎协定》的达成、签署、生效和实施作出历史性贡献；率先发布《中国落实 2030 年可持续发展议程国别方案》，宣布二氧化碳排放力争于 2030 年前达到峰值，努力争取 2060 年前实现碳中和；在昆明召开的联合国《生物多样性公约》第十五次缔约方大会第一阶段会议上发布《昆明宣言》，成立昆明生物多样性基金；牵头实施"一带一路"应对气候变化南南合作计划，等等。这些举措生动彰显了中国在全球环境治理中起到的"领头雁"作用。此外，中国还充分考虑到发展中国家权益，坚定维护正义，帮助发展中国家积极落实可持续发展议程，促进治理责任与发展能力的匹配原则贯穿各环节，推动国际治理体系更加公平合理。

原声再现

我们真诚呼吁，世界各国弘扬和平、发展、公平、正义、民主、自由的全人类共同价值，促进各国人民相知相亲，尊重世界文明多样性，以文明交流超越文明隔阂、文明互鉴超越文明冲突、文明共存超越文明优越，共同应对各种全球性挑战。

——2022 年 10 月 26 日，习近平在中国共产党第二十次全国代表大会上的报告

本讲小结

地球是全人类赖以生存的唯一家园，建设美丽家园是人类的共同梦想。中国以积极的建设性姿态参与全球气候谈判议程，为《巴黎协定》达成和落实作出历史性贡献。积极开展应对气候变化南南合作，推进共建绿色“一带一路”，广泛务实开展绿色国际合作，共同推动全球可持续发展。党的二十大报告中指出中国式现代化是人与自然和谐共生的现代化，中国将坚定不移走绿色发展道路，建设人与自然和谐共生的现代化，并与世界各国团结合作，共同建设更加清洁、美丽的世界。

案例讨论

解振华：我的获奖是对中国推动全球环境治理进程所做努力的认可

解振华现任中国气候变化事务特使，2023 年 2 月 21 日获颁首届诺贝尔可持续特别贡献奖。自改革开放以来，解振华始终躬耕于我国生态环保领域，环境保护是他无法割舍的事业。

1982 年，我国城乡建设环境保护部设立环境保护局，1993 年解振华任第二任局长时，我国环境污染问题全面暴露。解振华全面参与开启了我国污染治理新时代的“33211”工程，主持制定《中国环境安全报告》，解决了一系列环境保护疑难问题。2006 年，解振华被任命为国家发展和改革委员会副主任，主要负责节能减排、循环经济以及应对气候变化，探索解决无限的社会需求与有限的资源之间的矛盾，参与制定了一系列有利于环保的创新性政策。在应对气候变化工作中，解振华提出将节能提高能效、降低二氧化碳排放强度、发展非化石能源和增加森林蓄积量作为约束性指标，促进发展方式的转变和产业结构、能源结构的调整，推动节能减排与应对气候变化工作取得了显著成效。

2004 年，解振华获颁联合国环境规划署的最高环境奖“笹川环境奖”；2009 年获颁全球节能联盟“节能增效突出贡献奖”；2017 年作为“世界气候名人”获颁第二届“吕志和奖——世界文明奖”的“持续发展奖”。这三项殊荣恰好代表了对解振华三段工作时期突出贡献的认可。2023 年，解振华获得首届诺贝尔可持续发展特别贡献奖。解振华视频出席颁奖仪式，感谢基金会授予其世界可持续发展领域最高奖项，并表示这项荣誉是对中国多年来在应对气候变化、可持续发展领域所取得成就的肯定，更是对中国在推动全球环境治理进程中所做努力的认可。解振华指出，近几十年来，中国统筹推进发展、民生、减贫、环保等多重任务，用自身实践证明，保护生态环境、应对气候变化的行动非但不会阻碍经济发展，反而能培育新的增长动能，提高发展的质量和效益。特别是绿水青山就是金山银山的理念，已成为全社会的共识和行动。尊重自然、顺应自然、保护自然，促进人与自然和谐共生，是中国式现代化的鲜明特点。中国愿同其他国家交流经验，共建全球生态文明。

此外，解振华呼吁全社会特别是青年人一同参与到绿色低碳的变革和创新中来，建立绿色低碳可持续的生产生活方式和消费模式，还给子孙后代一个满载财富、生机盎然、海晏河清的地球。愿继续尽己所能为可持续发展事业贡献力量。2023 年 4 月 5 日，解振华在《人民日报》发表署名文章，表示未来中国将坚定不移推动实现碳达峰碳中和目标，一如既往积极参与应对气候变化国际合作。

党的十八大以来的十年间，中国以实际行动超越先污染后治理的老路，用实践说明保护生态环境、应对气候变化的行动不会阻碍经济发展，中国愿通过南南合作同其他发展中国家分享绿色发展经验，尽己所能提供帮助，与各方一道推进全球生态文明建设。目前，全球绿色低碳转型的趋势已经不可避免，世界各国应加强对话合作，加快建立绿色低碳可持续的生产方式、生活方式和消费模式，实现人与自然和谐共生。

问题讨论

1. 谈谈在应对全球性气候变化中的中国智慧。
2. 结合讨论案例，谈谈你对中国推动全球环境治理的认识。
3. 如何理解中国提出的共谋全球生态文明建设之路？

推荐阅读

1. 马克思恩格斯文集（第九卷）. 人民出版社，2009.

2. 党的二十大报告学习辅导百问.《党的二十大报告学习辅导百问》编写组. 北京党建读物出版社、学习出版社，2022.

3. 十九大以来重要文献选编（上）. 中共中央党史和文献研究院. 中央文献出版社，2019.

4. 生态文明：文明的超越. 卢风. 中国科学技术出版社，2019.

5. 翻转极限：生态文明的觉醒之路. ［德］魏伯乐，［瑞典］安德斯·维杰克曼. 同济大学出版社，2019.

后 记

本教材作为国家林业和草原局委托建设的重点规划教材，根据加快建设具有林草特色的教材体系的定位，顺应全面推进美丽中国建设、加快推进人与自然和谐共生现代化的时代需要，在南京林业大学校领导的高度重视下，跨校组织专家团队集体撰写了《走进生态文明——生态文明十讲》。

南京林业大学校长勇强、副校长赵剑峰和教务处、社科处、宣传部及其他学校相关领域专家学者参与了书稿大纲的制定和修改，又对书稿进行了审定。马克思主义学院的曹顺仙、牛庆燕、乔永平、薛桂波等教授在书稿的组织、撰写和统稿方面做了大量工作。

本教材依据历史与现实、理论与实践、国内与国外相结合的原则，采用整体与专题相结合的形式，共分十讲。第一讲围绕何谓生态文明、何以产生生态文明、以何理解和把握生态文明，在总体上阐明生态文明的由来、实质、内涵、特征、科学基础、理论基础；第二至八讲围绕社会主义中国为什么建设生态文明、建设什么样的生态文明、怎样建设生态文明等重大理论和实践问题，专题阐述新时代中国特色社会主义生态文明建设的思想引领、历史进程和崭新成就，新时代中国特色社会主义生态文明的战略决策、目标、任务、战略举措、国土绿化、自然地保护、绿色富民、绿色生活以及生态文明建设的示范引领等，由整体到部分，尽可能展现新时代中国特色社会主义生态文明的历史性、转折性、全局性成就，以及林草行业生态文明建设的特色内容与显著成效，提升读者对新时代中国特色社会主义生态文明建设的理论自信和实践自觉。第九讲和第十讲以全球视野透视国际生态化发展的理论与实践，在阐述和揭示生态环境问题的理论分歧和斗争实质的同时，以实证展示亚洲、欧洲、北美和南非、新西兰等不同国家及地区在生态环境保护方面的实践选择与经验启示，以共谋全球生态文明建设的中国倡议和中国方案，进一步阐明中国紧跟时代、放眼世界，承担大国责任、展现大国担当，实现由全球环境治理参与者到引领者的重大转变。十讲内容分别由曹顺仙、林震、刘魁、黄爱宝、牛庆燕、薛桂波、乔永平、陆沉语等编写成员撰写。全书统稿由曹顺仙完成。

本教材在体例方面，综合了不同教材编写体例，形成了具有自身特色的体例安排。除正文、小结、推荐阅读外，插入了图表、专栏，增设了原声再现、知识链接、微信关注、小贴士、典型案例、案例讨论、问题讨论等，以增强可读性、可视性和交互拓展性，便于教、学、研的互动、深化和知行转化。

在教材编写中得到了南京林业大学党政领导的高度重视和大力支持，得到了勇强、王国聘、赵剑峰、郇庆治、方世南、曹孟勤、张晓琴、徐信武、王立彬、高晓琴、蒋玲等咨询委员会委员、审议专家的大力支持，得到了南京林业大学马克思主义学院师生的大力支持，得到了中国林业出版社高红岩编审等的大力支持，在此一并致以最衷心的感谢！

由于作者水平有限，加之时间紧、任务重，书中肯定有疏漏或者不足的地方，敬请读者批评指正。

编委会

2023 年 8 月 3 日

参考文献

［法］阿尔贝特·史怀泽，1996. 敬畏生命［M］. 陈泽环，译. 上海：上海社会科学院出版社.
［美］阿尔温·托夫勒，1984. 第三次浪潮［M］. 北京：三联书店.
本刊报道组，2015. 国家发展改革委等六部委积极支持生态文明先行示范区建设［J］. 财经界（07）：12–13.
陈金清，2016. 生态文明理论与实践研究［M］. 北京：人民出版社.
《党的二十大报告学习辅导百问》编写组，2022. 党的二十大报告学习辅导百问［M］. 北京：党建读物出版社、学习出版社.
邓小平，1994. 邓小平文选（第2卷）［M］. 北京：人民出版社.
杜秀娟，陈凡，2008. 论马克思恩格斯的生态环境观［J］. 马克思主义研究（12）：81–85.
恩格斯，1984. 自然辩证法［M］. 北京：人民出版社.
方时姣，2014. 论社会主义生态文明三个基本概念及其相互关系［J］. 马克思主义研究（7）：35–44.
方世南，2017. 马克思恩格斯的生态文明思想——基于《马克思恩格斯文集》的研究［M］. 北京：人民出版社.
胡锦涛，2004. 在中央人口资源环境工作座谈会上的讲话［M］. 北京：人民出版社.
胡锦涛，2012. 坚定不移沿着中国特色社会主义道路前进 为全面建成小康社会而奋斗［N］. 人民日报，2012–11–09（01）.
胡锦涛，2012. 坚定不移沿着中国特色社会主义道路前进为全面建成小康社会而奋斗——在中国共产党第十八次代表大会上的报告［M］. 北京：人民出版社.
郇庆治，2021. 马克思主义生态学论丛（第1–2卷）［M］. 北京：中国环境出版集团.
郇庆治，2016. “碳政治”的生态帝国主义逻辑批判及其超越［J］. 中国社会科学（3）：24–41.
郇庆治，李宏伟，林震，2014. 生态文明建设十讲［M］. 北京：商务印书馆.
郇庆治，王聪聪，2022. 社会主义生态文明理论与实践［M］. 北京：中国林业出版社.
郇庆治，2022. 大国担当的镜与鉴：应对气候变化与构建生态文明［M］. 北京：中国林业出版社，
黄承梁，2018. 新时代生态文明建设思想概论［M］. 北京：人民出版社.
贾卫列，杨永刚，朱明双，等，2014. 生态文明建设概论［M］. 北京：中央编译出版社.
江泽民，2001. 在中央人口资源环境工作座谈会上的讲话［R］// 国家环境保护总局、中共中央文献研究室，新时期环境保护重要文献选编［C］. 北京：中央文献出版社、中国环境科学出版社.
江泽民，2006. 江泽民文选（第1卷）［M］. 北京：人民出版社.
江泽民，2006. 江泽民文选（第2卷）［M］. 北京：人民出版社.
江泽民，2006. 江泽民文选（第3卷）［M］. 北京：人民出版社.
蒋朝晖，2023. 云南保山真抓实干突破大气污染治理困境［N］. 中国环境报，2023–03–30（01）.
李程宇，2015.《京都》15年后：分阶段减排政策与“绿色悖论”问题［J］. 中国人口资源与环境（1）：1–8.
李干杰，2018. 全力打好污染防治攻坚战［J］. 行政管理改革（1）：22–27.
林超，吴剑锋，2018. 国家生态文明试验区的福建答卷［J］. 决策探索（上）（10）：76–77.

刘本炬，2007. 论实践生态主义［M］. 北京：中国社会科学出版社.
刘海龙，2009. 生态正义的三个维度［J］. 理论与现代化（04）：15-18.
刘经纬，等，2019. 中国生态文明建设理论研究［M］. 北京：人民出版社.
刘希刚，徐民华，2017. 马克思主义生态文明思想及其发展历程研究［M］. 北京：人民出版社.
龙静云，吴涛，2019. 绿色发展的人本特质与绿色伦理之创生［J］. 湖北大学学报（哲学社会科学版）（02）：29-35.
卢风，2019. 生态文明与美丽中国［M］. 北京：北京师范大学出版社.
卢风，曹孟勤，2017. 生态哲学 新时代的时代精神［M］. 北京：中国社会科学出版社.
卢风，曹小竹，2020. 论伊林·费切尔的生态文明观念——纪念提出"生态文明"观念 40 周年［J］. 自然辩证法通讯（02）：1-9.
卢风，王远哲，2022. 生态文明与生态哲学［M］. 北京：中国社会科学出版社.
毛泽东，1977. 毛泽东选集（第 5 卷）［M］. 北京：人民出版社.
潘湘海，1999. 试论塞罕坝沙荒地的造林模式［J］. 河北林业科技（02）：46.
钱易，何建坤，卢风，2018. 生态文明理论与实践［M］. 北京：清华大学出版社.
钱易，温宗国，2020. 新时代生态文明建设总论［M］. 北京：中国环境出版集团.
乔清举，2013. 儒家生态思想通论［M］. 北京：北京大学出版社.
任勇，罗姆松，范必，等，2020. 绿色消费在推动高质量发展中的作用［J］. 中国环境管理（01）：24-30.
单桦，2006. 从人类中心主义到生态中心主义的权利观转变［J］. 理论前沿（09）：19-20.
生态环境部宣传教育中心，2019. 绿色发展新理念·建设美丽中国丛书绿色消费［M］. 北京：人民日报出版社.
王国聘，曹顺仙，郭辉，2018. 西方生态伦理思想［M］. 北京：中国林业出版社.
王金南，蔡博峰，2022. 打好碳达峰碳中和这场硬仗［J］. 求是（10）：42-47.
王明初，陈为毅，2007. 海南生态立省的理论与实践［J］. 红旗文稿（14）：28-30.
王舒，2014. 生态文明建设概论［M］. 北京：清华大学出版社.
王毅，2017. 中国国家公园顶层制度设计的实践与创新［J］. 生物多样性（10）：1037-1039.
王雨辰，2022. 生态文明与绿色发展研究报告（2021）［M］. 北京：中国社会科学出版社.
王雨辰，2017. 生态学马克思主义与后发国家生态文明理论研究［M］. 北京：人民出版社.
王雨辰，王瑾，2022. 习近平生态文明思想与中国式现代化新道路的生态意蕴［J］. 马克思主义与现实（05）：1-9+203.
习近平，2006. 干在实处，走在前列——推进浙江新发展的思考与实践［M］. 北京：中共中央党校出版社.
习近平，2007. 之江新语［M］. 杭州：浙江人民出版社.
习近平，2014. 习近平谈治国理政（第一卷）［M］. 北京：外文出版社.
习近平，2016. 树立"绿水青山就是金山银山"的强烈意识 努力走向社会主义生态文明新时代［N］. 人民日报，2016-12-3（01）.
习近平，2020. 习近平谈治国理政（第三卷）［M］. 北京：外文出版社.
习近平，2022. 高举中国特色社会主义伟大旗帜 为全面建设社会主义现代化国家而团结奋斗——在中国共产党第二十次全国代表大会上的报告［M］. 北京：人民出版社.
习近平，2022. 论坚持人与自然和谐共生［M］. 北京：中央文献出版社.
习近平，2022. 习近平论加快建设美丽中国［J］. 党史文汇（10）：1.
习近平，2022. 习近平谈治国理政（第四卷）［M］. 北京：外文出版社.

徐民华，刘希刚，2015. 马克思主义生态文明思想与中国实践［J］. 科学社会主义（01）：68–73.
［美］小约翰 · 柯布，2018. 生态文明的希望在中国［J］. 人民论坛（10月下）：20–21.
颜泽贤，范冬萍，张华夏，2006. 系统科学导论——复杂性探索［M］. 北京：人民出版社.
殷美根，2021. 加快推动经济社会发展全面绿色转型 奋力打造美丽中国“江西样板”［N］. 江西日报，2021–06–01（02）.
殷明，2008. 道教戒律中的生态伦理思想探析［J］. 宗教学研究（02）：190–193.
殷琪惠，沈秋平，钟南清，2022. 绿意发展正浓——江西推进国家生态文明试验区建设综述［J］. 国土绿化（5）：34–37.
余谋昌，雷毅，杨通进，2019. 环境伦理学［M］. 北京：高等教育出版社.
袁晓文，张再杰，2021. 习近平生态文明思想指引下的贵州国家生态文明试验区建设的重点、难点及对策［J］. 贵州社会主义学院学报（1）：18–24.
［美］约翰 · 贝拉米 · 福斯特，2006. 生态危机与资本主义［M］. 耿建新，宋兴无，译. 上海：上海译文出版社.
［美］约翰 · 贝拉米 · 福斯特，2006. 马克思的生态学：唯物主义与自然［M］. 刘仁胜，肖峰，译. 北京：高等教育出版社.
［美］詹姆斯 · 古斯塔夫 · 斯佩思，2014. 世界边缘的桥梁［M］. 胡婧，译. 北京：北京大学出版社.
［美］詹姆斯 · 奥康纳，2003. 自然的理由——生态学马克思主义研究［M］. 南京：南京大学出版社.
张辉，2018. 绿色赋能，特色现代农业迈向高质量发展［N］. 福建日报，2018–11–22.
张捷，1985. 在成熟社会主义条件下培养个人生态文明的途径［N］. 光明日报，1985–02–18（03）.
张三元，2017. 绿色生活方式的构建与人的全面发展［J］. 中国特色社会主义研究（05）：86–92.
张云飞，2022. 自然的复活：马克思主义人与自然关系思想及其当代意义［M］. 北京：人民出版社.
张云飞，2018. 唯物史观视野中的生态文明［M］. 北京：中国人民大学出版社.
张云飞，2019. 天人合一：儒道哲学与生态文明［M］. 北京：中国林业出版社.
张云飞，李娜，2022. 习近平生态文明思想的系统方法论要求——坚持全方位全地域全过程开展生态文明建设［J］. 中国人民大学学报（01）：3.
章单伟，宋柏谦，2023. 湖北奋力织密生态环境监测“一张网”［N］. 中国环境报 .2023–04–06（02）.
赵宏图，2022. 国际碳中和发展态势及前景［J］. 现代国际关系（2）：20–28.
赵鑫珊，1983. 生态学与文学艺术［J］. 读书（04）：110.
中共中央党史和文献研究院，2019. 十九大以来重要文献选编（上）［M］. 北京：中央文献出版社.
中共中央马克思恩格斯列宁斯大林著作编译局，2004. 资本论（第三卷）［M］. 北京：人民出版社.
中共中央马克思恩格斯列宁斯大林著作编译局，2009. 列宁专题文集《论马克思主义卷》［M］. 北京：人民出版社.
中共中央马克思恩格斯列宁斯大林著作编译局，2009. 马克思恩格斯文集（第七卷）［M］. 北京：人民出版社.
中共中央马克思恩格斯列宁斯大林著作编译局，2009. 马克思恩格斯文集（第二卷）［M］.

北京：人民出版社．
中共中央马克思恩格斯列宁斯大林著作编译局，2009. 马克思恩格斯文集（第九卷）[M]．北京：人民出版社．
中共中央马克思恩格斯列宁斯大林著作编译局，2009. 马克思恩格斯文集（第五卷）[M]．北京：人民出版社．
中共中央马克思恩格斯列宁斯大林著作编译局，2009. 马克思恩格斯文集（第一卷）[M]．北京：人民出版社．
中共中央马克思恩格斯列宁斯大林著作编译局编译，1984. 列宁全集（第 1 卷）[M]．北京：人民出版社．
中共中央马克思恩格斯列宁斯大林著作编译局编译，1986. 列宁全集（第 38 卷）[M]．北京：人民出版社．
中共中央马克思恩格斯列宁斯大林著作编译局编译，1986. 列宁全集（第 5 卷）[M]．北京：人民出版社．
中共中央马克思恩格斯列宁斯大林著作编译局编译，1987. 列宁全集（第 43 卷）[M]．北京：人民出版社．
中共中央文献研究室，2013. 习近平关于实现中华民族伟大复兴的中国梦论述摘编 [M]．北京：中央文献出版社．
中共中央文献研究室，2014. 十八大以来重要文献选编（上）[M]．北京：中央文献出版社．
中共中央文献研究室，国家林业局，2003. 毛泽东论林业（新编本）[M]．北京：中央文献出版社．
中共中央文献研究室编，2017. 习近平关于社会主义生态文明建设论述摘编 [M]．北京：中央文献出版社．
中共中央宣传部，2018. 习近平新时代中国特色社会主义思想三十讲 [M]．北京：学习出版社．
中共中央宣传部，中华人民共和国生态环境部，2022. 习近平生态文明思想学习纲要 [M]．北京：学习出版社、人民出版社．
[英] GRAZIA，BORRINI-FEYERABEND，NIGEL，et al，2017. 自然保护地治理——从理解到行动 [M]．朱春全，李叶，赵云涛，译．北京：中国林业出版社．
ANDRE GORZ，1980，Ecology As Politics [M]. Boston：South End Press.
CHEN CHI，PARK TAEJIN，WANG XUHUI，et al，2019. China and India lead in greening of the world through land-use management [J]. Nature sustainability（02）：122-129.
JOHN BELLAMY FOSRTER，2020. “Engels’s Dialectics of Nature in the Anthropocene” [J]. Monthly Review（06）：1 -17.
JOHN CLARK，2001. Marx’s Natures：A Response to Foster and Burkett [J].Organization & Environment（04）：432-442.